LÖSUNGEN

MATHEMATIK
BERUFLICHE OBERSCHULE BAYERN

NICHTTECHNIK | BAND **2**

Von:
Dr. Volker Altrichter
Werner Fielk
Mikhail Ioffe
Daniel Körner
Stefan Konstandin
Peter Meier
Georg Ott
Franz Roßmann

unter Mitarbeit der Redaktion

Beratung:
Georg Ott
Franz Roßmann

Cornelsen

Mithilfe der Marginalien – z. B. 12 – findet man die Lösung einer Aufgabe unter der gleichen Seitennummer wie die Aufgabenstellung im Lehrbuch.

Redaktion: Angelika Fallert-Müller, Groß Zimmern
Grafik: Stephanie Neidhardt, Oldenburg; Da-TeX Gerd Blumenstein, Leipzig
Umschlaggestaltung: EYES-OPEN, Berlin
Technische Umsetzung: Stephanie Neidhardt, Oldenburg

www.cornelsen.de

1. Auflage, 6. Druck 2023

Alle Drucke dieser Auflage sind inhaltlich unverändert
und können im Unterricht nebeneinander verwendet werden.

© 2018 Cornelsen Verlag GmbH, Berlin

Das Werk und seine Teile sind urheberrechtlich geschützt.
Jede Nutzung in anderen als den gesetzlich zugelassenen Fällen
bedarf der vorherigen schriftlichen Einwilligung des Verlages.
Hinweis zu §§ 60 a, 60 b UrhG: Weder das Werk noch seine Teile dürfen ohne eine solche
Einwilligung an Schulen oder in Unterrichts- und Lehrmedien (§ 60 b Abs. 3 UrhG) vervielfältigt,
insbesondere kopiert oder eingescannt, verbreitet oder in ein Netzwerk eingestellt oder sonst
öffentlich zugänglich gemacht oder wiedergegeben werden.
Dies gilt auch für Intranets von Schulen und anderen Bildungseinrichtungen.

Druck: Esser printSolutions GmbH, Bretten

ISBN 978-3-06-451481-2 (Print)
ISBN 978-3-06-451682-3 (Download unter www.cornelsen.de)

Inhaltsverzeichnis

1 Differenzialrechnung bei ganzrationalen Funktionen — 5
    Grundlagen — 5
    1.1 Vertiefende Aspekte der Kurvendiskussion — 14
    1.2 Steckbriefaufgaben — 55
    1.3 Extremwertaufgaben — 65

2 Exponentialfunktion und Logarithmus — 79
    2.1 Exponentielle Prozesse und Exponentialfunktionen — 79
    2.2 Logarithmen und Exponentialgleichungen — 87

3 Kurvendiskussion von verknüpften Exponentialfunktionen — 94
    3.1 Verknüpfung und Verkettung von Funktionen und ihre Ableitung — 94
    3.2 Kurvendiskussion von Exponentialfunktionen mit Anwendungen — 101

4 Integralrechnung — 124
    4.1 Von der Stammfunktion zum Flächeninhalt — 124
    4.2 Flächenbilanz und Flächeninhalte — 132

5 Stochastik — 150
    5.1 Bernoulli-Ketten — 152
    5.2 Zufallsgrößen und Wahrscheinlichkeitsverteilungen — 158
    5.3 Testen von Hypothesen — 170

1 Differenzialrechnung bei ganzrationalen Funktionen

Grundlagen

1. a) $f(x) = 2x^2 - 5x - 5; \quad D_f = \mathbb{R}$
$f'(x) = 4x - 5; \quad f''(x) = 4; \quad f'''(x) = 0$

b) $f(x) = 5x^5 - 2x^4 + 4x^3 + 20x^2 + 30x; \quad D_f = \mathbb{R}$
$f'(x) = 25x^4 - 8x^3 + 12x^2 + 40x + 30; \quad f''(x) = 100x^3 - 24x^2 + 24x + 40; \quad f'''(x) = 300x^2 - 48x + 24$

c) $f(x) = -3x^3 + \frac{1}{4}x^2 - \frac{7}{4}x - 12; \quad D_f = \mathbb{R}$
$f'(x) = -9x^2 + \frac{1}{2}x - \frac{7}{4}; \quad f''(x) = -18x + \frac{1}{2}; \quad f'''(x) = -18$

d) $f(x) = -\frac{1}{3}x^3 + \frac{2}{5}x^2 + \frac{5}{11}x + \sqrt{7}; \quad D_f = \mathbb{R}$
$f'(x) = -x^2 + \frac{4}{5}x + \frac{5}{11}; \quad f''(x) = -2x + \frac{4}{5}; \quad f'''(x) = -2$

e) $f(x) = -\frac{1}{4}x^4 - \frac{2}{3}x^3 + \frac{2}{9}x^2 - 7x + \frac{3}{7}; \quad D_f = \mathbb{R}$
$f'(x) = -x^3 - 2x^2 + \frac{4}{9}x - 7; \quad f''(x) = -3x^2 - 4x + \frac{4}{9}; \quad f'''(x) = -6x - 4$

f) $f(x) = \frac{1}{2}x^4 - 3x^3 + \frac{5}{2}x^2 + 10x + 15; \quad D_f = \mathbb{R}$
$f'(x) = 2x^3 - 9x^2 + 5x + 10; \quad f''(x) = 6x^2 - 18x + 5; \quad f'''(x) = 12x - 18$

g) $f(x) = \frac{1}{2}x^6 - 10x^4 - 9x^2 + 6x - 9; \quad D_f = \mathbb{R}$
$f'(x) = 3x^5 - 40x^3 - 18x + 6; \quad f''(x) = 15x^4 - 120x^2 - 18; \quad f'''(x) = 60x^3 - 240x$

2. a) $f(x) = \frac{1}{3}x^3 - \frac{1}{2}x^2 - 2x; \quad D_f = \mathbb{R}$
Globalverlauf: $x \to -\infty: f(x) \to -\infty; \; x \to +\infty: f(x) \to +\infty$, da größter Exponent ungerade und Leitkoeffizient positiv
Schnittpunkte mit der x-Achse: $f(x) = 0 \Leftrightarrow \frac{1}{3}x(x^2 - 1{,}5x - 6) = 0 \Rightarrow x_1 = 0; \; x_{2/3} = \frac{3 \pm \sqrt{105}}{4}$;
$N_1(0|0); \; N_{2/3}(\frac{3 \pm \sqrt{105}}{4}|0)$
Monotonieverhalten: $f'(x) = x^2 - x - 2; \; f'(x) = 0 \Leftrightarrow (x+1)(x-2) = 0 \Rightarrow x_1 = -1; \; x_2 = 2$;
$G_{f'}$ ist eine nach oben geöffnete Parabel.
$\Rightarrow G_f$ ist streng monoton steigend in $]-\infty; -1]$ und in $[2; +\infty[$ und streng monoton fallend in $[-1; 2]$.
Extrempunkte: Hochpunkt $H(-1|\frac{7}{6})$; Tiefpunkt $T(2|-\frac{10}{3})$

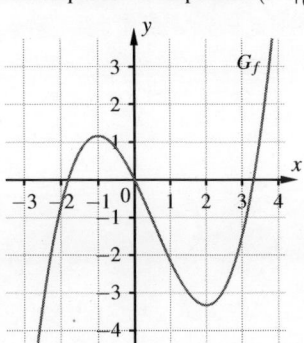

b) $f(x) = -x^3 + 2x^2 + 4x - 8; \quad D_f = \mathbb{R}$

Globalverlauf: $x \to -\infty$: $f(x) \to +\infty$; $x \to +\infty$: $f(x) \to -\infty$, da größter Exponent ungerade und Leitkoeffizient negativ

Schnittpunkte mit der x-Achse: $f(x) = 0 \Leftrightarrow -(x^2 - 4)(x - 2) = 0 \Rightarrow x_{1/2} = \pm 2; x_3 = 2$; $N_1(-2|0); N_2(2|0)$

Monotonieverhalten: $f'(x) = -3x^2 + 4x + 4$; $f'(x) = 0 \Rightarrow x_1 = -\frac{2}{3}; x_2 = 2$;

$G_{f'}$ ist eine nach unten geöffnete Parabel.

$\Rightarrow G_f$ ist streng monoton fallend in $]-\infty; -\frac{2}{3}]$ und in $[2; +\infty[$ und streng monoton steigend in $[-\frac{2}{3}; 2]$.

Extrempunkte: Tiefpunkt $T(-\frac{2}{3}|-\frac{256}{27})$; Hochpunkt $H(2|0)$

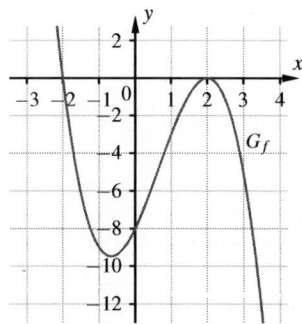

c) $f(x) = x^3 - 6x^2 + 12x - 7; \quad D_f = \mathbb{R}$

Globalverlauf: $x \to -\infty$: $f(x) \to -\infty$; $x \to +\infty$: $f(x) \to +\infty$, da größter Exponent ungerade und Leitkoeffizient positiv

Schnittpunkte mit der x-Achse: $f(x) = 0 \Leftrightarrow (x-1)(x^2 - 5x + 7) = 0 \Rightarrow x = 1; N(1|0)$

Monotonieverhalten: $f'(x) = 3x^2 - 12x + 12$; $f'(x) = 0 \Leftrightarrow 3(x^2 - 4x + 4) = 0 \Rightarrow x_{1/2} = 2$;

$G_{f'}$ ist eine nach oben geöffnete Parabel, die bei $x = 2$ die x-Achse berührt.

$\Rightarrow G_f$ ist streng monoton steigend in $\mathbb{R}$.

Extrempunkte: keine

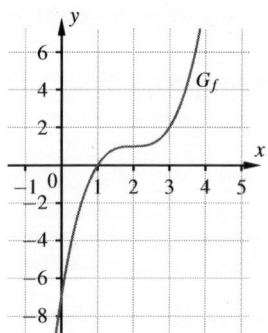

d) $f(x) = -\frac{1}{3}x^3 - 2x^2 - 3x; \quad D_f = \mathbb{R}$

Globalverlauf: $x \to -\infty$: $f(x) \to +\infty$; $x \to +\infty$: $f(x) \to -\infty$, da größter Exponent ungerade und Leitkoeffizient negativ

Schnittpunkte mit der x-Achse: $f(x) = 0 \Leftrightarrow -\frac{1}{3}x(x+3)^2 = 0 \Rightarrow x_1 = 0; \; x_{2/3} = -3;$
$N_1(0|0); \; N_2(-3|0)$

Monotonieverhalten: $f'(x) = -x^2 - 4x - 3; \; f'(x) = 0 \Leftrightarrow -(x+3)(x+1) = 0 \Rightarrow x_1 = -3; \; x_2 = -1;$
$G_{f'}$ ist eine nach unten geöffnete Parabel.

$\Rightarrow G_f$ ist streng monoton fallend in $]-\infty; -3]$ und in $[-1; +\infty[$ und streng monoton steigend in $[-3; -1]$.

Extrempunkte: Tiefpunkt $T(-3|0)$; Hochpunkt $H(-1|\frac{4}{3})$

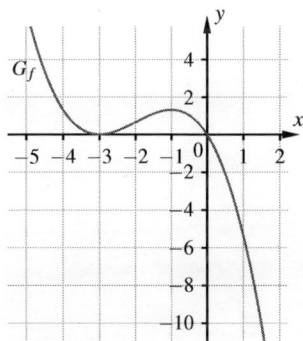

e) $f(x) = x^3 - 4x; \quad D_f = \mathbb{R}$

Globalverlauf: $x \to -\infty$: $f(x) \to -\infty$; $x \to +\infty$: $f(x) \to +\infty$, da größter Exponent ungerade und Leitkoeffizient positiv

Schnittpunkte mit der x-Achse: $f(x) = 0 \Leftrightarrow x(x^2 - 4) = 0 \Rightarrow x_1 = 0; \; x_{2/3} = \pm 2;$
$N_1(0|0); \; N_{2/3}(\pm 2|0)$

Monotonieverhalten: $f'(x) = 3x^2 - 4; \; f'(x) = 0 \Rightarrow x_{1/2} = \pm \frac{2}{\sqrt{3}}; \; G_{f'}$ ist eine nach oben geöffnete Parabel.

$\Rightarrow G_f$ ist streng monoton steigend in $]-\infty; -\frac{2}{\sqrt{3}}]$ und in $[\frac{2}{\sqrt{3}}; +\infty[$ und streng monoton fallend in $[-\frac{2}{\sqrt{3}}; \frac{2}{\sqrt{3}}]$.

Extrempunkte: Hochpunkt $H\left(-\frac{2}{\sqrt{3}}\middle|\frac{16\sqrt{3}}{9}\right)$; Tiefpunkt $T\left(\frac{2}{\sqrt{3}}\middle|-\frac{16\sqrt{3}}{9}\right)$

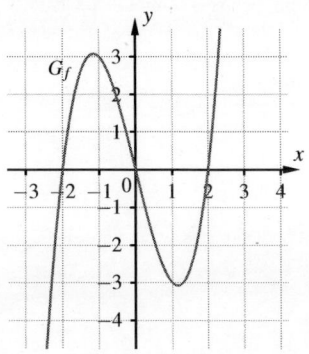

3. a) $f(x) = \frac{1}{4}x^4 - 2x^2 + 4;\quad D_f = \mathbb{R}$

Symmetrieverhalten: Achsensymmetrie zur y-Achse, da nur gerade Exponenten von x auftreten
Globalverlauf: $x \to \pm\infty$: $f(x) \to +\infty$, da größter Exponent gerade und Leitkoeffizient positiv
Schnittpunkte mit der x-Achse: $f(x) = 0 \Leftrightarrow \frac{1}{4}(x^4 - 8x^2 + 16) = 0 \Leftrightarrow (x^2-4)(x^2-4) = 0$
$\Rightarrow x_{1/2} = 2;\ x_{3/4} = -2;\ N_1(2|0);\ N_2(-2|0)$
Monotonieverhalten: $f'(x) = x^3 - 4x;\ f'(x) = 0 \Leftrightarrow x(x^2-4) = 0 \Rightarrow x_1 = 0;\ x_{2/3} = \pm 2$

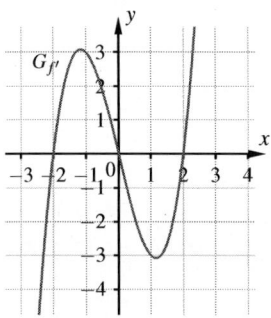

$\Rightarrow G_f$ ist streng monoton fallend in $]-\infty;\ -2]$ und in $[0;\ 2]$ und streng monoton steigend in $[-2;\ 0]$ und in $[2;\ +\infty[$.
Extrempunkte: Tiefpunkt $T_1(-2|0)$; Hochpunkt $H(0|4)$; Tiefpunkt $T_2(2|0)$
Krümmungsverhalten: $f''(x) = 3x^2 - 4,\ f''(x) = 0 \Rightarrow x_{1/2} = \pm\frac{2}{\sqrt{3}}$;
$G_{f''}$ ist eine nach oben geöffnete Parabel.

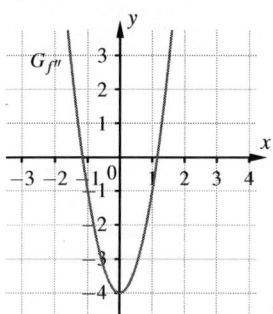

$\Rightarrow G_f$ ist linksgekrümmt in $]-\infty;\ -\frac{2}{\sqrt{3}}]$ und in $[\frac{2}{\sqrt{3}};\ +\infty[$ und rechtsgekrümmt in $[-\frac{2}{\sqrt{3}};\ \frac{2}{\sqrt{3}}]$.
Wendepunkte: $W_1\left(-\frac{2}{\sqrt{3}}\Big|\frac{16}{9}\right);\ W_2\left(\frac{2}{\sqrt{3}}\Big|\frac{16}{9}\right)$

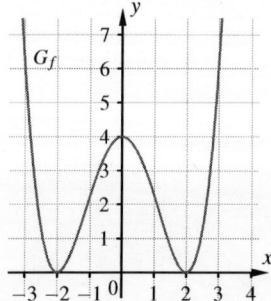

b) $f(x) = -\frac{1}{3}x^3 + 3x; \quad D_f = \mathbb{R}$

Symmetrieverhalten: Punktsymmetrie zum Ursprung, da nur ungerade Exponenten von x auftreten

Globalverlauf: $x \to -\infty$: $f(x) \to +\infty$; $x \to +\infty$: $f(x) \to -\infty$, da größter Exponent ungerade und Leitkoeffizient negativ

Schnittpunkte mit der x-Achse: $f(x) = 0 \Leftrightarrow -\frac{1}{3}x(x^2 - 9) = 0 \Rightarrow x_1 = 0; x_{2/3} = \pm 3$;
$N_1(0|0); N_{2/3}(\pm 3|0)$

Monotonieverhalten: $f'(x) = -x^2 + 3; f'(x) = 0 \Rightarrow x_{1/2} = \pm\sqrt{3}$

$G_{f'}$ ist eine nach unten geöffnete Parabel.

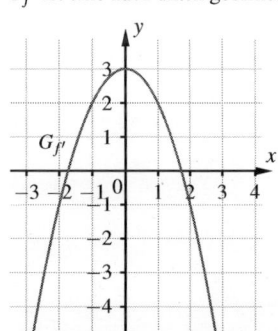

$\Rightarrow G_f$ ist streng monoton fallend in $]-\infty; -\sqrt{3}]$ und in $[\sqrt{3}; +\infty[$ und streng monoton steigend in $[-\sqrt{3}; \sqrt{3}]$.

Extrempunkte: Tiefpunkt $T(-\sqrt{3}|-2\sqrt{3})$; Hochpunkt $H(\sqrt{3}|2\sqrt{3})$

Krümmungsverhalten: $f''(x) = -2x; f''(x) = 0 \Leftrightarrow x = 0$;
$G_{f''}$ ist eine fallende Gerade.

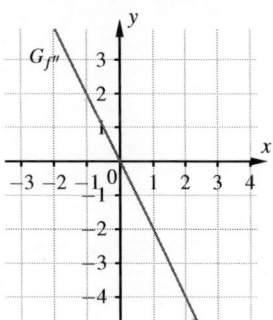

$\Rightarrow G_f$ ist linksgekrümmt in $]-\infty; -0]$ und rechtsgekrümmt in $[0; +\infty[$.

Wendepunkt: $W(0|0)$

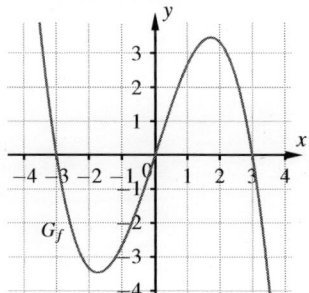

12

c) $f(x) = -\frac{1}{4}x^4 + \frac{5}{2}x^2 - \frac{9}{4};\quad D_f = \mathbb{R}$

Symmetrieverhalten: Achsensymmetrie zur y-Achse, da nur gerade Exponenten von x auftreten

Globalverlauf: $x \to \pm\infty$: $f(x) \to -\infty$, da größter Exponent gerade und Leitkoeffizient negativ

Schnittpunkte mit der x-Achse: $f(x) = 0 \Leftrightarrow -\frac{1}{4}(x^4 - 10x^2 + 9) = 0 \Leftrightarrow -\frac{1}{4}(x^2 - 9)(x^2 - 1) = 0$
$\Rightarrow x_{1/2} = \pm 3;\ x_{3/4} = \pm 1;$
$N_{1/2}(\pm 3|0);\ N_{3/4}(\pm 1|0)$

Monotonieverhalten: $f'(x) = -x^3 + 5x;\ f'(x) = 0 \Leftrightarrow -x(x^2 - 5) = 0 \Rightarrow x_1 = 0;\ x_{2/3} = \pm\sqrt{5}$

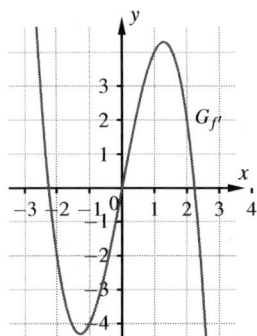

$\Rightarrow G_f$ ist streng monoton steigend in $]-\infty;\ -\sqrt{5}]$ und in $[0;\ \sqrt{5}]$ und streng monoton fallend in $[-\sqrt{5};\ 0]$ und in $[\sqrt{5};\ +\infty[$.

Extrempunkte: Hochpunkt $H_1(-\sqrt{5}|4)$; Tiefpunkt $T(0|-\frac{9}{4})$; Hochpunkt $H_2(\sqrt{5}|4)$

Krümmungsverhalten: $f''(x) = -3x^2 + 5;\ f''(x) = 0 \Rightarrow x_{1/2} = \pm\sqrt{\frac{5}{3}};$

$G_{f''}$ ist eine nach unten geöffnete Parabel.

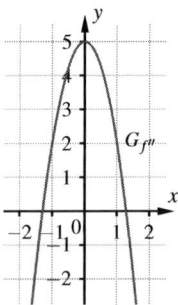

$\Rightarrow G_f$ ist rechtsgekrümmt in $\left]-\infty;\ -\sqrt{\frac{5}{3}}\right]$ und in $\left[\sqrt{\frac{5}{3}};\ +\infty\right[$ und linksgekrümmt in $\left[-\sqrt{\frac{5}{3}};\ \sqrt{\frac{5}{3}}\right]$.

Wendepunkte: $W_1\left(-\sqrt{\frac{5}{3}}\ \Big|\ \frac{11}{9}\right);\ W_2\left(\sqrt{\frac{5}{3}}\ \Big|\ \frac{11}{9}\right)$

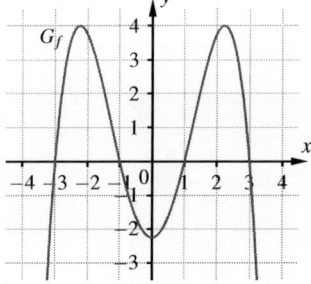

d) $f(x) = -0{,}1x^3 + 2{,}7x^2 - 19{,}5x + 16{,}9; \quad D_f = \mathbb{R}$

Symmetrieverhalten: weder Punktsymmetrie zum Ursprung noch Achsensymmetrie zur y-Achse, da gerade und ungerade Exponenten von x auftreten

Globalverlauf: $x \to -\infty: f(x) \to +\infty; x \to +\infty: f(x) \to -\infty$, da größter Exponent ungerade und Leitkoeffizient negativ

Schnittpunkte mit der x-Achse: $f(x) = 0 \Leftrightarrow -0{,}1(x^3 - 27x^2 + 195x - 169) = 0$
$\Leftrightarrow -0{,}1(x-1)(x-13)^2 = 0 \Rightarrow x_1 = 1; x_{2/3} = 13;$
$N_1(0|0); N_2(13|0)$

Monotonieverhalten: $f'(x) = -0{,}3x^2 + 5{,}4x - 19{,}5; f'(x) = 0 \Leftrightarrow -0{,}3(x-5)(x-13) = 0$
$\Rightarrow x_1 = 5; x_2 = 13$

$G_{f'}$ ist eine nach unten geöffnete Parabel.

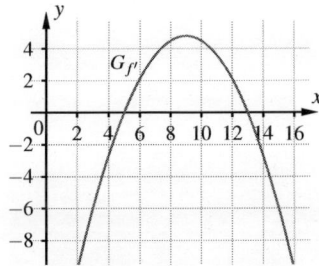

$\Rightarrow G_f$ ist streng monoton fallend in $]-\infty; 5]$ und in $[13; +\infty[$ und streng monoton steigend in $[5; 13]$.

Extrempunkte: Tiefpunkt $T(5|25{,}6)$; Hochpunkt $H(13|0)$

Krümmungsverhalten: $f''(x) = -0{,}6x + 5{,}4; f''(x) = 0 \Leftrightarrow x = 9;$

$G_{f''}$ ist eine fallende Gerade.

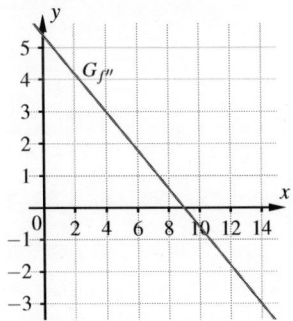

$\Rightarrow G_f$ ist linksgekrümmt in $]-\infty; 9]$ und rechtsgekrümmt in $[9; +\infty[$.

Wendepunkt: $W(9|-12{,}8)$

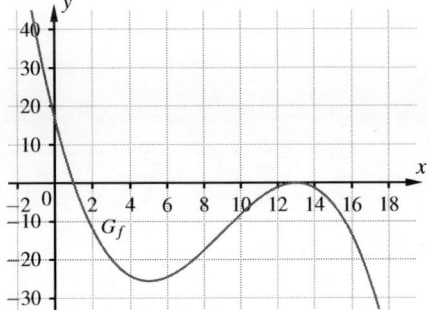

e) $f(x) = -3x^3 + 18x^2 - 96$; $D_f = \mathbb{R}$

Symmetrieverhalten: weder Punktsymmetrie zum Ursprung noch Achsensymmetrie zur y-Achse, da gerade und ungerade Exponenten von x auftreten

Globalverlauf: $x \to -\infty$: $f(x) \to +\infty$; $x \to +\infty$: $f(x) \to -\infty$, da größter Exponent ungerade und Leitkoeffizient negativ

Schnittpunkte mit der x-Achse: $f(x) = 0 \Leftrightarrow -3(x^3 - 6x^2 + 32) = 0 \Leftrightarrow (x+2)(x-4)^2 = 0$
$\Rightarrow x_1 = -2$; $x_{2/3} = 4$;
$N_1(-2|0)$; $N_2(4|0)$

Monotonieverhalten: $f'(x) = -9x^2 + 36x$; $f'(x) = 0 \Leftrightarrow -9x(x-4) = 0 \Rightarrow x_1 = 0$; $x_2 = 4$
$G_{f'}$ ist eine nach unten geöffnete Parabel.

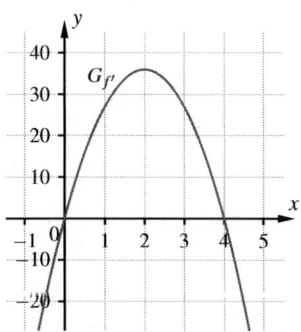

$\Rightarrow G_f$ ist streng monoton fallend in $]-\infty; 0]$ und in $[4; +\infty[$ und streng monoton steigend in $[0; 4]$.
Extrempunkte: Tiefpunkt $T(0|-96)$; Hochpunkt $H(4|0)$
Krümmungsverhalten: $f''(x) = -18x + 36$; $f''(x) = 0 \Rightarrow x_1 = 2$;
$G_{f''}$ ist eine fallende Gerade.

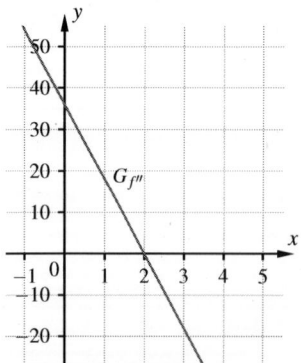

$\Rightarrow G_f$ ist linksgekrümmt in $]-\infty; 2]$ und rechtsgekrümmt in $[2; +\infty[$.
Wendepunkt: $W(2|-48)$

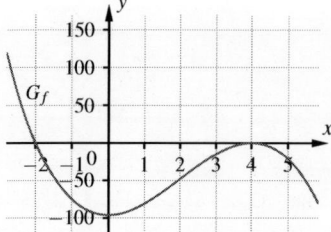

Grundlagen

4. **a)** Die Aussage ist falsch.
   $f'(x) = 6x^5 + 8x^3 + 6x > 0$ in $[0; 5]\setminus\{0\}$ und $f'(0) = 0$
   $f''(x) = 30x^4 + 24x^2 + 6 > 0$ in $[0; 5]$ (also ist G_f linksgekrümmt in $[0; 5]$)

   b) Die Aussage ist richtig.
   $f'(x) = 4x^3 + 4x$; $f'(x) = 0 \Leftrightarrow 4x(x^2+1) = 0 \Leftrightarrow x_1 = 0$ ($x_{2/3} = \pm\sqrt{-1}$ nicht definiert);
   G_f ist streng monoton fallend in $]-\infty; 0]$ und streng monoton steigend in $[0; +\infty[$.

1.1 Vertiefende Aspekte der Kurvendiskussion

1.1.1 Absolute Extrempunkte und Randextrempunkte

1. a) Extrempunkte: Randtiefpunkt $T_1(-2|0)$, absoluter Hochpunkt $H_1(-1|5,5)$, absoluter Tiefpunkt $T_2(2|-8)$, Randhochpunkt $H_2(3|-2,5)$

b) Extrempunkte: Randhochpunkt $H_1(-3|-5)$, absoluter Tiefpunkt $T(-2|-7)$, absoluter Hochpunkt $H_2(2|3)$

c) Extrempunkte: absoluter Randtiefpunkt $T_1(-3|-3,75)$, relativer Hochpunkt $H_1(-2,2|1)$, relativer Tiefpunkt $T_2(0|-3)$, absoluter Hochpunkt $H_2(3|7)$, Randtiefpunkt $T_3(4|0,8)$

2. a) $f(x) = x^2 - 3$; $\quad D_f = \mathbb{R}$
Symmetrieverhalten: Achsensymmetrie zur y-Achse, da nur gerade Exponenten von x auftreten
Globalverlauf: $x \to \pm\infty$: $f(x) \to +\infty$, da größter Exponent gerade und Leitkoeffizient positiv
Schnittpunkte mit der x-Achse: $f(x) = 0 \Leftrightarrow x^2 = 3 \Rightarrow x_{1/2} = \pm\sqrt{3}$; $N_1(-\sqrt{3}|0)$; $N_2(\sqrt{3}|0)$
Monotonieverhalten: $f'(x) = 2x$; $f'(x) = 0 \Rightarrow x = 0$;
$G_{f'}$ ist eine steigende Gerade mit $f'(x) < 0$ für $x < 0$ und $f'(x) > 0$ für $x > 0$
$\Rightarrow G_f$ ist streng monoton fallend in $]-\infty; 0]$ und streng monoton steigend in $[0; \infty[$.
Extrempunkt: absoluter Tiefpunkt $T(0|-3)$
Krümmungsverhalten: $f''(x) = 2 > 0 \Rightarrow G_f$ ist linksgekrümmt in $\mathbb{R}$.
Wendepunkte: nicht vorhanden

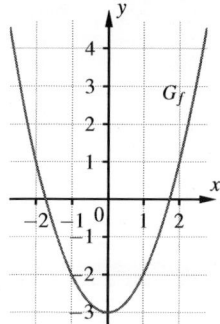

Wertemenge: $W_f = [-3; \infty[$

b) $f(x) = -x^2 + x + 6$; $\quad D_f = \mathbb{R}$
Symmetrieverhalten: weder Achsensymmetrie zur y-Achse noch Punktsymmetrie zum Ursprung, da gerade und ungerade Exponenten von x auftreten
Globalverlauf: $x \to \pm\infty$: $f(x) \to -\infty$, da größter Exponent gerade und Leitkoeffizient negativ
Schnittpunkte mit der x-Achse: $f(x) = 0 \Leftrightarrow -(x-3)(x+2) = 0 \Rightarrow x_1 = -2$; $x_2 = 3$;
$N_1(-2|0)$; $N_2(3|0)$
Monotonieverhalten: $f'(x) = -2x + 1$; $f'(x) = 0 \Rightarrow x = 0,5$;
$G_{f'}$ ist eine fallende Gerade mit $f'(x) > 0$ für $x < 0,5$ und $f'(x) < 0$ für $x > 0,5$
$\Rightarrow G_f$ ist streng monoton steigend in $]-\infty; 0,5]$ und streng monoton fallend in $[0,5; \infty[$.
Extrempunkt: absoluter Hochpunkt $H(0,5|6,25)$
Krümmungsverhalten: $f''(x) = -2 < 0$; G_f ist rechtsgekrümmt in $\mathbb{R}$.
Wendepunkte: nicht vorhanden

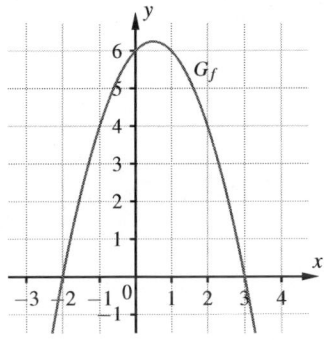

Wertemenge: $W_f =]-\infty; 6{,}25]$

c) $f(x) = 2x^3 - 6x;\quad D_f = \mathbb{R}$

Symmetrieverhalten: Punktsymmetrie zum Ursprung, da nur ungerade Exponenten von x auftreten

Globalverlauf: $x \to -\infty$: $f(x) \to -\infty$; $x \to +\infty$: $f(x) \to +\infty$, da größter Exponent ungerade und Leitkoeffizient positiv

Schnittpunkte mit der x-Achse: $f(x) = 0 \Leftrightarrow 2x(x^2 - 3) = 0 \Rightarrow x_1 = 0;\; x_{2/3} = \pm\sqrt{3}$;
$N_1(0|0);\; N_{2/3}(\pm\sqrt{3}|0)$

Monotonieverhalten: $f'(x) = 6x^2 - 6;\; f'(x) = 0 \Leftrightarrow 6(x^2 - 1) = 0 \Rightarrow x_1 = -1;\; x_2 = 1$;
$G_{f'}$ ist eine nach oben geöffnete Parabel.

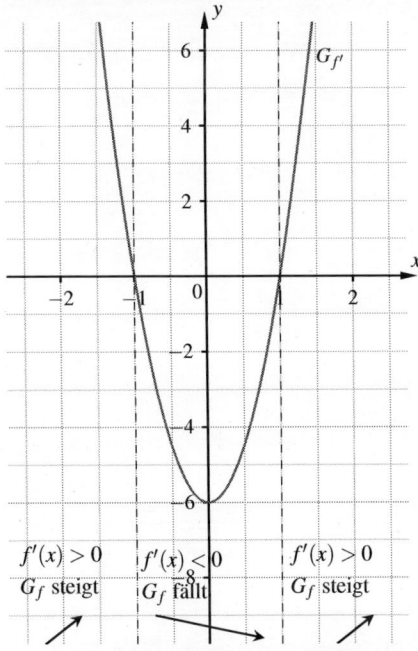

$\Rightarrow G_f$ ist streng monoton steigend in $]-\infty; -1]$ bzw. in $[1; \infty[$ und streng monoton fallend in $[-1; 1]$.

Extrempunkte: Hochpunkt $H(-1|4)$; Tiefpunkt $T(1|-4)$

Krümmungsverhalten: $f''(x) = 12x;\; f''(x) = 0 \Leftrightarrow x = 0$;

$G_{f''}$ ist eine steigende Ursprungsgerade mit $f''(x) < 0$ für $x < 0$ und $f''(x) > 0$ für $x > 0$;

$\Rightarrow G_f$ ist rechtsgekrümmt in $]-\infty; 0]$ und linksgekrümmt in $[0; \infty[$.

Wendepunkt: $W(0|0)$

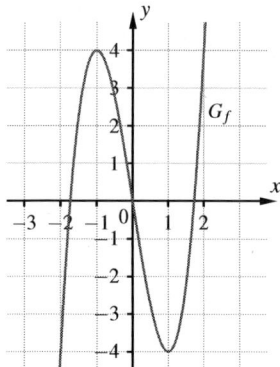

Wertemenge: $W_f = \mathbb{R}$
Absolute Extrempunkte: keine vorhanden

d) $f(x) = -\frac{1}{2}x^4 + 4x^2 - 8$; $D_f = \mathbb{R}$

Symmetrieverhalten: Achsensymmetrie zur y-Achse, da nur gerade Exponenten von x auftreten
Globalverlauf: $x \to \pm\infty$: $f(x) \to -\infty$, da größter Exponent gerade und Leitkoeffizient negativ
Schnittpunkte mit der x-Achse: $f(x) = 0 \Leftrightarrow -\frac{1}{2}(x^4 + 8x^2 - 16) = 0 \Leftrightarrow -\frac{1}{2}(x^2 - 4)^2 = 0$
(oder Substitution) $\Rightarrow x_{1/2} = -2$; $x_{3/4} = 2$;
$N_1(\,2|0)$; $N_2(2|0)$
Monotonieverhalten: $f'(x) = -2x^3 + 8x$; $f'(x) = 0 \Leftrightarrow -2x(x^2 - 4) = 0 \Rightarrow x_1 = 0$; $x_{2/3} = \pm 2$

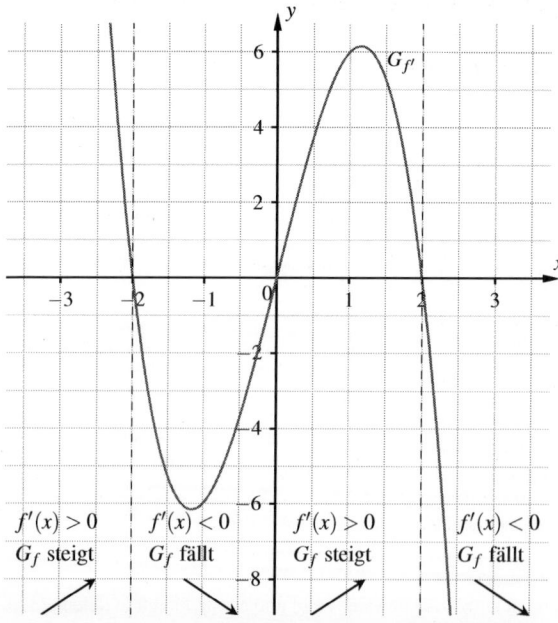

$f'(x) > 0$	$f'(x) < 0$	$f'(x) > 0$	$f'(x) < 0$
G_f steigt	G_f fällt	G_f steigt	G_f fällt
↗	↘	↗	↘

$\Rightarrow G_f$ ist streng monoton steigend in $]-\infty; -2]$ bzw. in $[0; 2]$ und streng monoton fallend in $[-2; 0]$ bzw. in $[2; \infty[$.
Extrempunkte: Hochpunkt $H_1(-2|0)$; Tiefpunkt $T(0|-8)$; Hochpunkt $H_2(2|0)$

Krümmungsverhalten: $f''(x) = -6x^2 + 8$; $f''(x) = 0 \Leftrightarrow x^2 = \frac{4}{3} \Rightarrow x_{1/2} = \pm \frac{2}{3}\sqrt{3}$;
$G_{f''}$ ist eine nach unten geöffnete Parabel mit $f''(x) < 0$ für $x < -\frac{2}{3}\sqrt{3}$ und $x > \frac{2}{3}\sqrt{3}$ und $f''(x) > 0$ für $-\frac{2}{3}\sqrt{3} < x < \frac{2}{3}\sqrt{3}$.
G_f ist rechtsgekrümmt in $]-\infty; -\frac{2}{3}\sqrt{3}]$ bzw. in $[\frac{2}{3}\sqrt{3}; \infty[$ und linksgekrümmt in $[-\frac{2}{3}\sqrt{3}; \frac{2}{3}\sqrt{3}]$.
Wendepunkte: $W_{1/2}(\pm\frac{2}{3}\sqrt{3} | -\frac{32}{9})$

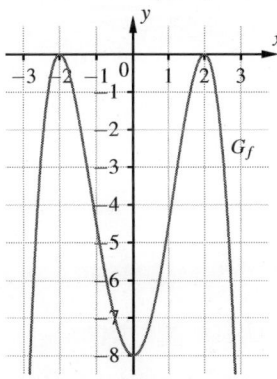

Wertemenge: $W_f =]-\infty; 0]$
Absolute Extrempunkte: Die Hochpunkte sind absolute Hochpunkte.

e) $f(x) = \frac{1}{4}x^4 - x^3 - \frac{1}{2}x^2 + 3x + \frac{9}{4}$; $D_f = \mathbb{R}$
Symmetrieverhalten: weder Achsensymmetrie zur y-Achse noch Punktsymmetrie zum Ursprung, da gerade und ungerade Exponenten von x auftreten
Globalverlauf: $x \to \pm\infty$: $f(x) \to +\infty$, da größter Exponent gerade und Leitkoeffizient positiv
Schnittpunkte mit der x-Achse: $f(x) = 0 \Leftrightarrow \frac{1}{4}(x^4 - 4x^3 - 2x^2 + 12x + 9) = 0$
$\Leftrightarrow x^4 - 4x^3 - 2x^2 + 12x + 9 = 0$
$x_1 = -1$;
Polynomdivisionen: $(x^4 - 4x^3 - 2x^2 + 12x + 9) : (x+1) = x^3 - 5x^2 + 3x + 9$;
$x_2 = -1$;
$(x^3 - 5x^2 + 3x + 9) : (x+1) = x^2 - 6x + 9$; $x^2 - 6x + 9 = 0 \Leftrightarrow (x-3)^2 = 0 \Rightarrow x_{3/4} = 3$;
$N_1(-1|0)$; $N_2(3|0)$
Monotonieverhalten: $f'(x) = x^3 - 3x^2 - x + 3$; $f'(x) = 0 \Leftrightarrow x^3 - 3x^2 - x + 3 = 0$;
$x_1 = -1$;
Polynomdivison: $(x^3 - 3x^2 - x + 3) : (x+1) = x^2 - 4x + 3$; $x^2 - 4x + 3 = 0 \Leftrightarrow (x-1)(x-3) = 0$
$\Rightarrow x_2 = 1$; $x_3 = 3$

17

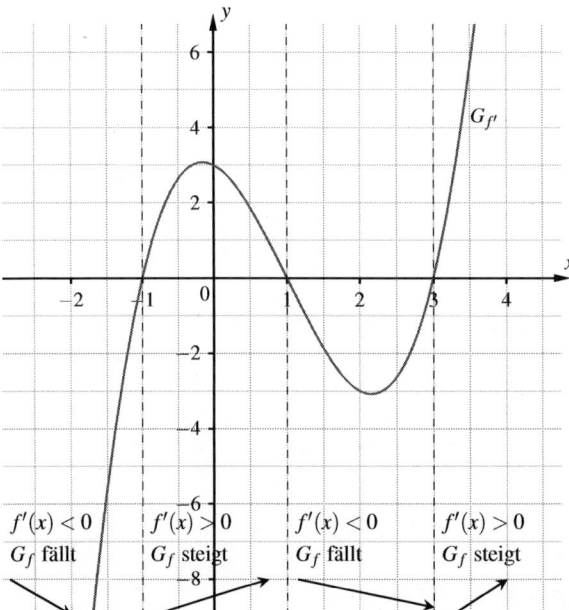

$f'(x) < 0$	$f'(x) > 0$	$f'(x) < 0$	$f'(x) > 0$
G_f fällt	G_f steigt	G_f fällt	G_f steigt
↘	↗	↘	↗

$\Rightarrow$ G_f ist streng monoton fallend in $]-\infty;\ -1]$ bzw. in $[1;\ 3]$ und streng monoton steigend in $[-1;\ 1]$ bzw. in $[3;\ \infty[$.

Extrempunkte: Tiefpunkt $T_1(-1|0)$; Hochpunkt $H(1|4)$; Tiefpunkt $T_2(3|0)$

Krümmungsverhalten: $f''(x) = 3x^2 - 6x - 1$; $f''(x) = 0 \Rightarrow x_{1/2} = 1 \pm \frac{2}{3}\sqrt{3}$;

$G_{f''}$ ist eine nach oben geöffnete Parabel mit $f''(x) > 0$ für $x < 1 - \frac{2}{3}\sqrt{3}$ und $x > 1 + \frac{2}{3}\sqrt{3}$ und $f''(x) < 0$ für $1 - \frac{2}{3}\sqrt{3} < x < 1 + \frac{2}{3}\sqrt{3}$;

$\Rightarrow$ G_f ist linksgekrümmt in $]-\infty;\ 1 - \frac{2}{3}\sqrt{3}]$ bzw. in $[1 + \frac{2}{3}\sqrt{3};\ \infty[$ und rechtsgekrümmt in $[1 - \frac{2}{3}\sqrt{3};\ 1 + \frac{2}{3}\sqrt{3}]$.

Wendepunkte: $W_1(1 - \frac{2}{3}\sqrt{3}|\frac{16}{9})$; $W_2(1 + \frac{2}{3}\sqrt{3}|\frac{16}{9})$

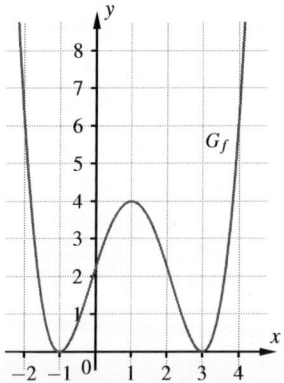

Wertemenge: $W_f = [0;\ \infty[$

Absolute Extrempunkte: Die Tiefpunkte sind absolute Tiefpunkte.

f) $f(x) = \frac{1}{2}(x^4 + x^3 - 3x^2 - 5x - 2); \quad D_f = \mathbb{R}$

Symmetrieverhalten: weder Achsensymmetrie zur y-Achse noch Punktsymmetrie zum Ursprung, da gerade und ungerade Exponenten von x auftreten

Globalverlauf: $x \to \pm\infty$: $f(x) \to +\infty$, da größter Exponent gerade und Leitkoeffizient positiv

Schnittpunkte mit der x-Achse: $f(x) = 0 \Leftrightarrow \frac{1}{2}(x^4 + x^3 - 3x^2 - 5x - 2) = 0$
$\Leftrightarrow x^4 + x^3 - 3x^2 - 5x - 2 = 0; \; x_1 = 2;$

Polynomdivision: $(x^4 + x^3 - 3x^2 - 5x - 2) : (x - 2) = x^3 + 3x^2 + 3x + 1; \; x^3 + 3x^2 + 3x + 1 = 0$
$\Leftrightarrow (x+1)^3 = 0 \Rightarrow x_{2/3/4} = -1;$
$N_1(2|0); \; N_2(-1|0)$

Monotonieverhalten: $f'(x) = 2x^3 + 1{,}5x^2 - 3x - 2{,}5; \; f'(x) = 0 \Leftrightarrow 2x^3 + 1{,}5x^2 - 3x - 2{,}5 = 0;$
$x_1 = -1;$

Polynomdivision: $(2x^3 + 1{,}5x^2 - 3x - 2{,}5) : (x+1) = 2x^2 - 0{,}5x - 2{,}5; \; 2x^2 - 0{,}5x - 2{,}5 = 0$
$\Rightarrow x_2 = -1; \; x_3 = 1{,}25$

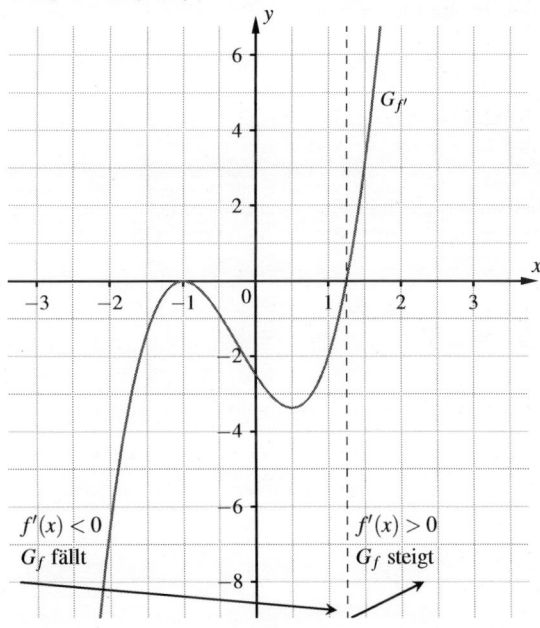

$\Rightarrow G_f$ ist streng monoton fallend in $]-\infty; \; 1{,}25]$ und streng monoton steigend in $[1{,}25; \; \infty[$.

Extrempunkt: Tiefpunkt $T(1{,}25|\frac{2187}{512})$

Krümmungsverhalten: $f''(x) = 6x^2 + 3x - 3; \; f''(x) = 0 \Leftrightarrow 6x^2 + 3x - 3 = 0$
$\Rightarrow x_1 = -1; \; x_2 = 0{,}5;$

$G_{f''}$ ist eine nach oben geöffnete Parabel mit $f''(x) > 0$ für $x < -1$ und $x > 0{,}5$ und $f''(x) < 0$ für $-1 < x < 0{,}5;$

$\Rightarrow G_f$ ist linksgekrümmt in $]-\infty; \; -1]$ bzw. in $[0{,}5; \; \infty[$ und rechtsgekrümmt in $[-1; \; 0{,}5]$.

Wendepunkte: $W_1(-1|0); \; W_2(0{,}5|-2{,}53125)$

17

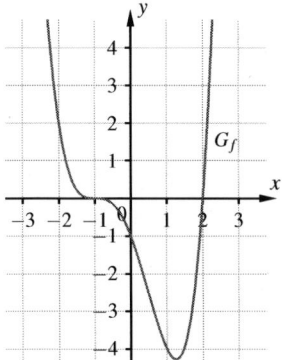

Wertemenge: $W_f = [-\frac{2187}{512}; \infty[$
Absoluter Extrempunkt: Der Tiefpunkt ist absoluter Tiefpunkt.

3. a) $f(x) = x^2 + 2x;\quad D_f = [-3; 2]$
Schnittstellen mit der x-Achse: $f(x) = 0 \Leftrightarrow x(x+2) = 0 \Rightarrow x_1 = -2;\ x_2 = 0$
Monotonieverhalten: $f'(x) = 2x+2;\ f'(x) = 0 \Leftrightarrow x = -1$;
$G_{f'}$ ist Teil einer steigenden Geraden;
$\Rightarrow G_f$ ist streng monoton fallend in $[-3, -1]$ und streng monoton steigend in $[1; 2]$.
Extrempunkte: Tiefpunkt $T(-1|-1)$; Hochpunkt $H_1(-3|3)$; Hochpunkt $H_2(2|8)$
Absolute Extrempunkte: T und H_2

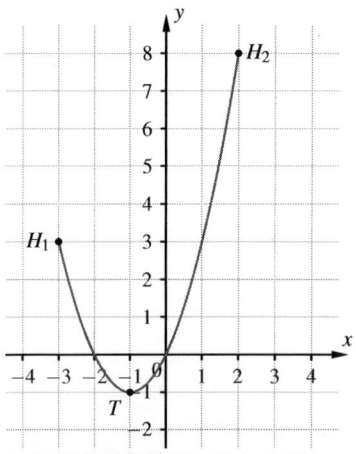

b) $f(x) = x^2 + x - 2;\quad D_f = [-3; 3]$
Schnittstellen mit der x-Achse: $f(x) = 0 \Leftrightarrow (x+2)(x-1) = 0 \Rightarrow x_1 = -2;\ x_2 = 1$
Monotonieverhalten: $f'(x) = 2x+1;\ f'(x) = 0 \Leftrightarrow x = -0,5$;
$G_{f'}$ ist Teil einer steigenden Geraden;
$\Rightarrow G_f$ ist streng monoton fallend in $[-3; -0,5]$ und streng monoton steigend in $[-0,5; 3]$.
Extrempunkte: Tiefpunkt $T(-0,5|-2,25)$; Hochpunkt $H_1(-3|4)$; Hochpunkt $H_2(3|10)$
Absolute Extrempunkte: T und H_2

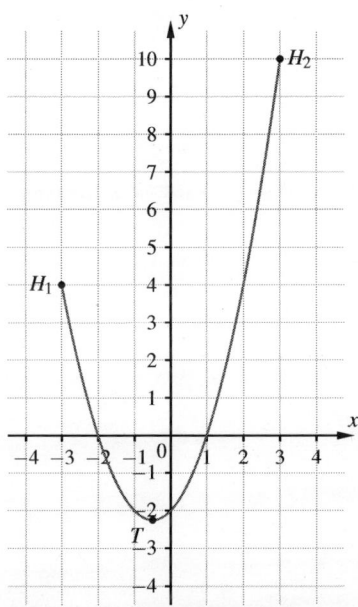

c) $f(x) = -x^2 - x + 6$; $D_f = [-3; 2,5]$
Schnittstellen mit der x-Achse: $f(x) = 0 \Leftrightarrow -(x+3)(x-2) = 0 \Rightarrow x_1 = -3; x_2 = 2$
Monotonieverhalten: $f'(x) = -2x - 1$; $f'(x) = 0 \Rightarrow x = -0,5$;
$G_{f'}$ ist Teil einer fallenden Geraden;
$\Rightarrow G_f$ ist streng monoton steigend in $[-3; -0,5]$ und streng monoton fallend in $[-0,5; 2,5]$.
Extrempunkte: Tiefpunkt $T_1(-3|0)$; Hochpunkt $H(-0,5|6,25)$; Tiefpunkt $T_2(2,5|-2,75)$
Absolute Extrempunkte: T_2 und H

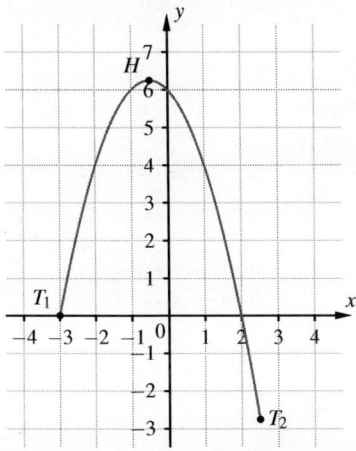

d) $f(x) = \frac{1}{2}x^3 + x^2 - 4x;$ $\quad D_f = [-4; 3]$

Schnittstellen mit der x-Achse: $f(x) = 0 \Leftrightarrow 0{,}5x(x+4)(x-2) = 0 \Rightarrow x_1 = -4;\ x_2 = 0;\ x_3 = 2$

Monotonieverhalten: $f'(x) = 1{,}5x^2 + 2x - 4;\ f'(x) = 0 \Leftrightarrow 1{,}5x^2 + 2x - 4 = 0$

$\Rightarrow x_1 = \frac{-2-2\sqrt{7}}{3} \approx -2{,}43;\ x_2 = \frac{-2+2\sqrt{7}}{3} \approx 1{,}10;$

$G_{f'}$ ist Teil einer nach oben geöffneten Parabel;

$\Rightarrow G_f$ ist streng monoton steigend in $[-4;\ \frac{-2-2\sqrt{7}}{3}]$ und in $[\frac{-2+2\sqrt{7}}{3};\ 3]$ und streng monoton fallend in $[\frac{-2-2\sqrt{7}}{3};\ \frac{-2+2\sqrt{7}}{3}]$.

Extrempunkte: Tiefpunkt $T_1(-4|0)$; Hochpunkt $H_1(-2{,}43|8{,}45)$; Tiefpunkt $T_2(1{,}10|-2{,}52)$; Hochpunkt $H_2(3|10{,}5)$

Absolute Extrempunkte: T_2 und H_2

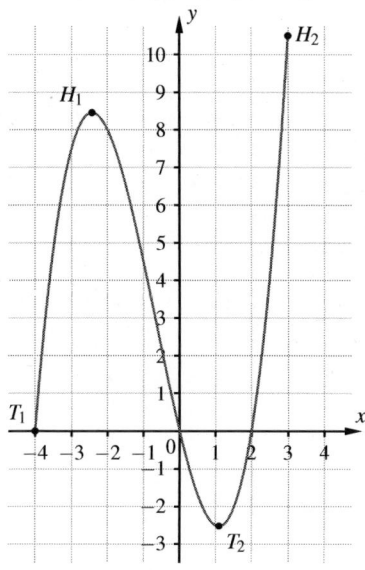

e) $f(x) = -x^3 + 9x^2 - 24x + 16;$ $\quad D_f = [0{,}5;\ 5{,}5]$

Schnittstellen mit der x-Achse: $f(x) = 0 \Leftrightarrow -(x-1)(x-4)(x-4) = 0 \Rightarrow x_1 = 1;\ x_{2/3} = 4$

(Berechnung z.B. mit Polynomdivision)

Monotonieverhalten: $f'(x) = -3x^2 + 18x - 24;\ f'(x) = 0 \Leftrightarrow -3(x-2)(x-4) = 0$

$\Rightarrow x_1 = 2;\ x_2 = 4;$

$G_{f'}$ ist Teil einer nach unten geöffneten Parabel;

$\Rightarrow G_f$ ist streng monoton fallend in $[0{,}5;\ 2]$ und in $[4;\ 5{,}5]$ und streng monoton steigend in $[2;\ 4]$.

Extrempunkte: Hochpunkt $H_1(0{,}5|6{,}125)$; Tiefpunkt $T_1(2|-4)$; Hochpunkt $H_2(4|0)$; Tiefpunkt $T_2(5{,}5|-10{,}125)$

Absolute Extrempunkte: H_1 und T_2

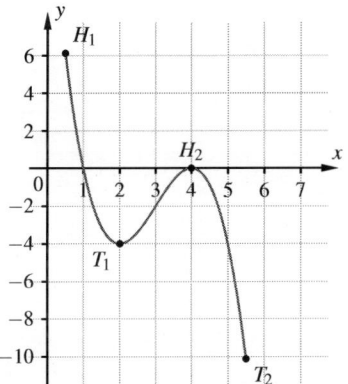

4. a) $f(x) = \frac{4}{3}x^3 - 144x; \quad D_f = [-2; 2{,}5]$

Symmetrieverhalten: Punktsymmetrie zum Ursprung, da nur ungerade Exponenten von x auftreten

Globalverlauf: $x \to -\infty$: $f(x) \to -\infty$; $x \to +\infty$: $f(x) \to +\infty$, da größter Exponent ungerade und Leitkoeffizient positiv

Schnittpunkte mit der x-Achse: $f(x) = 0 \Leftrightarrow \frac{4}{3}x(x^2 - 108) = 0$
$\Rightarrow x_1 = 0; x_{3/4} = \pm 6\sqrt{3} \notin D_f; N(0|0)$

Monotonieverhalten: $f'(x) = 4x^2 - 144$; $f'(x) = 0 \Leftrightarrow 4(x^2 - 36) = 0 \Rightarrow x_{1/2} = \pm 6\sqrt{3} \notin D_f$

Skizze von $G_{f'}$: $G_{f'}$ ist Teil einer nach oben geöffneten Parabel.

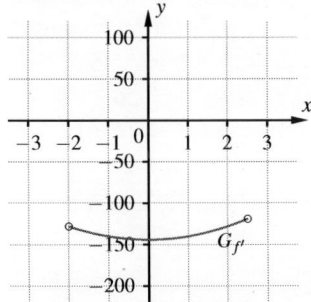

$\Rightarrow G_f$ ist streng monoton fallend in $[-2; 2{,}5]$.

Extrempunkte: Hochpunkt $H(-2|277\frac{1}{3})$; Tiefpunkt $T(2{,}5|-339\frac{1}{6})$

Krümmungsverhalten: $f''(x) = 8x$; $f''(x) = 0 \Leftrightarrow x = 0$

Skizze von $G_{f''}$: $G_{f''}$ ist Teil einer steigenden Geraden.

$\Rightarrow G_f$ ist rechtsgekrümmt in $[-2; 0]$ und linksgekrümmt in $[0; 2{,}5]$.

Wendepunkt: $W(0|0)$

17

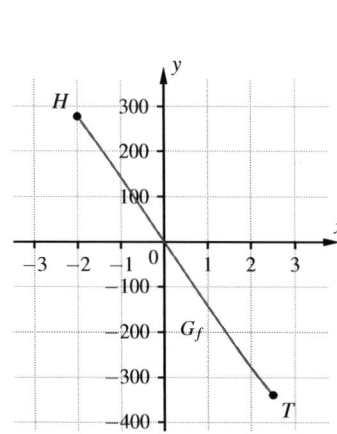
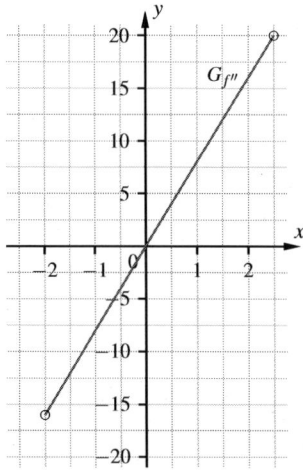

Wertemenge: $W_f = [-339\frac{1}{6}; 277\frac{1}{3}]$

Absolute Extrempunkte: T und H sind absolute Extrempunkte.

b) $f(x) = 0,5x^3 + 1,5x^2 + 3x + 20; \quad D_f = [-2; 2,5]$

Symmetrieverhalten: weder Symmetrie zur y-Achse noch zum Ursprung, da gerade und ungerade Exponenten von x auftreten

Globalverlauf: $x \to -\infty$: $f(x) \to -\infty$; $x \to +\infty$: $f(x) \to +\infty$, da größter Exponent ungerade und Leitkoeffizient positiv

Schnittpunkte mit der x-Achse: $f(x) = 0 \Leftrightarrow 0,5(x+4)(x^2 - x + 10) = 0 \Rightarrow x = -4 \notin D_f$
$\Rightarrow$ keine Nullstellen

Monotonieverhalten: $f'(x) = 1,5x^2 + 3x + 3$; $f'(x) = 0 \Leftrightarrow 1,5x^2 + 3x + 3 = 0; D < 0$
$\Rightarrow$ keine Lösung

Skizze von $G_{f'}$: $G_{f'}$ ist Teil einer nach oben geöffneten Parabel.

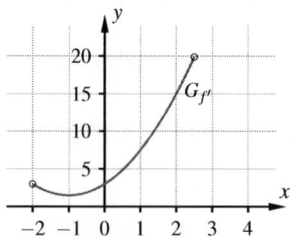

$\Rightarrow G_f$ ist streng monoton steigend in $[-2; 2,5]$.

Extrempunkte: Tiefpunkt $T(-2|16)$; Hochpunkt $H(2,5|44,6875)$

Krümmungsverhalten: $f''(x) = 3x + 3$; $f''(x) = 0 \Rightarrow x = -1$

Skizze von $G_{f''}$:

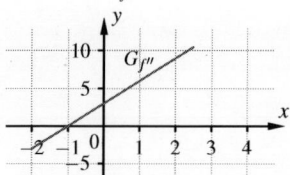

$G_{f''}$ ist Teil einer steigenden Geraden.
$\Rightarrow G_f$ ist rechtsgekrümmt in $[-2; -1]$ und linksgekrümmt in $[-1; 2{,}5]$.
Wendepunkt: $W(-1|18)$

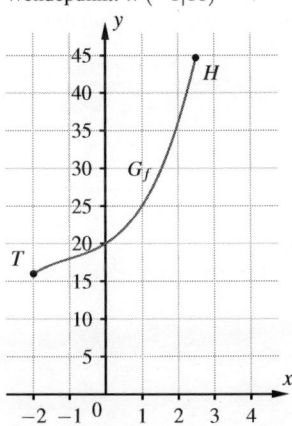

Wertemenge: $W_f = [16; 44{,}6875]$
Absolute Extrempunkte: T und H sind absolute Extrempunkte

c) $f(x) = 0{,}5x^4 + 2x^3 + 3x^2 + 2x;\quad D_f = [-2; 2{,}5]$
Symmetrieverhalten: weder Symmetrie zur y-Achse noch zum Ursprung, da gerade und ungerade Exponenten von x auftreten
Globalverlauf: $x \to \pm\infty$: $f(x) \to +\infty$, da größter Exponent gerade und Leitkoeffizient positiv
Schnittpunkte mit der x-Achse: $f(x) = 0 \Leftrightarrow 0{,}5x \cdot (x+2)(x^2+2x+2) = 0 \Rightarrow x_1 = 0; x_2 = -2;$
$N_1(0|0), N_2(-2|0)$
Monotonieverhalten: $f'(x) = 2x^3 + 6x^2 + 6x + 2;\ f'(x) = 0 \Leftrightarrow 2(x+1)^3 = 0 \Rightarrow x_{1/2/3} = -1$
Skizze von $G_{f'}$:

⇒ G_f ist streng monoton fallend in $[-2;\ -1]$ und streng monoton steigend in $[-1;\ 2{,}5]$.
Extrempunkte: Hochpunkt $H_1(-2|0)$; Tiefpunkt $T(-1|-0{,}5)$; Hochpunkt $H_2(2{,}5|74{,}53125)$
Krümmungsverhalten: $f''(x) = 6x^2 + 12x + 6$; $f''(x) = 0 \Leftrightarrow (x+1)^2 = 0 \Rightarrow x_{1/2} = -1$
Skizze von $G_{f''}$: $G_{f''}$ ist Teil einer nach oben geöffneten Parabel mit dem Scheitel auf der x-Achse.
⇒ G_f ist linksgekrümmt in $[-2;\ 2{,}5]$.

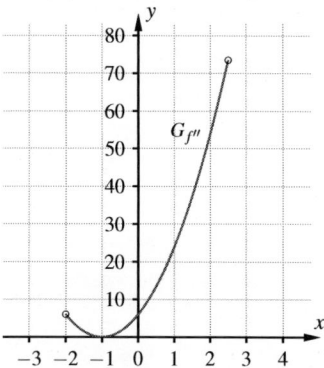

Wendepunkte: keine

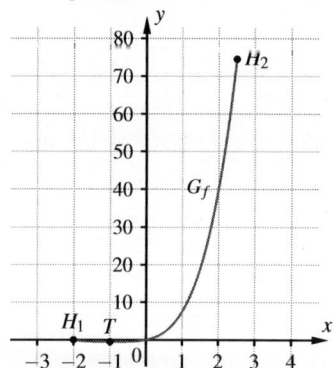

Wertemenge: $W_f = [-0{,}5;\ \infty[$
Absolute Extrempunkte: Der Tiefpunkt T und der Hochpunkt H_2 sind absolute Extrempunkte.

d) $f(x) = 0{,}2x^3 - 2{,}4x^2 + 9{,}6x - 14{,}4;\quad D_f = [-3;\ 5]$
Symmetrieverhalten: weder Symmetrie zur y-Achse noch zum Ursprung, da gerade und ungerade Exponenten von x auftreten
Globalverlauf: $x \to -\infty$: $f(x) \to -\infty$; $x \to +\infty$: $f(x) \to +\infty$, da größter Exponent ungerade und Leitkoeffizient positiv
Schnittpunkte mit der x-Achse: $f(x) = 0 \Leftrightarrow 0{,}2(x-6)(x^2 - x + 10) = 0 \Rightarrow x = 6 \notin D_f$
⇒ keine Nullstellen
Monotonieverhalten: $f'(x) = 0{,}6x^2 - 4{,}8x + 9{,}6$; $f'(x) = 0 \Leftrightarrow 0{,}6(x-4)^2 = 0 \Rightarrow x_{1/2} = 4 \in D_f$
Skizze von $G_{f'}$: $G_{f'}$ ist Teil einer nach oben geöffneten Parabel mit dem Scheitel auf der x-Achse.
⇒ G_f ist streng monoton steigend in $[-3;\ 5]$.

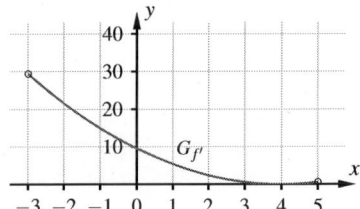

Extrempunkte: Tiefpunkt $T(-3|-70,2)$; Hochpunkt $H(5|-1,4)$
Krümmungsverhalten: $f''(x) = 1,2x - 4,8$; $f''(x) = 0 \Rightarrow x = 4 \in D_f$
Skizze von $G_{f''}$: $G_{f''}$ ist Teil einer steigenden Gerade.
$\Rightarrow G_{f''}$ ist rechtsgekrümmt in $[-3;4]$ und linksgekrümmt in $[4;5]$.

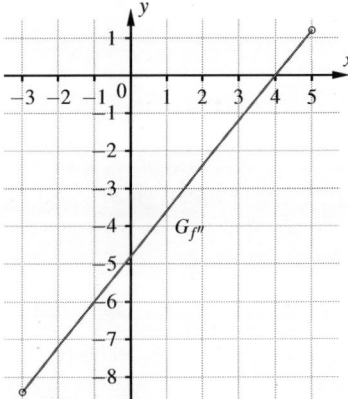

Wendepunkt: $W(4|-1,6)$

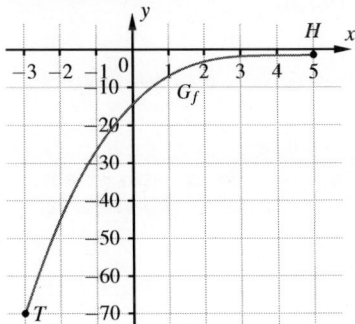

Wertemenge: $W_f = [-70,2;\ -1,4]$
Absolute Extrempunkte: T und H sind absolute Extrempunkte.

5. a) Aussage ist richtig;
$f(x) = x^2 - 6x + 5 = (x-5)(x-1) = (x-3)^2 - 4; \quad D_f = [1; 5]$
Nullstellen: $x_1 = 1; x_2 = 5$; Scheitel $S(3|-4)$

b) Aussage ist richtig;
$f(x) = \frac{1}{3}x^3 + 2x^2 + 5x + 2; \quad D_f = [-3; 5]$
$f'(x) = x^2 + 4x + 5 = (x+2)^2 + 1 > 0$; also ist G_f streng monoton steigend und an den Rändern treten Randextrempunkte auf.

c) Aussage ist falsch;
$f(x) = x^4 - 2x^2 + 1; \quad D_f = \mathbb{R}$
G_f ist symmetrisch zur y-Achse, da nur gerade Exponenten von x auftreten.
$f'(x) = 4x^3 - 4x = 4x(x^2 - 1) = 0 \Rightarrow x_1 = 0; x_{2/3} = \pm 1$;
absolute Tiefpunkte $T_{1/2}(\pm 1|0)$
Wertemenge $W = [0; +\infty[$

d) Aussage ist richtig;
$f'(x) = -3x^2 + 12x = -3x(x-4); \quad D_f = [0; 4]$
$f'(x) = 0 \Rightarrow x_1 = 0; x_2 = 4;$
$G_{f'}$ ist Teil einer nach unten geöffneten Parabel;
$\Rightarrow$ G_f ist streng monoton steigend und hat bei $x = 0$ den absoluten Tiefpunkt und bei $x = 4$ den absoluten Hochpunkt.
$G_{f'}$ hat bei $x = 2$ den Scheitel $\Rightarrow$ G_f hat bei $x = 2$ einen Wendepunkt.

e) Aussage ist richtig;
$f(x) = 2x + 3; \quad D_f = [0; 4]$
G_f ist Teil einer steigenden Gerade und hat somit bei $x = 0$ einen Tiefpunkt und bei $x = 4$ einen Hochpunkt.

1.1.2 Änderungsrate und stärkstes Wachstum

1. a) $f(x) = \frac{1}{3}x^3 - 3,5x^2 + 10x; \quad D_f = \mathbb{R}$
Änderungsrate: $f'(x) = x^2 - 7x + 10; f'(x) = 0 \Leftrightarrow (x-2)(x-5) = 0 \Rightarrow x_1 = 2; x_2 = 5$;
$G_{f'}$ ist eine nach oben geöffnete Parabel (siehe Skizze);
$\Rightarrow f'(x) > 0$ für $x \in]-\infty; 2[$ und für $x \in]5; \infty[$ und $f'(x) < 0$ für $x \in]2; 5[$.
$G_{f'}$ hat den absoluten Tiefpunkt $T(3,5|-2,25)$, also ist $x = 3,5$ die Stelle stärkster Abnahme der Funktionswerte.
G_f hat bei $x = 3,5$ den Wendepunkt $W(3,5|6\frac{5}{12})$.

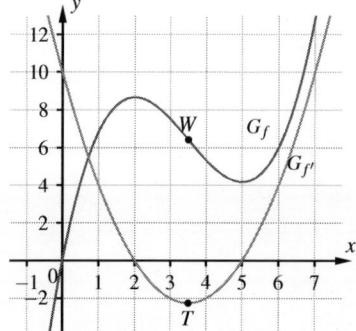

b) $f(x) = -\frac{1}{3}x^3 + 2x^2$; $D_f = \mathbb{R}$

Änderungsrate: $f'(x) = -x^2 + 4x$; $f'(x) = 0 \Leftrightarrow -x(x-4) = 0 \Rightarrow x_1 = 0$; $x_2 = 4$;

$G_{f'}$ ist eine nach unten geöffnete Parabel (siehe Skizze);

$\Rightarrow f'(x) < 0$ für $x \in]-\infty; 0[$ und für $x \in]4; \infty[$ und $f'(x) > 0$ für $x \in]0; 4[$.

$G_{f'}$ hat den absoluten Hochpunkt $H(2|4)$, also ist $x = 2$ die Stelle stärkster Zunahme der Funktionswerte.

G_f hat bei $x = 2$ den Wendepunkt $W(2|5\frac{1}{3})$.

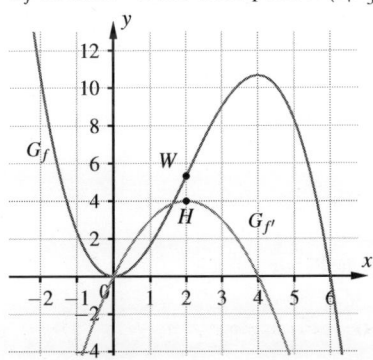

c) $f(x) = \frac{1}{3}x^3 + 2x^2 + 3x$; $D_f = \mathbb{R}$

Änderungsrate: $f'(x) = x^2 + 4x + 3$; $f'(x) = 0 \Leftrightarrow (x+1)(x+3) = 0 \Rightarrow x_1 = -1$; $x_2 = -3$;

$G_{f'}$ ist eine nach oben geöffnete Parabel (siehe Skizze);

$\Rightarrow f'(x) > 0$ für $x \in]-\infty; -3[$ und für $x \in]-1; +\infty[$ und $f'(x) < 0$ für $x \in]-3; -1[$.

$G_{f'}$ hat den absoluten Tiefpunkt $T(-2|-1)$, also ist $x = -2$ die Stelle stärkster Abnahme der Funktionswerte.

G_f hat bei $x = -2$ den Wendepunkt $W(-2|-\frac{2}{3})$.

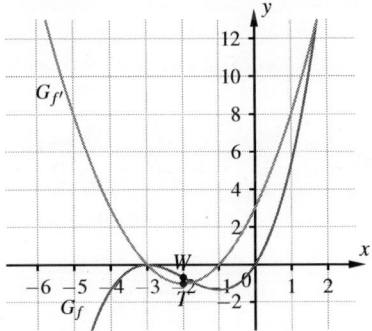

d) $f(x) = -\frac{1}{3}x^3 + x^2 + 3x$; $D_f = \mathbb{R}$

Änderungsrate: $f'(x) = -x^2 + 2x + 3$; $f'(x) = 0 \Leftrightarrow -(x+1)(x-3) = 0 \Rightarrow x_1 = -1$; $x_2 = 3$;

$G_{f'}$ ist eine nach unten geöffnete Parabel (siehe Skizze);

$\Rightarrow f'(x) < 0$ für $x \in]-\infty; -1[$ und für $x \in]3; +\infty[$ und $f'(x) > 0$ für $x \in]-1; 3[$.

$G_{f'}$ hat den absoluten Hochpunkt $H(1|4)$, also ist $x = 1$ die Stelle stärkster Zunahme der Funktionswerte.

G_f hat bei $x = 1$ den Wendepunkt $W(1|3\frac{2}{3})$.

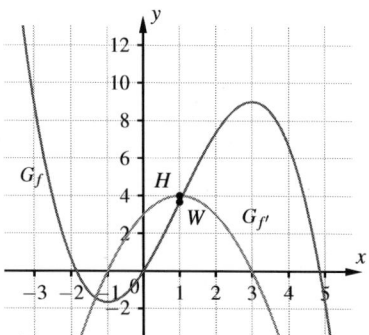

2. a) $f(x) = \frac{1}{4}x^4 - \frac{1}{3}x^3 - 3x^2$; $D_f = [-2; 3]$
Änderungsrate: $f'(x) = x^3 - x^2 - 6x$; $f'(x) = 0 \Leftrightarrow x(x+2)(x-3) = 0$
$\Rightarrow x_1 = 0$; $x_2 = -2$; $x_3 = 3$;
$G_{f'}$ ist Teil eines Graphen einer Funktion 3. Grades (siehe Skizze);
$\Rightarrow f'(x) < 0$ für $x \in]0; 3[$ und $f'(x) > 0$ für $x \in]-2; 0[$.
$f''(x) = 3x^2 - 2x - 6$; $f''(x) = 0 \Leftrightarrow 3x^2 - 2x - 6 = 0$
$\Rightarrow x_1 = \frac{1-\sqrt{19}}{3} \approx -1{,}120$; $x_2 = \frac{1+\sqrt{19}}{3} \approx 1{,}786$
$G_{f'}$ hat bei x_1 den absoluten Hochpunkt und bei x_2 den absoluten Tiefpunkt, also ist x_1 die Stelle stärkster Zunahme der Funktionswerte und x_2 die Stelle stärkster Abnahme.
G_f hat bei x_1 und x_2 jeweils einen Wendepunkt.

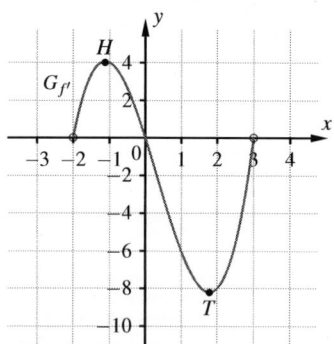

b) $f(x) = \frac{1}{8}x^4 - x^3 + 0{,}75x^2 + 10x$; $D_f = [-1; 5]$
Änderungsrate: $f'(x) = 0{,}5x^3 - 3x^2 + 1{,}5x + 10$; $f'(x) = 0 \Leftrightarrow 0{,}5(x-4)(x^2 - 2x - 5) = 0$;
$\Rightarrow x_1 = 4$; $x_2 = 1 + \sqrt{6} \approx 3{,}45$; $x_3 = 1 - \sqrt{6} \approx -1{,}45 \notin D_f$;
$G_{f'}$ ist Teil eines Graphen einer Funktion 3. Grades (siehe Skizze);
$\Rightarrow f'(x) < 0$ für $x \in]1+\sqrt{6}; 4[$ und $f'(x) > 0$ für $x \in [-1; 1+\sqrt{6}[$ und für $x \in]4; 5]$.
$f''(x) = 1{,}5x^2 - 6x + 1{,}5$; $f''(x) = 0 \Leftrightarrow 1{,}5x^2 - 6x + 1{,}5 = 0$
$\Rightarrow x_1 = 2 + \sqrt{3} \approx 3{,}73$; $x_2 = 2 - \sqrt{3} \approx 0{,}27$

$G_{f'}$ hat bei $x_2 = 2 - \sqrt{3}$ den absoluten Hochpunkt und bei $x_1 = 2 + \sqrt{3}$ den absoluten Tiefpunkt, also ist x_2 die Stelle stärkster Zunahme der Funktionswerte und x_1 die Stelle stärkster Abnahme.
G_f hat bei x_1 und x_2 jeweils einen Wendepunkt.

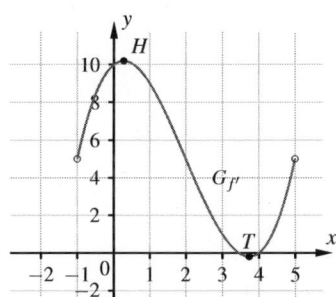

c) $f(x) = -\frac{1}{4}x^4 + \frac{7}{3}x^3 - 5x^2$; $D_f = [0; 5]$
Änderungsrate: $f'(x) = -x^3 + 7x^2 - 10x$; $f'(x) = 0 \Leftrightarrow -x(x-2)(x-5) = 0$
$\Rightarrow x_1 = 0; x_2 = 2; x_3 = 5$;
$G_{f'}$ ist Teil eines Graphen einer Funktion 3. Grades (siehe Skizze);
$\Rightarrow f'(x) < 0$ für $x \in \,]0; 2[$ und $f'(x) > 0$ für $x \in \,]2; 5[$.
$f''(x) = -3x^2 + 14x - 10$; $f''(x) = 0 \Leftrightarrow -3x^2 + 14x - 10 = 0$
$\Rightarrow x_1 = \frac{7-\sqrt{19}}{3} \approx 0{,}88$; $x_2 = \frac{7+\sqrt{19}}{3} \approx 3{,}79$
$G_{f'}$ hat bei $x_2 = \frac{7+\sqrt{19}}{3}$ den absoluten Hochpunkt und bei $x_1 = \frac{7-\sqrt{19}}{3}$ den absoluten Tiefpunkt, also ist x_2 die Stelle stärkster Zunahme der Funktionswerte und x_1 die Stelle stärkster Abnahme.
G_f hat bei x_1 und x_2 jeweils einen Wendepunkt.

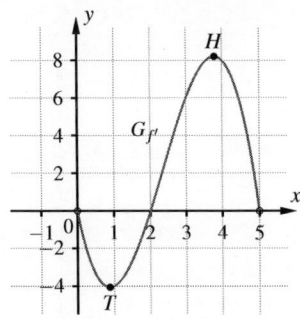

d) $f(x) = 0{,}25x^4 - 3x^3 + 11{,}5x^2 - 15x$; $D_f = [1; 5]$
Änderungsrate: $f'(x) = x^3 - 9x^2 + 23x - 15$; $f'(x) = 0 \Leftrightarrow (x-1)(x-3)(x-5) = 0$
$\Rightarrow x_1 = 1; x_2 = 3; x_3 = 5$;
$G_{f'}$ ist Teil eines Graphen einer Funktion 3. Grades (siehe Skizze);
$\Rightarrow f'(x) < 0$ für $x \in \,]3; 5[$ und $f'(x) > 0$ für $x \in \,]1; 3[$.
$f''(x) = 3x^2 - 18x + 23$; $f''(x) = 0 \Leftrightarrow 3x^2 - 18x + 23 = 0$
$\Rightarrow x_1 = \frac{9-2\sqrt{3}}{3} \approx 1{,}85$; $x_2 = \frac{9+2\sqrt{3}}{3} \approx 4{,}153$

20 $G_{f'}$ hat bei $x_1 = \frac{9-2\sqrt{3}}{3}$ den absoluten Hochpunkt und bei $x_2 = \frac{9+2\sqrt{3}}{3}$ den absoluten Tiefpunkt, also ist x_1 die Stelle stärkster Zunahme der Funktionswerte und x_2 die Stelle stärkster Abnahme.
G_f hat bei x_1 und x_2 jeweils einen Wendepunkt.

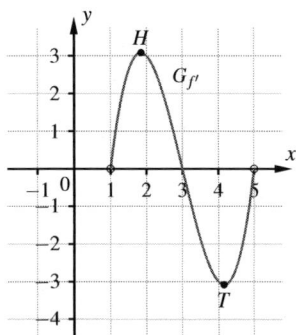

3. a) $V'(0) = 0$; $V'(1,5) = 35$; $V'(6) = 0$; $V'(9,5) = -42$; $V'(12) = 0$

b) Am Anfang gibt es weder Zu- noch Ablauf. Der Zufluss steigt an bis zum Wert 42 $\frac{\ell}{\min}$ zum Zeitpunkt $t = 2,5$ min. Der Zufluss nimmt danach ab, bis er zum Zeitpunkt $t = 6$ min ganz versiegt. Danach nimmt der Abfluss zu bis zum Zeitpunkt $t = 9,5$ min, an dem er 42 $\frac{\ell}{\min}$ beträgt. Dann nimmt der Abfluss ab und zum Zeitpunkt $t = 12$ min ist er 0 $\frac{\ell}{\min}$.

c) stärkste Zunahme: 42 $\frac{\ell}{\min}$; stärkste Abnahme: 42 $\frac{\ell}{\min}$

1.1.3 Zusammenhang zwischen den Graphen von f und f'

23 1. a) Nullstellen von f': $x_1 = -3$; $x_2 = 0$
$f'(x) < 0$ für $x \in \,]-\infty; -3[$ und für $x \in \,]-3; 0[$
$f'(x) > 0$ für $x \in \,]0; +\infty[$
G_f hat bei $x = -3$ einen Terrassenpunkt und ungefähr bei $x = -1$ einen Wendepunkt, $G_{f'}$ hat also dort Extrempunkte: nach dem Vorzeichen von $f'(x)$ bei $x = -3$ den Hochpunkt $H(-3|0)$ und bei $x = -1$ den Tiefpunkt $T(-1|-4)$, wenn man bei $x = -1$ die Steigung $m = -4$ des Graphen G_f abliest.
$G_{f'}$ ist also streng monoton steigend in $]-\infty; -3]$ und in $[-1; +\infty[$ und streng monoton fallend in $[-3; -1]$. Damit erhält man nebenstehende Skizze von $G_{f'}$.

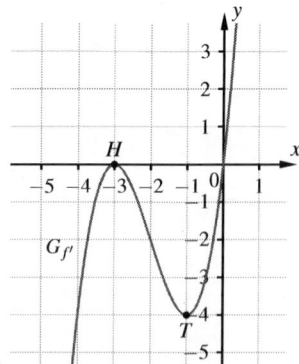

b) Nullstellen von f': $x_1 = -1$; $x_2 = 3$

$f'(x) > 0$ für $x \in \,]-\infty;\, -1[$ und für $x \in \,]3;\, +\infty[$

$f'(x) < 0$ für $x \in \,]-1;\, 3[$

G_f hat ungefähr bei $x = 1$ einen Wendepunkt, $G_{f'}$ hat also dort einen Extrempunkt: nach dem Vorzeichen von $f'(x)$ einen Tiefpunkt $T(1|-4)$, wenn man bei $x = 1$ die Steigung $m = -4$ des Graphen G_f abliest.

$G_{f'}$ ist somit streng monoton fallend in $\,]-\infty;\, 1]$ und streng monoton steigend in $[1;\, +\infty[$. Damit erhält man nebenstehende Skizze von $G_{f'}$.

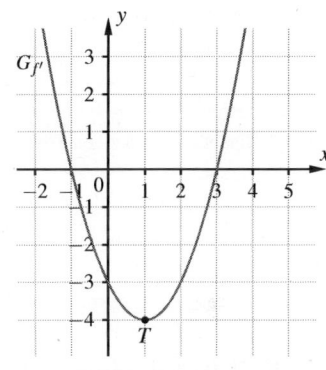

2. a) Nullstellen von f': $x_1 = -4$; $x_2 = 0$; $x_3 = 4$;

$f'(x) > 0$ für $x \in \,]-\infty;\, -4[$ und für $x \in \,]0;\, 4[$;

$f'(x) < 0$ für $x \in \,]-4;\, 0[$ und für $x \in \,]4;\, +\infty[$;

G_f ist also streng monoton steigend in $\,]-\infty;\, -4]$ und in $[0;\, 4]$ und streng monoton fallend in $[-4;\, 0]$ und in $[4;\, +\infty[$.

G_f hat bei $x = -4$ einen Hochpunkt, bei $x = 0$ einen Tiefpunkt und bei $x = 4$ einen Hochpunkt.

$G_{f'}$ ist streng monoton fallend etwa in $\,]-\infty;\, -2{,}4]$ und in $[2{,}4;\, +\infty[$ und streng monoton steigend in $[-2{,}4;\, 2{,}4]$.

G_f ist also rechtsgekrümmt in $\,]-\infty;\, -2{,}4]$ und in $[2{,}4;\, +\infty[$ und linksgekrümmt in $[-2{,}4;\, 2{,}4]$.

G_f hat somit etwa bei $x = -2{,}4$ und bei $x = 2{,}4$ jeweils Wendepunkte.

Da G_f durch den Ursprung verläuft, erhält man nebenstehende Skizze von G_f.

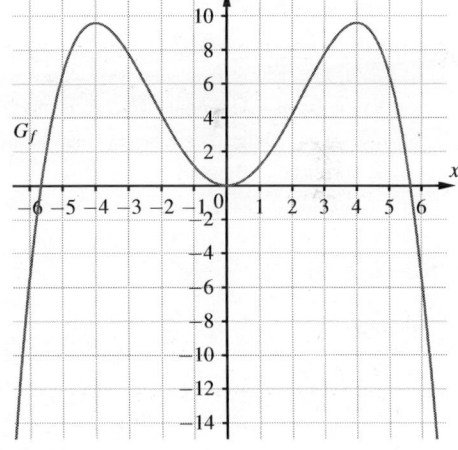

b) Nullstellen von f': $x_1 = -3$; $x_{2/3} = 3$;
$f'(x) < 0$ für $x \in \;]-\infty;\, -3[$;
$f'(x) > 0$ für $x \in \;]-3;\, 3[$ und für $x \in \;]3;\, +\infty[$;
G_f ist also streng monoton fallend in $]-\infty;\, -3]$
und streng monoton steigend in $[-3;\, +\infty[$.
G_f hat bei $x = -3$ einen Tiefpunkt, bei $x = 3$ einen Terrassenpunkt.
$G_{f'}$ ist streng monoton steigend etwa in $]-\infty;\, -1]$
und in $[3;\, +\infty[$ und streng monoton fallend in $[-1;\, 3]$.
G_f ist also linksgekrümmt in $]-\infty;\, -1]$ und in $[3;\, +\infty[$ und rechtsgekrümmt in $[-1;\, 3]$.
G_f hat somit etwa bei $x = -1$ und bei $x = 3$ (s. o.) jeweils Wendepunkte.
Da G_f durch den Ursprung verläuft, erhält man nebenstehende Skizze von G_f.

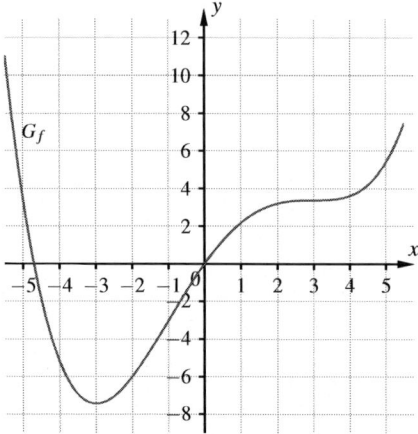

3. a) Aussage ist richtig; x_0 ist eine Nullstelle von f mit VZW. (Beispiel: $f(x) = (x-1)(x+1)$; $f'(x) = 2x$; $x_0 = 1$; formaler Nachweis mit Produktregel)

b) Aussage ist richtig; G_f hat bei x_0 einen Extrempunkt auf der x-Achse, deshalb wechselt $f'(x)$ bei x_0 das Vorzeichen. (Beispiel: $f(x) = x^2$; $f'(x) = 2x$; $x_0 = 0$; formaler Nachweis mit Produktregel)

c) Aussage ist falsch; Gegenbeispiel: $f(x) = x^2 + 1$; $f'(x) = 2x$; $x_0 = 0$

Übungen zu 1.1

1. a) $f(x) = 1,8x^2 + 18x + 28,8;\quad D_f = \mathbb{R}$

Symmetrieverhalten: weder Achsensymmetrie zur y-Achse noch Punktsymmetrie zum Ursprung, da gerade und ungerade Exponenten von x auftreten

Globalverlauf: $x \to \pm\infty$: $f(x) \to +\infty$, da größter Exponent gerade und Leitkoeffizient positiv

Schnittpunkte mit der x-Achse:
$f(x) = 0 \;\Leftrightarrow\; 1,8(x+8)(x+2) = 0 \;\Rightarrow\; x_1 = -8;\; x_2 = -2$;
$N_1(-8|0);\; N_2(-2|0)$

Monotonieverhalten: $f'(x) = 3,6x + 18$; $f'(x) = 0$
$\Leftrightarrow\; x = -5$
$\Rightarrow G_f$ ist streng monoton fallend in $]-\infty;\, -5]$ und streng monoton steigend in $[-5;\, \infty[$.

Extrempunkt: absoluter Tiefpunkt $T(-5|-16,2)$

Krümmungsverhalten: $f''(x) = 3,6 > 0 \;\Rightarrow\; G_f$ ist linksgekrümmt in $\mathbb{R}$.

Wendepunkte: nicht vorhanden

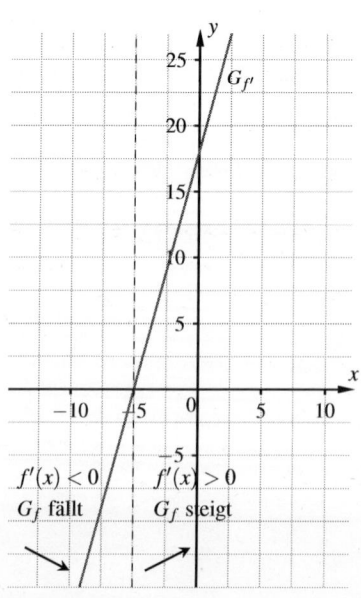

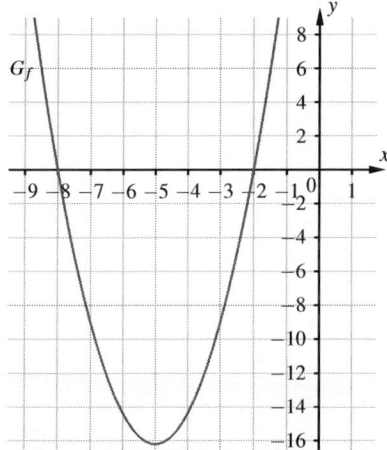

Wertemenge: $W_f = [-16{,}2; +\infty[$

Absolute Extrempunkte: T ist absoluter Tiefpunkt.

b) $f(x) = -\frac{1}{24}x^4 + \frac{1}{3}x^3;\quad D_f = \mathbb{R}$

Symmetrieverhalten: weder Achsensymmetrie zur y-Achse noch Punktsymmetrie zum Ursprung, da gerade und ungerade Exponenten von x auftreten

Globalverlauf: $x \to \pm\infty: f(x) \to -\infty$, da größter Exponent gerade und Leitkoeffizient negativ

Schnittpunkte mit der x-Achse:
$f(x) = 0 \Leftrightarrow -\frac{1}{24}x^3(x-8) = 0$
$\Rightarrow x_{1/2/3} = 0;\ x_4 = 8;$
$N_1(0|0);\ N_2(8|0)$

Monotonieverhalten:
$f'(x) = -\frac{1}{6}x^3 + x^2;$
$f'(x) = 0 \Leftrightarrow -\frac{1}{6}x^2(x-6) = 0$
$\Rightarrow x_{1/2} = 0;\ x_3 = 6$
$\Rightarrow G_f$ ist streng monoton steigend in $]-\infty; 6]$ und streng monoton fallend in $[6; +\infty[$.

Extrempunkt: Hochpunkt $H(6|18)$

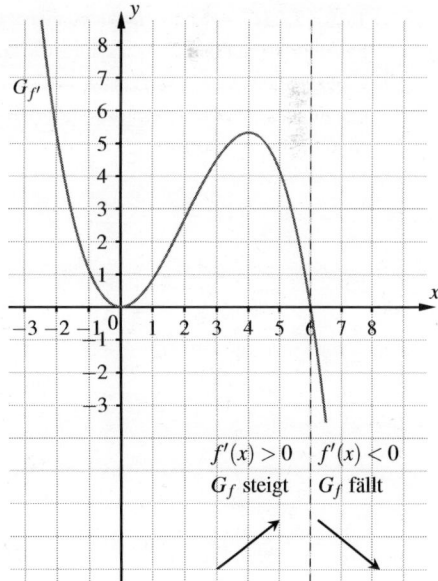

Krümmungsverhalten:
$f''(x) = -\frac{1}{2}x^2 + 2x;$
$f''(x) = 0 \Leftrightarrow -\frac{1}{2}x(x-4) = 0$
$\Rightarrow x_1 = 0;\ x_2 = 4$
$\Rightarrow G_f$ ist rechtsgekrümmt in $]-\infty; 0]$ bzw. in $[4; +\infty[$ und linksgekrümmt in $[0; 4]$.

Wendepunkte: $W_1(0|0)$ (Terrassenpunkt);
$W_2(4|10\frac{2}{3})$

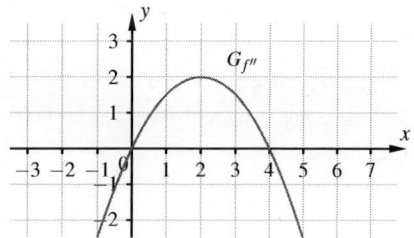

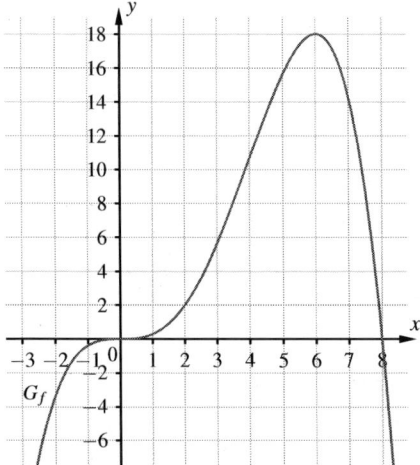

Wertemenge: $W_f =]-\infty; 18]$
Absolute Extrempunkte: $H(6|18)$ ist absoluter Hochpunkt

c) $f(x) = 2{,}25x^4 - 18x^2;\quad D_f = \mathbb{R}$
Symmetrieverhalten: Achsensymmetrie zur y-Achse, da nur gerade Exponenten von x auftreten
Globalverlauf: $x \to \pm\infty$: $f(x) \to +\infty$, da größter Exponent gerade und Leitkoeffizient positiv
Schnittpunkte mit der x-Achse: $f(x) = 0 \Leftrightarrow 2{,}25x^2(x^2 - 8) = 0 \Rightarrow x_{1/2} = 0;\ x_{3/4} = \pm 2\sqrt{2}$;
$N_1(0|0);\ N_{2/3}(\pm 2\sqrt{2}|0)$
Monotonieverhalten: $f'(x) = 9x^3 - 36x;\ f'(x) = 0 \Leftrightarrow 9x(x^2 - 4) = 0 \Rightarrow x_1 = 0;\ x_{2/3} = \pm 2$

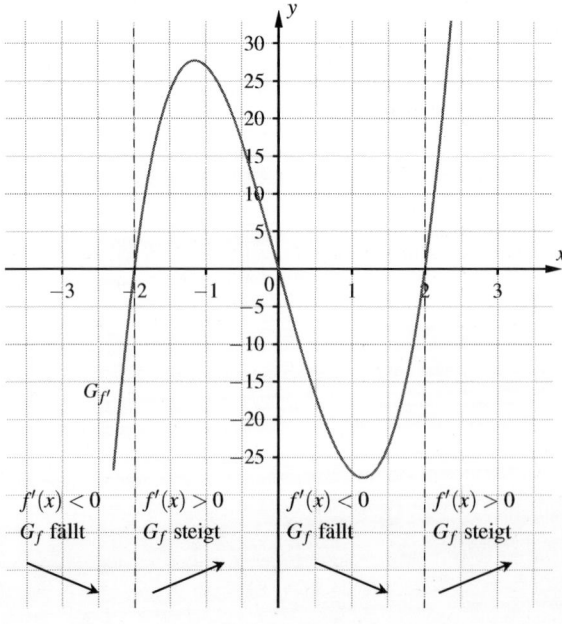

⇒ G_f ist streng monoton fallend in $]-\infty; -2]$ bzw. in $[0; 2]$ und streng monoton steigend in $[-2; 0]$ bzw. in $[2; +\infty[$.

Extrempunkte: Tiefpunkt $T_1(-2|-36)$; Hochpunkt $H(0|0)$; Tiefpunkt $T_2(2|-36)$

Krümmungsverhalten: $f''(x) = 27x^2 - 36$;

$f''(x) = 0 \Leftrightarrow 27x^2 = 36 \Rightarrow x_{1/2} = \pm\frac{2}{3}\sqrt{3}$

⇒ G_f ist linksgekrümmt in $]-\infty; -\frac{2}{3}\sqrt{3}]$ bzw. in $[\frac{2}{3}\sqrt{3}; \infty[$ und linksgekrümmt in $[-\frac{2}{3}\sqrt{3}; \frac{2}{3}\sqrt{3}]$.

Wendepunkte: $W_{1/2}(\pm\frac{2}{3}\sqrt{3}|-20)$

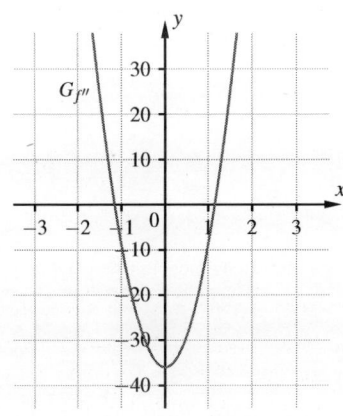
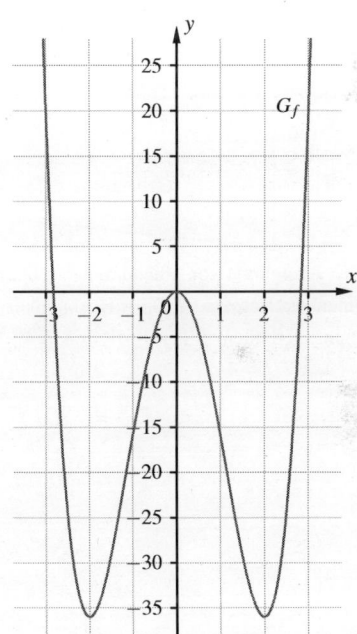

Wertemenge: $W_f = [-36; +\infty[$

Absolute Extrempunkte: Die Tiefpunkte sind absolute Tiefpunkte.

d) $f(x) = -0,3x^3 + 3,6x^2$; $\quad D_f = \mathbb{R}$

Symmetrieverhalten: weder Achsensymmetrie zur y-Achse noch Punktsymmetrie zum Ursprung, da gerade und ungerade Exponenten von x auftreten

Globalverlauf: $x \to -\infty$: $f(x) \to +\infty$; $x \to +\infty$: $f(x) \to +\infty$, da größter Exponent ungerade und Leitkoeffizient negativ

Schnittpunkte mit der x-Achse: $f(x) = 0 \Leftrightarrow -0,3x^2(x-12) = 0 \Rightarrow x_{1/2} = 0$; $x_3 = 12$;

$N_1(0|0)$; $N_2(12|0)$

Monotonieverhalten: $f'(x) = -0,9x^2 + 7,2x$; $f'(x) = 0 \Leftrightarrow -0,9x(x-8) = 0 \Rightarrow x_1 = 0$; $x_2 = 8$

24

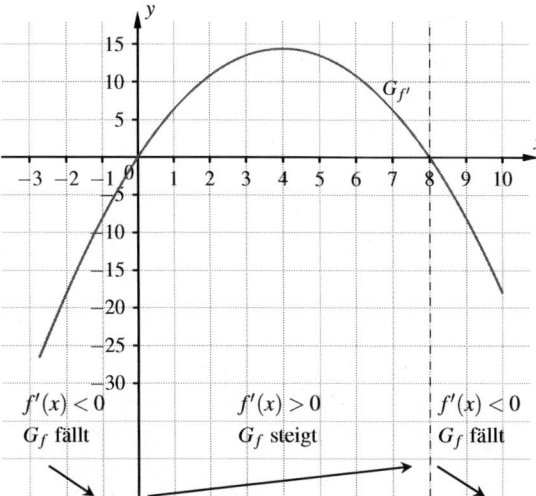

⇒ G_f ist streng monoton fallend in $]-\infty;\ 0]$ und in $[8;\ +\infty[$ und streng monoton steigend in $[0;\ 8]$.
Extrempunkte: Tiefpunkt $T(0|0)$; Hochpunkt $H(8|76,8)$
Krümmungsverhalten: $f''(x) = -1,8x + 7,2$;
$f''(x) = 0 \Leftrightarrow x = 4$

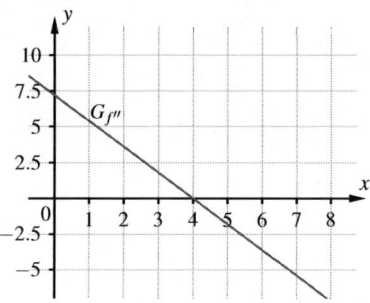

⇒ G_f ist linksgekrümmt in $]-\infty;\ 4]$ und rechtsgekrümmt in $[4;\ +\infty[$.
Wendepunkt: $W(4|38,4)$
Wertemenge: $W_f = \mathbb{R}$
Absolute Extrempunkte: keine

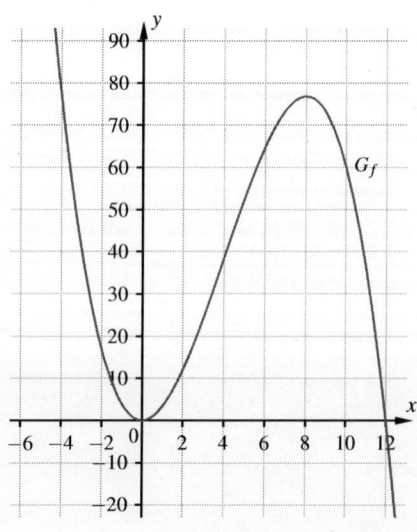

e) $f(x) = -\frac{4}{9}x^2 + \frac{8}{3}x - 4$; $D_f = \mathbb{R}$

Symmetrieverhalten: weder Achsensymmetrie zur y-Achse noch Punktsymmetrie zum Ursprung, da gerade und ungerade Exponenten von x auftreten

Globalverlauf: $x \to \pm\infty$: $f(x) \to -\infty$, da größter Exponent gerade und Leitkoeffizient negativ

Schnittpunkte mit der x-Achse: $f(x) = 0 \Leftrightarrow -\frac{4}{9}(x-3)^2 = 0 \Rightarrow x_{1/2} = 3$; $N(3|0)$

Monotonieverhalten: $f'(x) = -\frac{8}{9}x + \frac{8}{3}$; $f'(x) = 0 \Leftrightarrow x = 3$

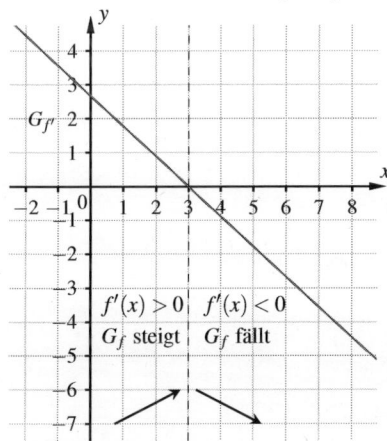

$\Rightarrow G_f$ ist streng monoton steigend in $]-\infty; 3]$ und streng monoton fallend in $[3; +\infty[$.

Extrempunkt: Hochpunkt $H(3|0)$

Krümmungsverhalten: $f''(x) = -\frac{8}{9} < 0$

$\Rightarrow G_f$ ist rechtsgekrümmt in $\mathbb{R}$.

Wendepunkte: keine

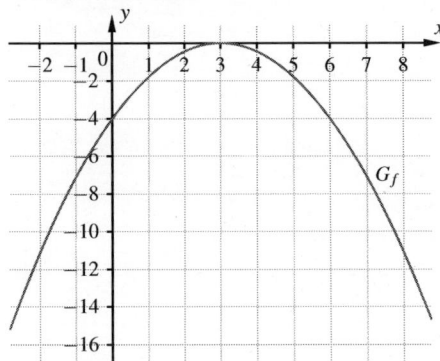

Wertemenge: $W_f =]-\infty; 0]$

Absolute Extrempunkte: H ist absoluter Hochpunkt.

f) $f(x) = -\frac{1}{9}x^3 - \frac{1}{3}x^2 + 5x + 15$; $D_f = \mathbb{R}$

Symmetrieverhalten: weder Achsensymmetrie zur y-Achse noch Punktsymmetrie zum Ursprung, da gerade und ungerade Exponenten von x auftreten

Globalverlauf: $x \to -\infty$: $f(x) \to +\infty$; $x \to +\infty$: $f(x) \to -\infty$, da größter Exponent ungerade und Leitkoeffizient negativ

Schnittpunkte mit der x-Achse: $f(x) = 0 \Leftrightarrow -\frac{1}{9}(x+3)(x^2-45) = 0 \Rightarrow x_1 = -3$; $x_{2/3} = \pm 3\sqrt{5}$; $N_1(-3|0)$; $N_{2/3}(\pm 3\sqrt{5}|0)$

24 Monotonieverhalten: $f'(x) = -\frac{1}{3}x^2 - \frac{2}{3}x + 5$; $f'(x) = 0 \Leftrightarrow -\frac{1}{3}(x+5)(x-3) = 0$
$\Rightarrow x_1 = -5; x_2 = 3$

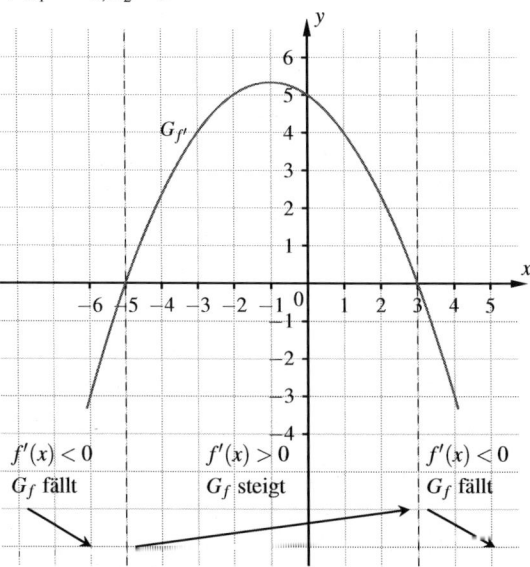

$\Rightarrow G_f$ ist streng monoton fallend in $]-\infty; -5]$ und in $[3; +\infty[$ und streng monoton steigend in $[-5; 3]$.
Extrempunkte: Tiefpunkt $T(-5|-4\frac{4}{9})$; Hochpunkt $H(3|24)$
Krümmungsverhalten: $f''(x) = -\frac{2}{3}x - \frac{2}{3}$; $f''(x) = 0 \Rightarrow x = -1$

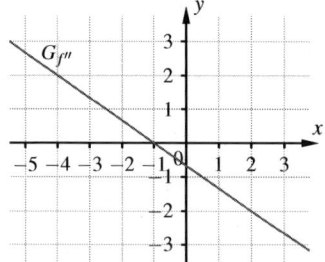

$\Rightarrow G_f$ ist linksgekrümmt in $]-\infty; -1]$ und rechtsgekrümmt in $[-1; +\infty[$.
Wendepunkt: $W(-1|9\frac{7}{9})$

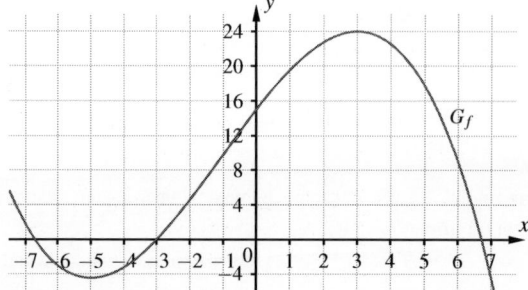

Wertemenge: $W_f = \mathbb{R}$
Absolute Extrempunkte: keine

g) $f(x) = -0.4x^3 - 1.8x^2 - 5; \quad D_f = \mathbb{R}$

Symmetrieverhalten: weder Achsensymmetrie zur y-Achse noch Punktsymmetrie zum Ursprung, da gerade und ungerade Exponenten von x auftreten

Globalverlauf: $x \to -\infty$: $f(x) \to +\infty$; $x \to +\infty$: $f(x) \to -\infty$, da größter Exponent ungerade und Leitkoeffizient negativ

Schnittpunkte mit der x-Achse: $f(x) = 0 \Leftrightarrow -0.4(x+5)(x^2 - 0.5x + 2.5) = 0 \Rightarrow x_1 = -5$; $(x_{2/3} = \frac{1}{4} \pm \sqrt{-\frac{19}{8}}$ nicht definiert)

$N(-5|0)$

Monotonieverhalten: $f'(x) = -1.2x^2 - 3.6x$; $f'(x) = 0 \Leftrightarrow -1.2x(x+3) = 0 \Rightarrow x_1 = 0; x_2 = -3$

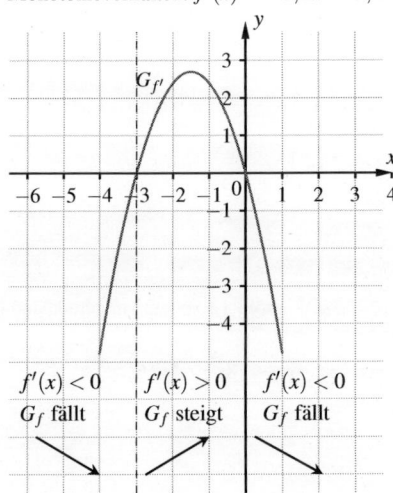

$\Rightarrow G_f$ ist streng monoton fallend in $]-\infty; -3]$ und in $[0; +\infty[$ und streng monoton steigend in $[-3; 0]$.

Extrempunkte: Tiefpunkt $T(-3|-10.4)$; Hochpunkt $H(0|-5)$

Krümmungsverhalten: $f''(x) = -2.4x - 3.6$; $f''(x) = 0 \Leftrightarrow x = -1.5$

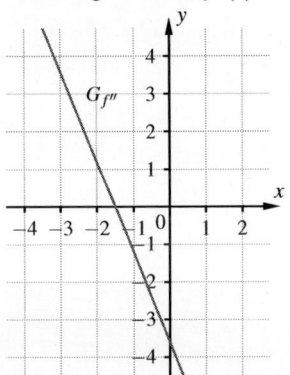

$\Rightarrow G_f$ ist linksgekrümmt in $]-\infty; -1.5]$ und rechtsgekrümmt in $[-1.5; +\infty[$.

Wendepunkt: $W(-1.5|-7.7)$

24

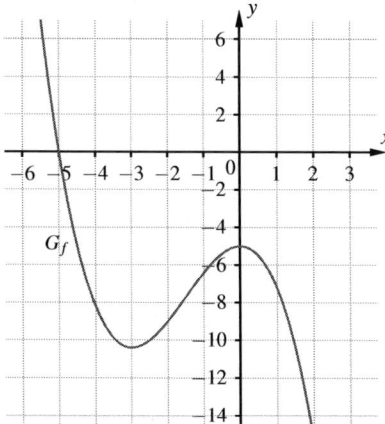

Wertemenge: $W_f = \mathbb{R}$
Absolute Extrempunkte: keine

2. a) $f(x) = 2x^3 - 24x^2 + 64x$; $D_1 = \mathbb{R}$
Globalverlauf: $x \to -\infty$; $f(x) \to -\infty$; $x \to +\infty$; $f(x) \to +\infty$, da größter Exponent ungerade und Leitkoeffizient positiv
Monotonieverhalten: $f'(x) = 6x^2 - 48x + 64$; $f'(x) = 0 \Leftrightarrow 6x^2 - 48x + 64 = 0$
$\Rightarrow x_1 = \frac{12-4\sqrt{3}}{3} \approx 1{,}69$; $x_2 = \frac{12+4\sqrt{3}}{3} \approx 6{,}31$

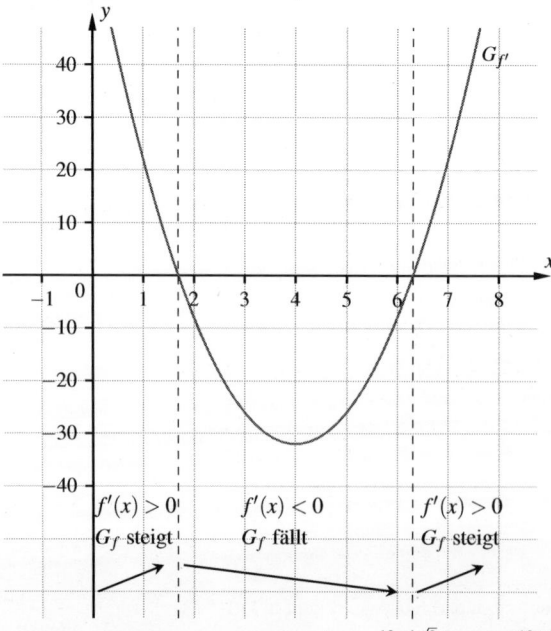

$\Rightarrow G_f$ ist streng monoton steigend in $]-\infty; \frac{12-4\sqrt{3}}{3}]$ und in $[\frac{12+4\sqrt{3}}{3}; +\infty[$ und streng monoton fallend in $[\frac{12-4\sqrt{3}}{3}; \frac{12+4\sqrt{3}}{3}]$.
Extrempunkte: Hochpunkt $H(\frac{12-4\sqrt{3}}{3} | 49{,}27)$; Tiefpunkt $T(\frac{12+4\sqrt{3}}{3} | -49{,}27)$ (gerundete y-Werte)

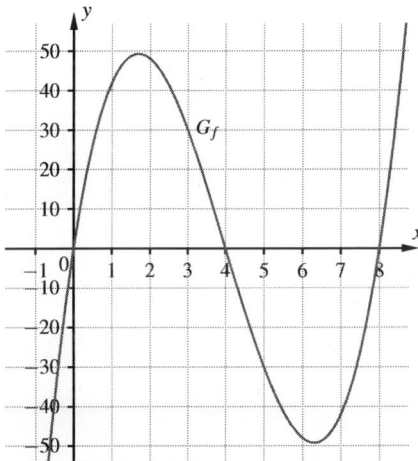

Wertemenge: $W_f = \mathbb{R}$
Absolute Extrempunkte: keine
$D_2 = [-3; 3]$: Tiefpunkt $T_1(-3|-462)$; Hochpunkt $H(\frac{12-4\sqrt{3}}{3}|49,27)$; Tiefpunkt $T_2(3|30)$

b) $f(x) = \frac{1}{12}x^4 + \frac{2}{3}x^3$; $\quad D_1 = \mathbb{R}$
Globalverlauf: $x \to \pm\infty$: $f(x) \to +\infty$, da größter Exponent gerade und Leitkoeffizient positiv
Monotonieverhalten: $f'(x) = \frac{1}{3}x^3 + 2x^2$; $f'(x) = 0 \Leftrightarrow \frac{1}{3}x^2(x+6) = 0 \Rightarrow x_{1/2} = 0$; $x_3 = -6$

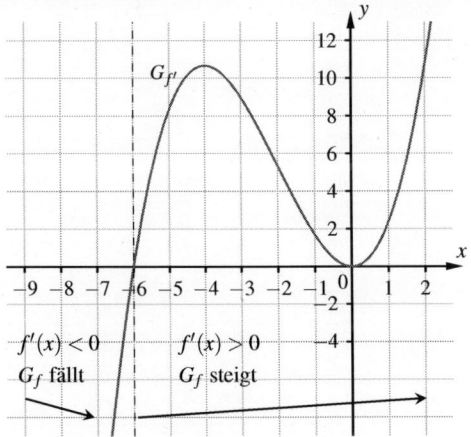

$\Rightarrow G_f$ ist streng monoton fallend in $]-\infty; -6]$ und streng monoton steigend in $[-6; +\infty[$.
Extrempunkt: Tiefpunkt $T(-6|-36)$; (Terrassenpunkt $(0|0)$)

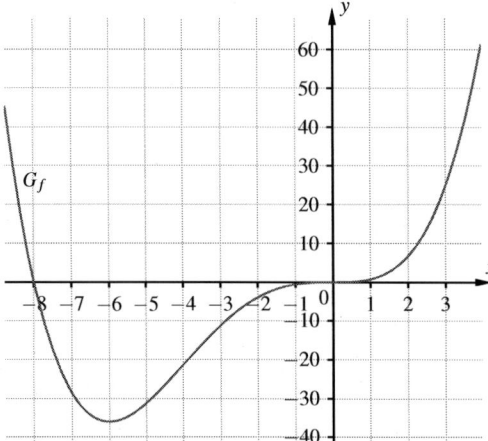

Wertemenge: $W_f = [-36; +\infty[$
Absolute Extrempunkte: Tiefpunkt T
$D_2 = [-3; 3]$: Tiefpunkt $T(-3|-11,25)$; Hochpunkt $H(3|24,75)$

c) $f(x) = 0,1x^4 - 1,2x^3 + 4,8x^2$; $D_1 = \mathbb{R}$
Globalverlauf: $x \to \pm\infty$: $f(x) \to +\infty$, da größter Exponent gerade und Leitkoeffizient positiv
Monotonieverhalten: $f'(x) = 0,4x^3 - 3,6x^2 + 9,6x$; $f'(x) = 0 \Leftrightarrow 0,4x(x^2 - 9x + 24) = 0 \Rightarrow x = 0$

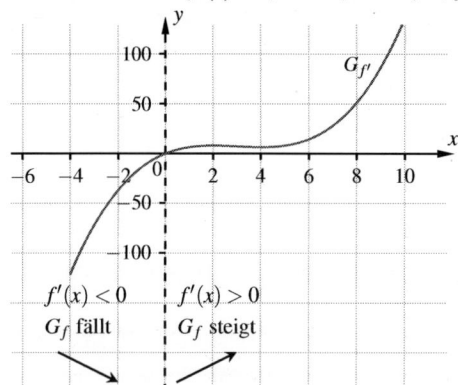

$\Rightarrow G_f$ ist streng monoton fallend in $]-\infty; 0]$ und streng monoton steigend in $[0; +\infty[$.
Extrempunkt: Tiefpunkt $T(0|0)$
Wertemenge: $W_f = [0; +\infty[$
Absolute Extrempunkte: Tiefpunkt T
$D_2 = [-3; 3]$: Tiefpunkt $T(0|0)$;
Hochpunkt $H_1(-3|83,7)$,
Hochpunkt $H_2(3|18,9)$

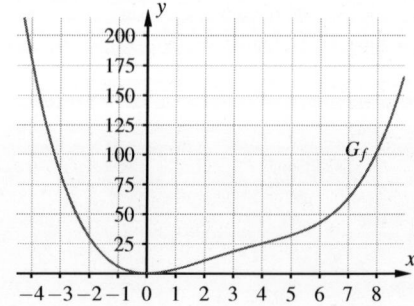

1.1 Vertiefende Aspekte der Kurvendiskussion

d) $f(x) = \frac{1}{27}x^3 + 27;$ $\quad D_1 = \mathbb{R}$

Globalverlauf: $x \to -\infty: f(x) \to -\infty;$ $x \to +\infty: f(x) \to +\infty$, da größter Exponent ungerade und Leitkoeffizient positiv

Monotonieverhalten: $f'(x) = \frac{1}{9}x^2;$ $f'(x) = 0 \Leftrightarrow \frac{1}{9}x^2 = 0 \Rightarrow x_{1/2} = 0$

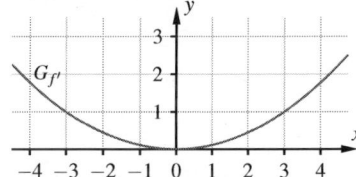

$\Rightarrow G_f$ ist streng monoton steigend in $\mathbb{R}$.

Extrempunkte: keine

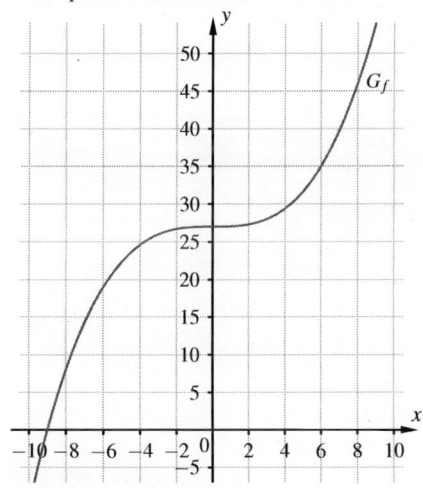

Wertemenge: $W_f = \mathbb{R}$

Absolute Extrempunkte: keine

$D_2 = [-3; 3]$: Tiefpunkt $T(-3|26)$, Hochpunkt $H(3|28)$

e) $f(x) = -\frac{1}{48}x^4 + \frac{1}{4}x^3 - 6;$ $\quad D_1 = \mathbb{R}$

Globalverlauf: $x \to \pm\infty: f(x) \to -\infty$, da größter Exponent gerade und Leitkoeffizient negativ

Monotonieverhalten: $f'(x) = -\frac{1}{12}x^3 + \frac{3}{4}x^2;$ $f'(x) = 0 \Leftrightarrow -\frac{1}{12}x^2(x-9) = 0 \Rightarrow x_{1/2} = 0;$ $x_3 = 9$

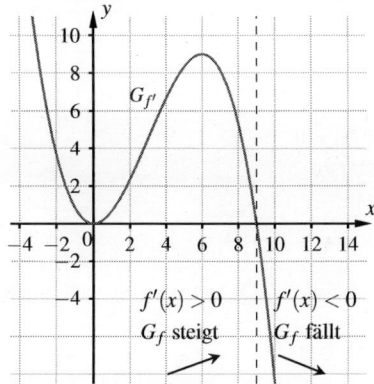

⇒ G_f ist streng monoton steigend in $]-\infty; 9]$ und streng monoton fallend in $[9; +\infty[$.
Extrempunkt: Hochpunkt $H(9|39\frac{9}{16})$ (Terrassenpunkt $(0|-6)$)

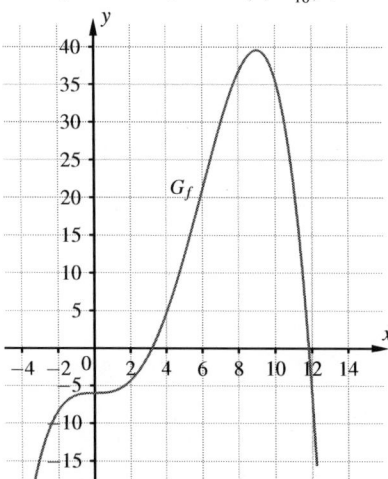

Wertemenge: $W_f =]-\infty; 39\frac{9}{16}]$
Absoluter Extrempunkt: Hochpunkt H
$D_2 = [-3; 3]$: Tiefpunkt $T(-3|-14\frac{7}{16})$; Hochpunkt $H_1(3|-\frac{15}{16})$

f) $f(x) = -5x^4 + 30x^2$; $D_1 = \mathbb{R}$
Globalverlauf: $x \to \pm\infty$: $f(x) \to -\infty$, da größter Exponent gerade und Leitkoeffizient negativ
Monotonieverhalten: $f'(x) = -20x^3 + 60x$; $f'(x) = 0 \Leftrightarrow -20x(x^2 - 3) = 0$
⇒ $x_1 = 0$; $x_{2/3} = \pm\sqrt{3}$

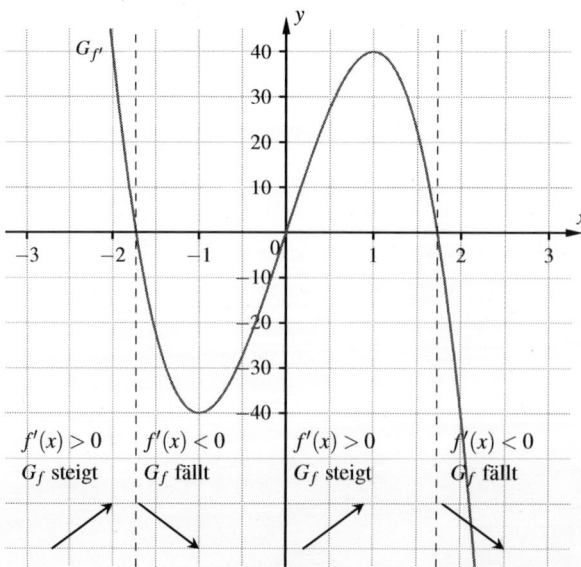

⇒ G_f ist streng monoton steigend in $]-\infty; -\sqrt{3}]$ und in $[0; \sqrt{3}]$ und streng monoton fallend in $[-\sqrt{3}; 0]$ und in $[+\sqrt{3}; +\infty[$.

Extrempunkte: Hochpunkt $H_1(-\sqrt{3}|45)$; Tiefpunkt $T(0|0)$; Hochpunkt $H_2(\sqrt{3}|45)$

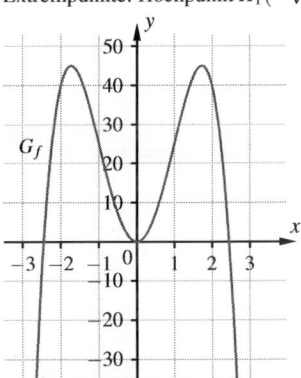

Wertemenge: $W_f =]-\infty; 45]$

Absolute Extrempunkte: Hochpunkte H_1 und H_2

$D_2 = [-3; 3]$: Tiefpunkt $T_1(-3|-135)$; Hochpunkt $H_1(-\sqrt{3}|45)$; Tiefpunkt $T(0|0)$; Hochpunkt $H_2(\sqrt{3}|45)$; Tiefpunkt $T_2(3|-135)$

g) $f(x) = -\frac{1}{3}x^3 + 6x^2 - 36x + 48$; $\quad D_1 = \mathbb{R}$

Globalverlauf: $x \to -\infty$: $f(x) \to +\infty$; $x \to +\infty$: $f(x) \to -\infty$, da größter Exponent ungerade und Leitkoeffizient negativ

Monotonieverhalten: $f'(x) = -x^2 + 12x - 36$; $f'(x) = 0 \Leftrightarrow -(x-6)^2 = 0 \Rightarrow x = 6$

$\Rightarrow G_f$ ist streng monoton fallend in $\mathbb{R}$.

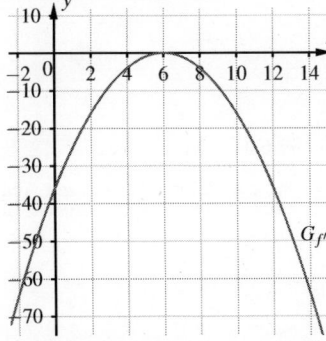

Extrempunkte: keine (Terrassenpunkt $(6|-24)$)

Wertemenge: $W_f = \mathbb{R}$

Absolute Extrempunkte: keine

$D_2 = [-3; 3]$: Hochpunkt $H(-3|219)$; Tiefpunkt $T(3|-15)$

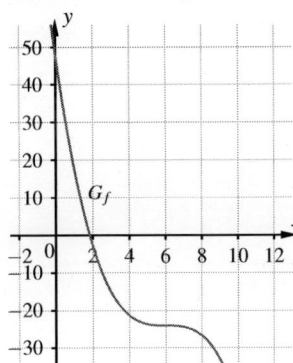

3. a) $f(x) = \frac{1}{3}x^3 + \frac{1}{2}x^2 - 2x;$ $\quad D_f = \mathbb{R}$

Änderungsrate: $f'(x) = x^2 + x - 2;$ $f'(x) = 0 \Leftrightarrow (x+2)(x-1) = 0 \Rightarrow x_1 = -2;\ x_2 = 1;$

$G_{f'}$ ist eine nach oben geöffnete Parabel (siehe Skizze);

$\Rightarrow f'(x) > 0$ für $x \in\ ]-\infty;\ -2[$ und für $x \in\ ]1;\ \infty[$ und $f'(x) < 0$ für $x \in\ ]-2;\ 1[$.

$f''(x) = 2x + 1;$ $f''(x) = 0 \Rightarrow x = -0{,}5;$

$G_{f'}$ hat den absoluten Tiefpunkt $T(-0{,}5|-2{,}25)$, also ist $x = -0{,}5$ die Stelle stärkster Abnahme der Funktionswerte.

G_f hat bei $x = -0{,}5$ den Wendepunkt $W(-0{,}5|1\frac{1}{12})$.

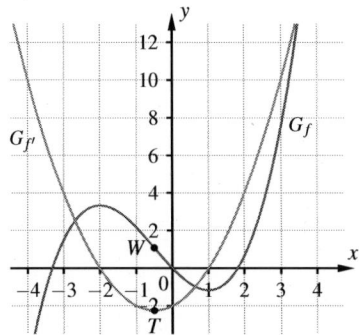

b) $f(x) = \frac{1}{4}x^4 - 2x^2,$ $\quad D_f = \mathbb{R}$

Änderungsrate: $f'(x) = x^3 - 4x;$

$f'(x) = 0 \Leftrightarrow x(x^2 - 4) = 0 \Rightarrow x_1 = 0;\ x_{2/3} = \pm 2$

$G_{f'}$ ist der Graph einer Funktion 3. Grades (siehe Skizze);

$\Rightarrow f'(x) < 0$ für $x \in\ ]-\infty;\ -2[$ und für $x \in\ ]0;\ 2[$ und $f'(x) > 0$ für $x \in\ ]-2;\ 0[$ und für $x \in\ ]2;\ +\infty[$.

$f''(x) = 3x^2 - 4;$ $f''(x) = 0 \Leftrightarrow 3x^2 = 4$

$\Rightarrow x_{1/2} = \pm\frac{2\sqrt{3}}{3}$

$G_{f'}$ hat den Hochpunkt $H(-\frac{2\sqrt{3}}{3}|\frac{16\sqrt{3}}{9})$ und den Tiefpunkt $T(\frac{2\sqrt{3}}{3}|-\frac{16\sqrt{3}}{9})$, also ist $x = -\frac{2\sqrt{3}}{3}$ die Stelle lokal stärkster Zunahme der Funktionswerte und $x = \frac{2\sqrt{3}}{3}$ die Stelle lokal stärkster Abnahme der Funktionswerte.

G_f hat bei $x = -\frac{2\sqrt{3}}{3}$ den Wendepunkt W_1 und bei $x = \frac{2\sqrt{3}}{3}$ den Wendepunkt W_2.

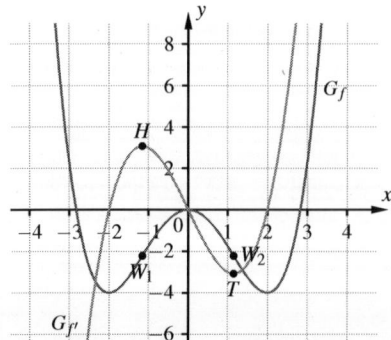

c) $f(x) = \frac{1}{4}x^4 + 4{,}5x^2$; $D_f = \mathbb{R}$.
Änderungsrate: $f'(x) = x^3 + 9x$; $f'(x) = 0 \Leftrightarrow x(x^2+9) = 0 \Rightarrow x = 0$
$G_{f'}$ ist der Graph einer Funktion 3. Grades (siehe Skizze);
$\Rightarrow f'(x) < 0$ für $x \in]-\infty; 0[$ und $f'(x) > 0$ für $x \in]0; +\infty[$.
$G_{f'}$ hat keinen Extrempunkt.
G_f hat keinen Wendepunkt.

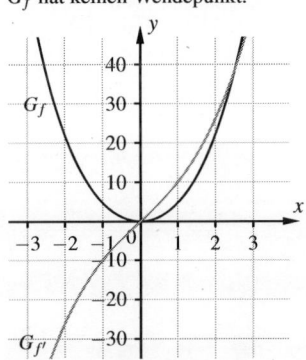

d) $f(x) = \frac{1}{4}x^4 - x^3 + x^2$; $D_f = \mathbb{R}$
Änderungsrate: $f'(x) = x^3 - 3x^2 + 2x$; $f'(x) = 0 \Leftrightarrow x(x-1)(x-2) = 0 \Rightarrow x_1 = 0; x_2 = 1; x_3 = 2$;
$G_{f'}$ ist der Graph einer Funktion 3. Grades (siehe Skizze);
$\Rightarrow f'(x) < 0$ für $x \in]-\infty; 0[$ und für $x \in]1; 2[$ und $f'(x) > 0$ für $x \in]0; 1[$ und für $x \in]2; +\infty[$.
$f''(x) = 3x^2 - 6x + 2$; $f''(x) = 0 \Leftrightarrow 3x^2 - 6x + 2 = 0 \Rightarrow x_{1/2} = \frac{3 \pm \sqrt{3}}{3}$
$G_{f'}$ hat den Hochpunkt H bei $x_1 = \frac{3-\sqrt{3}}{3}$ und den Tiefpunkt T bei $x_2 = \frac{3+\sqrt{3}}{3}$, also ist $x_1 = \frac{3-\sqrt{3}}{3}$ die Stelle lokal stärkster Zunahme der Funktionswerte und $x_2 = \frac{3+\sqrt{3}}{3}$ die Stelle lokal stärkster Abnahme der Funktionswerte.
G_f hat bei $x_1 = \frac{3-\sqrt{3}}{3}$ den Wendepunkt W_1 und bei $x_2 = \frac{3+\sqrt{3}}{3}$ den Wendepunkt W_2.

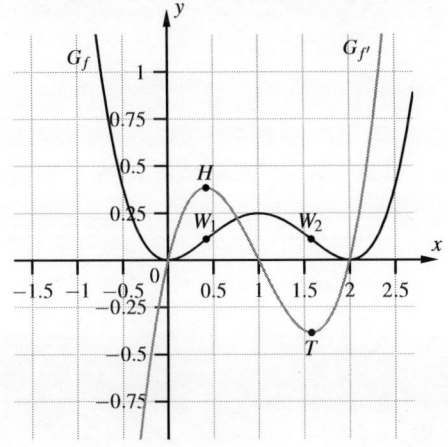

4. a) Nullstellen von f': $x_1 = -3$; $x_2 = 0$; $x_3 = 3$

$f'(x) < 0$ für $x \in {]-\infty;\, -3[}$ und für $x \in {]0;\, 3[}$; $f'(x) > 0$ für $x \in {]-3;\, 0[}$ und für $x \in {]3;\, +\infty[}$;

G_f hat ungefähr bei $x = -1{,}75$ und bei $x = 1{,}75$ jeweils einen Wendepunkt. $G_{f'}$ hat also dort Extrempunkte: nach dem Vorzeichen von $f'(x)$ bei $x = -1{,}75$ den Hochpunkt $H(-1{,}75 | 2)$ und bei $x = 1{,}75$ den Tiefpunkt $T(1{,}75 | -2)$, wenn man bei $x = -1{,}75$ die Steigung $m = 2$ des Graphen G_f abliest und bei $x = 1{,}75$ die Steigung $m = -2$.

$G_{f'}$ ist also streng monoton steigend in ${]-\infty;\, -1{,}75]}$ und in $[1{,}75;\, +\infty[$ und streng monoton fallend in $[-1{,}75;\, 1{,}75]$. Damit erhält man folgende Skizze von $G_{f'}$.

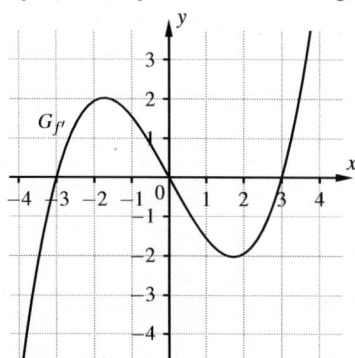

b) Nullstellen von f': $x_{1/2} = -1$; $x_3 = 3$

$f'(x) > 0$ für $x \in {]-\infty;\, -1[}$ und für $x \in {]-1;\, 3[}$; $f'(x) < 0$ für $x \in {]3;\, +\infty[}$

G_f hat bei $x = -1$ und ungefähr bei $x = 1{,}75$ jeweils einen Wendepunkt. $G_{f'}$ hat also dort Extrempunkte: nach dem Vorzeichen von $f'(x)$ bei $x = -1$ den Tiefpunkt $H(-1 | 0)$ und bei $x = 1{,}75$ ungefähr den Hochpunkt $T(1{,}75 | 2)$, wenn man bei $x = -1$ die Steigung $m = 0$ des Graphen G_f abliest und bei $x = 1{,}75$ die Steigung $m = 2$.

$G_{f'}$ ist also streng monoton fallend in ${]-\infty;\, -1]}$ und in $[1{,}75;\, +\infty[$ und streng monoton steigend in $[-1;\, 1{,}75]$. Damit erhält man folgende Skizze von $G_{f'}$.

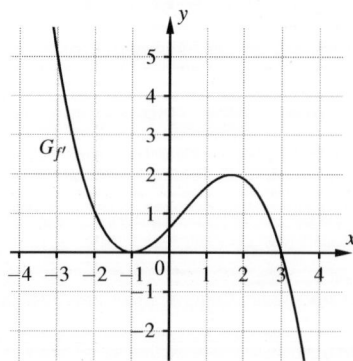

5. a) Nullstellen von f': $x_1 = -2$; $x_2 = 1$; $x_3 = 4$

$f'(x) < 0$ für $x \in\,]-\infty;\, -2[$ und für $x \in\,]1;\, 4[$; $f'(x) > 0$ für $x \in\,]-2;\, 1[$ und für $x \in\,]4;\, +\infty[$

G_f ist also streng monoton fallend in $]-\infty;\, -2]$ und in $[1;\, 4]$ und streng monoton steigend in $[-2;\, 1]$ und in $[4;\, +\infty[$. G_f hat somit bei $x = -2$ einen Tiefpunkt, bei $x = 1$ einen Hochpunkt und bei $x = 4$ einen Tiefpunkt.

$G_{f'}$ ist streng monoton steigend etwa in $]-\infty;\, -0,75]$ und in $[2,75;\, +\infty[$ und streng monoton fallend in $[-0,75;\, 2,75]$.

G_f ist also linksgekrümmt in $]-\infty;\, -0,75]$ und in $[2,75;\, +\infty[$ und rechtsgekrümmt in $[-0,75;\, 2,75]$.

G_f hat folglich etwa bei $x = -0,75$ und bei $x = 2,75$ jeweils einen Wendepunkt. Da G_f durch den Ursprung verläuft, erhält man folgende Skizze von G_f.

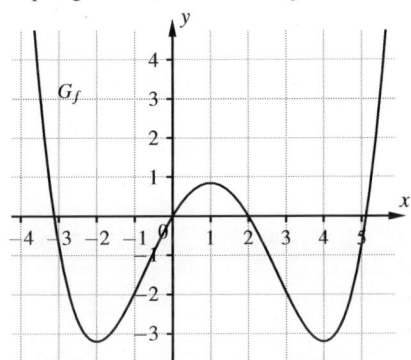

b) Nullstellen von f': $x_{1/2} = -2$; $x_{3/4} = 2$

$f'(x) > 0$ für $x \in\,]-\infty;\, -2[$ und für $x \in\,]-2;\, 2[$ und für $x \in\,]2;\, +\infty[$

G_f ist also streng monoton steigend in $\mathbb{R}$. G_f hat somit bei $x = -2$ und bei $x = 2$ einen Terrassenpunkt. $G_{f'}$ ist streng monoton fallend in $]-\infty;\, -2]$ und in $[0;\, 2]$ und streng monoton steigend in $[-2;\, 0]$ und in $[2;\, +\infty[$.

G_f ist also rechtsgekrümmt in $]-\infty;\, -2]$ und in $[0;\, 2]$ und linksgekrümmt in $[-2;\, 0]$ und in $[2;\, +\infty[$.

G_f hat folglich bei $x = -2$; $x = 0$ und $x = 2$ jeweils einen Wendepunkt. Da G_f durch den Ursprung verläuft, erhält man folgende Skizze von G_f.

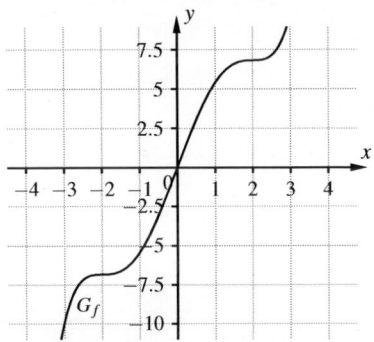

6. Steigung: $f'(x) = \frac{1}{4}x^4 - \frac{7}{3}x^3 + 5x^2 + 2;\quad D_f = [0; 6]$
Extremwerte der Steigung: $f''(x) = x^3 - 7x^2 + 10x;\ f''(x) = 0 \Leftrightarrow x(x-2)(x-5) = 0$
$\Rightarrow x_1 = 0;\ x_2 = 2;\ x_3 = 5$

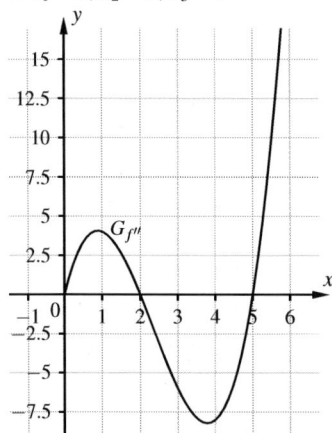

$G_{f'}$ hat also folgende Extrempunkte: Tiefpunkt $T_1(0|2)$; Hochpunkt $H_1(2|7\frac{1}{3})$; Tiefpunkt $T_2(5|-8,42)$; Hochpunkt $H_2(6|2)$

Also ist der steilste Anstieg bei $x = 2$ und die steilste Abfahrt bei $x = 5$.

Test A zu 1.1

$f(x) = \frac{1}{4}x^4 - 2x^3 + 4x^2;\quad D_f = \mathbb{R}$

a) Globalverlauf: $x \to \pm\infty:\ f(x) \to +\infty$, da größter Exponent gerade und Leitkoeffizient positiv
Nullstellen: $f(x) = 0 \Leftrightarrow \frac{1}{4}x^2(x^2 - 8x + 16) = 0 \Rightarrow x_{1/2} = 0;\ x_{3/4} = 4$ (jeweils doppelt)

b) Monotonieverhalten: $f'(x) = x^3 - 6x^2 + 8x;\ f'(x) = 0 \Leftrightarrow x(x-2)(x-4) = 0$
$\Rightarrow x_1 = 0;\ x_2 = 2;\ x_3 = 4$

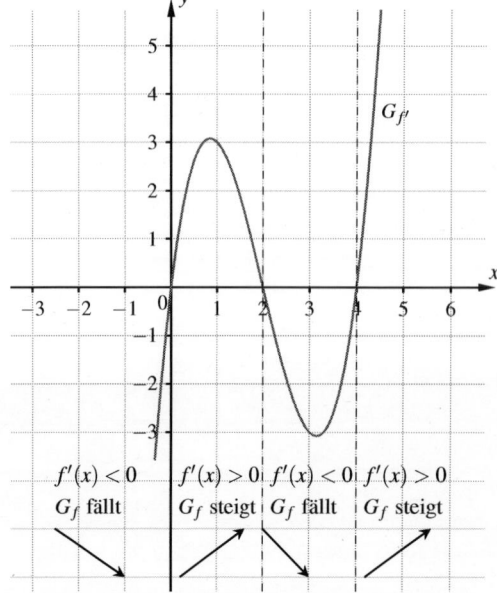

⇒ G_f ist streng monoton fallend in $]-\infty;\ -0]$ und in $[2;\ 4]$ und streng monoton steigend in $[0;\ 2]$ und in $[4;\ +\infty[$.

Extrempunkte: Tiefpunkt $T_1(0|0)$; Hochpunkt $H(2|4)$; Tiefpunkt $T_2(4|0)$

c) Krümmungsverhalten: $f''(x) = 3x^2 - 12x + 8$; $f''(x) = 0 \Leftrightarrow 3x^2 - 12x + 8 = 0$

⇒ $x_{1/2} = \frac{6 \pm 2\sqrt{3}}{3}$

$G_{f''}$ ist eine nach oben geöffnete Parabel;

⇒ G_f ist linksgekrümmt in $]-\infty;\ \frac{6-2\sqrt{3}}{3}]$ bzw. in $[\frac{6+2\sqrt{3}}{3};\ +\infty[$ und rechtsgekrümmt in $[\frac{6-2\sqrt{3}}{3};\ \frac{6+2\sqrt{3}}{3}]$.

Wendepunkte: $W_1(\frac{6-2\sqrt{3}}{3}|1{,}78)$; $W_2(\frac{6+2\sqrt{3}}{3}|1{,}78)$ (gerundet)

d) absolute Extrempunkte: T_1 und T_2

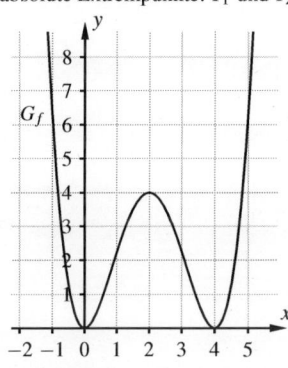

Wertemenge: $W_f = [0;\ +\infty[$

e) $g(x) = f(x)$; $D_g = [-1;\ 4{,}5]$

Extrempunkte: Hochpunkt $H_1(-1|6{,}2)$; Tiefpunkt $T_1(0|0)$; Hochpunkt $H_2(2|4)$; Tiefpunkt $T_2(4|0)$; Hochpunkt $H_3(4{,}5|1{,}28)$

absolute Extrempunkte: H_1, T_1 und T_2

Test B zu 1.1

1. Nullstellen von f': $x_{1/2} = 0$; $x_{3/4} = 3$

   Vorzeichen von $f'(x)$: $f'(x) > 0$ für $x \in \mathbb{R} \setminus \{0;\ 3\}$

   Monotonieverhalten: G_f ist rechtsgekrümmt in $]-\infty;\ 0]$ und in $[1{,}5;\ 3]$ und linksgekrümmt in $[0;\ 1{,}5]$ und in $[3;\ +\infty[$. Also ist $G_{f'}$ streng monoton fallend in $]-\infty;\ 0]$ und in $[1{,}5;\ 3]$ und streng monoton steigend in $[0;\ 1{,}5]$ und in $[3;\ +\infty[$.

   Extrempunkte von $G_{f'}$: Tiefpunkte $T_1(0|0)$; $T_2(3|0)$; Hochpunkt $H(1{,}5|2{,}53)$

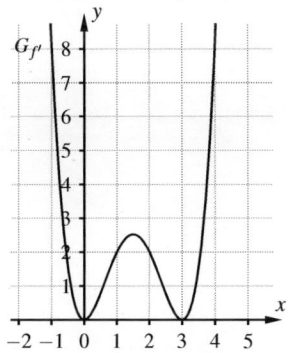

2. Nullstellen von f': $x_1 = -1$; $x_2 = 2$; $x_3 = 5$

$f'(x) > 0$ für $x \in \,]-\infty;\,-1[$ und für $x \in \,]2;\,5[$; $f'(x) < 0$ für $x \in \,]-1;\,2[$ und für $x \in \,]5;\,+\infty[$

G_f ist also streng monoton steigend in $]-\infty;\,-1]$ und in $[2;\,5]$ und streng monoton fallend in $[-1;\,2]$ und in $[5;\,+\infty[$. G_f hat somit bei $x = -1$ einen Hochpunkt, bei $x = 2$ einen Tiefpunkt und bei $x = 5$ einen Hochpunkt.

$G_{f'}$ ist streng monoton fallend etwa in $]-\infty;\,0{,}25]$ und in $[3{,}75;\,+\infty[$ und streng monoton steigend in $[0{,}25;\,3{,}75]$.

G_f ist also rechtsgekrümmt in $]-\infty;\,0{,}25]$ und in $[3{,}75;\,+\infty[$ und linksgekrümmt in $[0{,}25;\,3{,}75]$.

G_f hat folglich etwa bei $x = 0{,}25$ und bei $x = 3{,}75$ jeweils einen Wendepunkt. Da G_f durch den Ursprung verläuft, erhält man folgende Skizze von G_f.

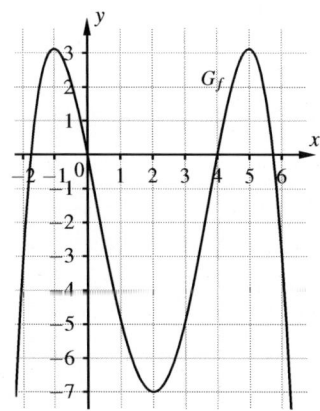

3. $f(x) = \frac{1}{16}x^4 - \frac{9}{8}x^2$; $D_f = \mathbb{R}$

Änderungsrate: $f'(x) = \frac{1}{4}x^3 - \frac{9}{4}x$; $f'(x) = 0$
$\Leftrightarrow \frac{1}{4}x(x^2 - 9) = 0 \Rightarrow x_1 = 0$; $x_{2/3} = \pm 3$

$G_{f'}$ ist der Graph einer Funktion 3. Grades (siehe Skizze);
$\Rightarrow f'(x) < 0$ für $x \in \,]-\infty;\,-3[$ und für $x \in \,]0;\,3[$ und $f'(x) > 0$ für $x \in \,]-3;\,0[$ und für $x \in \,]3;\,+\infty[$.

$f''(x) = \frac{3}{4}x^2 - \frac{9}{4}$; $f''(x) = 0$: $x_{1/2} = \pm\sqrt{3}$

$G_{f'}$ hat den Hochpunkt $H(-\sqrt{3}\,|\,1{,}5\sqrt{3})$ und den Tiefpunkt $T(\sqrt{3}\,|\,-1{,}5\sqrt{3})$, also ist $x_1 = -\sqrt{3}$ die Stelle lokal stärkster Zunahme der Funktionswerte und $x_2 = \sqrt{3}$ die Stelle lokal stärkster Abnahme der Funktionswerte.

G_f hat bei $x_1 = -\sqrt{3}$ den Wendepunkt $W_1(-\sqrt{3}\,|\,-2{,}8125)$ und bei $x_2 = \sqrt{3}$ den Wendepunkt $W_2(\sqrt{3}\,|\,-2{,}8125)$.

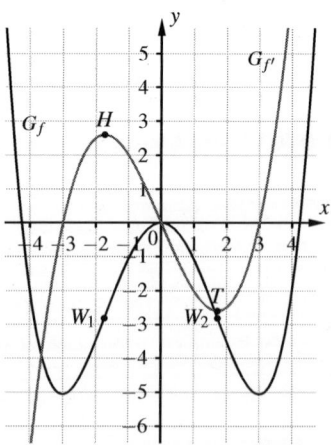

1.2 Steckbriefaufgaben

Übungen zu 1.2

1. a) $f(x) = ax^2 + bx + c \qquad f'(x) = 2ax + b$
  (I) Punkt P: $\qquad f(-1) = 4 \Leftrightarrow a - b + c = 4$
  (II) Punkt N: $\qquad f(3) = 0 \Leftrightarrow 9a + 3b + c = 0$
  (III) Tangentensteigung bei N: $\quad f'(3) = 2 \Leftrightarrow 6a + b = 2$
  $f(x) = 0{,}75x^2 - 2{,}5x + 0{,}75$

b) $f(x) = ax^3 + bx^2 + cx + d \qquad f'(x) = 3ax^2 + 2bx + c$
  (I) Punkt T: $\qquad f(0) = -1 \Leftrightarrow \qquad\qquad d = -1$
  (II) T Tiefpunkt: $\qquad f'(0) = 0 \Leftrightarrow \qquad c = 0$
  (III) Punkt P: $\qquad f(1) = 1 \Leftrightarrow a + b + c + d = 1$
  (IV) Tangentensteigung bei P: $f'(1) = 4{,}5 \Leftrightarrow 3a + 2b + c = 4{,}5$
  $f(x) = 0{,}5x^3 + 1{,}5x^2 - 1$

c) $f(x) = ax^4 + bx^3 + cx^2 + dx + e \qquad f'(x) = 4ax^3 + 3bx^2 + 2cx + d \qquad f''(x) = 12ax^2 + 6bx + 2c$
  (I) Punkt S: $\qquad f(0) = 0 \Leftrightarrow \qquad\qquad e = 0$
  (II) S Terrassenpunkt: $f'(0) = 0 \Leftrightarrow \qquad d = 0$
  (III) S Terrassenpunkt: $f''(0) = 0 \Leftrightarrow \qquad c = 0$
  (IV) Punkt W: $\qquad f(3) = 3 \Leftrightarrow 81a + 27b + 9c + 3d + e = 3$
  (V) W Wendepunkt: $f''(3) = 0 \Leftrightarrow 108a + 18b + 2c = 0$
  $f(x) = -\frac{1}{27}x^4 + \frac{2}{9}x^3$

2. a) $f(x) = ax^2 + bx + c \qquad f'(x) = 2ax + b$
  (I) $f(0) = 5 \Leftrightarrow \qquad c = 5$
  (II) $f(1) = 2 \Leftrightarrow a + b + c = 2$
  (III) $f'(1) = -4 \Leftrightarrow 2a + b = -4 \qquad f(x) = -x^2 - 2x + 5$

b) $f(x) = ax^2 + bx + c \qquad f'(x) = 2ax + b$
  (I) $f(-4) = -18 \Leftrightarrow 16a - 4b + c = -18$
  (II) $f(2) = 9 \Leftrightarrow 4a + 2b + c = 9$
  (III) $f'(2) = 0 \Leftrightarrow 4a + b = 0 \qquad f(x) = -0{,}75x^2 + 3x + 6$

c) $f(x) = ax^2 + bx + c \qquad f'(x) = 2ax + b$
  (I) $f(2) = 0 \Leftrightarrow 4a + 2b + c = 0$
  (II) $f'(2) = 0 \Leftrightarrow 4a + b = 0$
  (III) $f(-1) = 11{,}25 \Leftrightarrow a - b + c = 11{,}25 \qquad f(x) = 1{,}25x^2 - 5x + 5$

d) $f(x) = ax^2 + bx + c \qquad f'(x) = 2ax + b$
  (I) $f'(3) = 0 \Leftrightarrow 6a + b = 0$
  (II) $f(1) = 4{,}5 \Leftrightarrow a + b + c = 4{,}5$
  (III) $f'(1) = 2 \Leftrightarrow 2a + b = 2 \qquad f(x) = -0{,}5x^2 + 3x + 2$

e) $f(x) = ax^3 + bx^2 + cx + d \qquad$ Symmetrie zum Ursprung $\to b = 0; d = 0$
  $f(x) = ax^3 + cx \qquad f'(x) = 3ax^2 + c$
  (I) $f(2) = -4 \Leftrightarrow 8a + 2c = -4$
  (II) $f'(2) = 0 \Leftrightarrow 12a + c = 0 \qquad f(x) = 0{,}25x^3 - 3x$

32

f) $f(x) = ax^3 + bx^2 + cx + d$ $\quad f'(x) = 3ax^2 + 2bx + c$ $\quad f''(x) = 6ax + 2b$
(I) $\quad f(0) = 0 \quad \Leftrightarrow \quad\quad\quad\quad\quad\quad d = 0$
(II) $\quad f'(2) = 0 \quad \Leftrightarrow \quad 12a + 4b + c \ = 0$
(III) $\quad f''(4) = 0 \quad \Leftrightarrow \quad 24a + 2b \quad\quad\quad = 0$
(IV) $\quad f'(4) = -4 \Leftrightarrow 48a + 8b + c \ = -4 \quad f(x) = \frac{1}{3}x^3 - 4x^2 + 12x$

g) $f(x) = ax^3 + bx^2 + cx + d$ $\quad f'(x) = 3ax^2 + 2bx + c$
(I) $\quad f(0) = 7{,}2 \Leftrightarrow \quad\quad\quad\quad\quad\quad d = 7{,}2$
(II) $\quad f'(0) = 0 \quad \Leftrightarrow \quad\quad\quad\quad\quad c \quad\quad = 0$
(III) $\quad f(-2) = 0 \ \Leftrightarrow \ -8a + 4b - 2c + d = 0$
(IV) $\quad f(3) = 0 \ \Leftrightarrow \ 27a + 9b + 3c + d = 0 \quad f(x) = 0{,}2x^3 - 1{,}4x^2 + 7{,}2$

h) $f(x) = ax^2 + bx + c \quad$ Symmetrie zur y-Achse $\Rightarrow b = 0$
$f(x) = ax^2 + c \quad f'(x) = 2ax$
(I) $\quad f(-4) = 2 \ \Leftrightarrow \ 16a + c = 2$
(II) $\quad f'(-4) = 1 \Leftrightarrow -8a \quad\quad = 1 \quad f(x) = -\frac{1}{8}x^2 + 4$

i) $f(x) = ax^3 + bx^2 + cx + d$ $\quad f'(x) = 3ax^2 + 2bx + c$ $\quad f''(x) = 6ax + 2b$
(I) $\quad f(0) = 0 \quad \Leftrightarrow \quad\quad\quad\quad\quad\quad d = 0$
(II) $\quad f(1) = 2 \quad \Leftrightarrow \quad a + b + c + d = 2$
(III) $\quad f'(1) = 0 \quad \Leftrightarrow \quad 3a + 2b + c \ = 0$
(IV) $\quad f''(1) = 0 \quad \Leftrightarrow \quad 6a + 2b \quad\quad = 0 \quad f(x) = 2x^3 - 6x^2 + 6x$

j) $f(x) = ax^4 + bx^3 + cx^2 + dx + e \quad$ Symmetrie zur y-Achse $\Rightarrow b = 0; \ d = 0$
$f(x) = ax^4 + cx^2 + e \quad f'(x) = 4ax^3 + 2cx$
(I) $\quad f(-2) = 0 \ \Leftrightarrow \ 16a + 4c + e = 0$
(II) $\quad f(1) = -3 \Leftrightarrow \ a + \ c + e = -3$
(III) $\quad f'(1) = -1 \Leftrightarrow \ 4a + 2c \quad\quad = -1 \quad f(x) = 0{,}5x^4 - 1{,}5x^2 - 2$

k) $f(x) = ax^3 + bx^2 + cx + d$ $\quad f'(x) = 3ax^2 + 2bx + c$
(I) $\quad f(0) = 0 \quad \Leftrightarrow \quad\quad\quad\quad\quad\quad d = 0$
(II) $\quad f(-3) = 0 \ \Leftrightarrow \ -27a + 9b - 3c + d = 0$
(III) $\quad f'(3) = 0 \ \Leftrightarrow \ 27a + 6b + c \quad = 0$
(IV) $\quad f(3) = -6 \Leftrightarrow 27a + 9b + 3c + d = -6 \quad f(x) = \frac{1}{6}x^3 - \frac{1}{3}x^2 - \frac{5}{2}x$

l) $f(x) = ax^3 + bx^2 + cx + d$ $\quad f'(x) = 3ax^2 + 2bx + c$ $\quad f''(x) = 6ax + 2b$
zu (II): Jede ganzrationale Funktion 3. Grades ist punktsymmetrisch zum Wendepunkt, also ist P Wendepunkt.
(I) $\quad f(-1) = 0 \ \Leftrightarrow \ -a + b - c + d = 0$
(II) $\quad f''(-1) = 0 \Leftrightarrow \ -6a + 2b \quad\quad = 0$
(III) $\quad f(2) = 0 \ \Leftrightarrow \ 8a + 4b + 2c + d = 0$
(IV) $\quad f'(2) = 1 \ \Leftrightarrow \ 12a + 4b + c \quad = 1 \quad f(x) = \frac{1}{18}x^3 + \frac{1}{6}x^2 - \frac{1}{3}x - \frac{4}{9}$

m) $f(x) = ax^3 + bx^2 + cx + d$ $\quad f'(x) = 3ax^2 + 2bx + c$ $\quad f''(x) = 6ax + 2b$
(I) $\quad f(4) = 0 \ \Leftrightarrow \ 64a + 16b + 4c + d = 0$
(II) $\quad f'(4) = 0 \ \Leftrightarrow \ 48a + 8b + c \quad = 0$
(III) $\quad f''\left(\frac{8}{3}\right) = 0 \ \Leftrightarrow \ 16a + 2b \quad\quad = 0$
(IV) $\quad f'\left(\frac{8}{3}\right) = -\frac{4}{3} \Leftrightarrow \frac{64}{3}a + \frac{16}{3}b + c \ = -\frac{4}{3} \quad f(x) = 0{,}25x^3 - 2x^2 + 4x$

1.2 Steckbriefaufgaben

n) $f(x) = ax^4 + bx^3 + cx^2 + dx + e$ $f'(x) = 4ax^3 + 3bx^2 + 2cx + d$ $f''(x) = 12ax^2 + 6bx + 2c$

(I) $f(-1) = 0$ $\Leftrightarrow$ $a - b + c - d + e = 0$
(II) $f'(-1) = 0$ $\Leftrightarrow$ $-4a + 3b - 2c + d = 0$
(III) $f'(2) = 0$ $\Leftrightarrow$ $32a + 12b + 4c + d = 0$
(IV) $f''(2) = 0$ $\Leftrightarrow$ $48a + 12b + 2c = 0$
(V) $f(2) = 6{,}75$ $\Leftrightarrow$ $16a + 8b + 4c + 2d + e = 6{,}75$ $f(x) = 0{,}25x^4 - x^3 + 4x + 2{,}75$

o) $f(x) = ax^3 + bx^2 + cx + d$ $f'(x) = 3ax^2 + 2bx + c$ $f''(x) = 6ax + 2b$
$g(x) = \frac{1}{2}x^2 + 1$ $g'(x) = x$

(I) $f(0) = 0$ $\Leftrightarrow$ $d = 0$
(II) $f''(-2) = 0$ $\Leftrightarrow$ $-12a + 2b = 0$
(III) $f(1) = g(1)$ $\Leftrightarrow$ $a + b + c = 1{,}5$
(IV) $f'(1) = g'(1)$ $\Leftrightarrow$ $3a + 2b + c = 1$ $f(x) = -\frac{1}{16}x^3 - \frac{3}{8}x^2 + \frac{31}{16}x$

3. Ampelabfrage

a) Richtig ist Grün: $f'(3) = 0$

b) Richtig ist Gelb: $f'(2) = -5$

c) Richtig ist Grün: G_f hat bei $x = 0$ einen Terrassenpunkt.

4. a)

b) Zahl der Neuerkrankungen: $f(x) = ax^3 + bx^2 + cx + d$ x: Tag
$f'(x) = 3ax^2 + 2bx + c$ $f''(x) = 6ax + 2b$

(I) $f(1) = 500$ $\Leftrightarrow$ $a + b + c + d = 500$
(II) $f(0) = 0$ $\Leftrightarrow$ $d = 0$
(III) $f''(2) = 0$ $\Leftrightarrow$ $12a + 2b = 0$
(IV) $f'(5) = 0$ $\Leftrightarrow$ $75a + 10b + c = 0$ $f(x) = -25x^3 + 150x^2 + 375x$

c) $f'(x) = -75x^2 + 300x + 375$ $f''(x) = -150x + 300$ $f'''(x) = -150$

$f(1) = 500 \Rightarrow$ am 1. Tag 500 Neuerkrankungen
$f(0) = 0 \Rightarrow$ am Tag zuvor keine Meldung von Krankheitsfällen
$f''(2) = 0$ und f'' wechselt das Vorzeichen von „+" nach „–" $\Rightarrow$ Wendestelle mit L-R-Krümmungswechsel bei 2, d. h. am 2. Tag größter Anstieg der Neuerkrankungen
$f'(5) = 0$ und f' wechselt das Vorzeichen von „+" nach „–" $\Rightarrow$ Maximalstelle bei 2, d. h. am 5. Tag
die meisten Neuerkrankungen

d) $f(5) = 2500$ Die Höchstzahl der Neuerkrankungen an einem Tag betrug 2500.

e) $f'(2) = 675$ Die maximale Zunahme der Neuerkrankungen an einem Tag betrug 675 pro Tag.

f) $f(x) = 0 \Leftrightarrow -25x(x^2 - 6x - 15) = 0$
$x_1 = 3 - \sqrt{24} \approx -1{,}90;\ x_2 = 0;\ x_3 = 3 + \sqrt{24} \approx 7{,}90$
Vom 8. Tag an war nicht mehr mit Neuerkrankungen zu rechnen.

5. Gewinn in GE: $G(x) = ax^3 + bx^2 + cx + d$ x: Menge in ME
$G'(x) = 3ax^2 + 2bx + c$
(I) $G(3) = 0$ $\Leftrightarrow$ $27a + 9b + 3c + d = 0$
(II) $G(12) = 0$ $\Leftrightarrow$ $1728a + 144b + 12c + d = 0$
(III) $G'(8) = 0$ $\Leftrightarrow$ $192a + 16b + c = 0$
(IV) $G(8) = 400$ $\Leftrightarrow$ $512a + 64b + 8c + d = 400$ $G(x) = -x^3 + 3x^2 + 144x - 432$

6. Aufgrund des Kurvenverlaufs kommt eine ganzrationale Funktion 4. Grades in Frage.
Höhe in m: $f(x) = ax^4 + bx^3 + cx^2 + dx + e$ x: horizontale Entfernung in km
$f'(x) = 4ax^3 + 3bx^2 + 2cx + d$ $f''(x) = 12ax^2 + 6bx + 2c$
(I) $f(0) = 0$ $\Leftrightarrow$ $e = 0$
(II) $f'(3) = 0$ $\Leftrightarrow$ $108a + 27b + 6c + d = 0$
(III) $f''(3) = 0$ $\Leftrightarrow$ $108a + 18b + 2c = 0$
(IV) $f'(9) = 0$ $\Leftrightarrow$ $2916a + 243b + 18c + d = 0$
(V) $f(9) = 810$ $\Leftrightarrow$ $6561a + 729b + 81c + 9d + e = 810$
$f(x) = -\frac{10}{9}x^4 + \frac{200}{9}x^3 - 140x^2 + 360x$

7. a) Zu Beginn des Jahres sinken die Niederschläge und erreichen im Februar ihr absolutes Minimum. Dann steigen sie und erreichen ihr absolutes Maximum im Juli. Danach fallen die Werte erneut und erreichen einen relativen Tiefstand im November. Zum Ende des Jahres hin steigen die Niederschläge wieder an.

b)

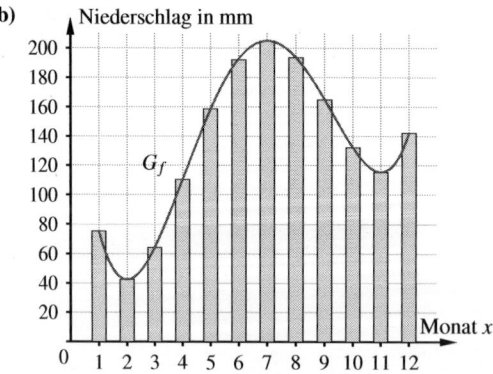

Aufgrund des Kurvenverlaufs kommt eine ganzrationale Funktion 4. Grades in Frage.
Niederschlag in mm: $f(x) = ax^4 + bx^3 + cx^2 + dx + e$ x: Monat
$f'(x) = 4ax^3 + 3bx^2 + 2cx + d$
Bedingungsgleichungen, z. B.
(I) $f(2) = 42{,}5$ $\Leftrightarrow$ $16a + 8b + 4c + 2d + e = 42{,}5$
(II) $f(7) = 205$ $\Leftrightarrow$ $2401a + 343b + 49c + 7d + e = 205$
(III) $f'(2) = 0$ $\Leftrightarrow$ $32a + 12b + 4c + d = 0$
(IV) $f'(7) = 0$ $\Leftrightarrow$ $1372a + 147b + 14c + d = 0$
(V) $f'(11) = 0$ $\Leftrightarrow$ $5324a + 363b + 22c + d = 0$
$f(x) = 0{,}3x^4 - 8x^3 + 67{,}8x^2 - 184{,}8x + 200{,}1$

c) jährliche Niederschlagsmenge in mm:
$$f(1)+f(2)+\ldots+f(12) = 75{,}4+42{,}5+64{,}2+110{,}5+158{,}6+192{,}9+205{,}0+193{,}7$$
$$+165{,}0+132{,}1+115{,}4+142{,}5$$
$$= 1597{,}8$$

mittlere monatliche Niederschlagsmenge: $\frac{1597{,}8 \text{ mm}}{12} = 133{,}15$ mm

d) Aufgrund des Kurvenverlaufs kommt eine ganzrationale Funktion 4. Grades in Frage.
Temperatur in °C: $g(x) = ax^4 + bx^3 + cx^2 + dx + e$ x: Monat
$g'(x) = 4ax^3 + 3bx^2 + 2cx + d$
Bedingungsgleichungen, z.B.
(I) $g(1) = -3{,}6$ ⇔ $a + b + c + d + e = -3{,}6$
(II) $g(6) = 18{,}9$ ⇔ $1296a + 216b + 36c + 6d + e = 18{,}9$
(III) $g'(1) = 0$ ⇔ $4a + 3b + 2c + d = 0$
(IV) $g'(6{,}5) = 0$ ⇔ $1098{,}5a + 126{,}75b + 13c + d = 0$
(V) $g'(12) = 0$ ⇔ $6912a + 432b + 24c + d = 0$
$g(x) = 0{,}025x^4 - 0{,}65x^3 + 4{,}825x^2 - 7{,}8x$

8. a) $g(x) = ax^3 + bx^2 + cx + d$ $g'(x) = 3ax^2 + 2bx + c$
zu (II): $f'(x) = \frac{1}{108}x^2 - \frac{1}{4}$ $f'(0) = -\frac{1}{4}$ Orthogonalitätsbedingung: $g'(0) = -\frac{1}{-\frac{1}{4}} = 4$

zu (III), (IV): $f(x) = \frac{1}{324}x(x^2 - 81) = \frac{1}{324}x(x+9)(x-9)$ Die positive Nullstelle von f ist 9.
(I) $g(0) = 0$ ⇔ $d = 0$
(II) $g'(0) = 4$ ⇔ $c = 4$
(III) $g(9) = 0$ ⇔ $729a + 81b + 9c + d = 0$
(IV) $g'(9) = 0$ ⇔ $243a + 18b + c = 0$ $g(x) = \frac{4}{81}x^3 - \frac{8}{9}x^2 + 4x$

b)

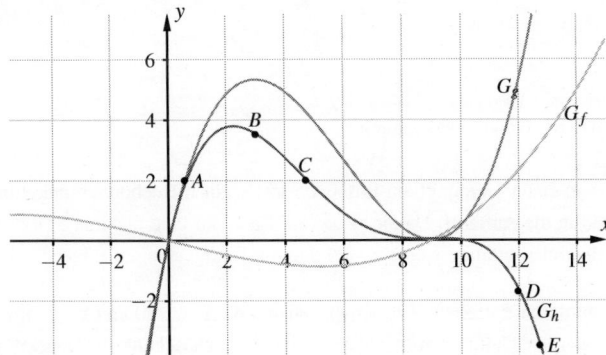

c) Für die gesuchte Funktion h gelten ebenfalls die Bedingungen für g. Zusätzlich muss die Funktion h an der Stelle $x = 9$ einen Terrassenpunkt haben, da ihr Graph durch die Punkte D und E gehen soll.
$h(x) = ax^4 + bx^3 + cx^2 + dx + e$ $h'(x) = 4ax^3 + 3bx^2 + 2cx + d$ $h''(x) = 12ax^2 + 6bx + 2c$
(I) $h(0) = 0$ ⇔ $e = 0$
(II) $h'(0) = 4$ ⇔ $d = 4$
(III) $h(9) = 0$ ⇔ $6561a + 729b + 81c + 9d + e = 0$
(IV) $h'(9) = 0$ ⇔ $2916a + 243b + 18c + d = 0$
(V) $h''(9) = 0$ ⇔ $972a + 54b + 2c = 0$ $h(x) = -\frac{4}{729}x^4 + \frac{4}{27}x^3 - \frac{4}{3}x^2 + 4x$

9. a) und c)

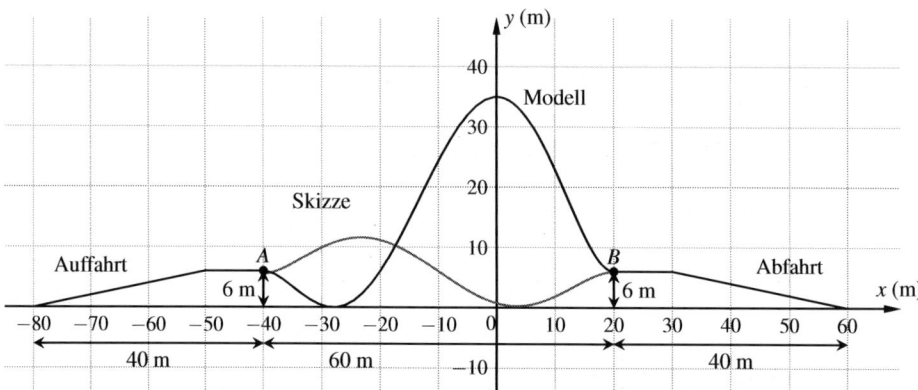

b) Da die Einmündungen waagerecht sein sollen, muss die Ableitung der gesuchten Funktion an den beiden Stellen den Wert 0 haben. Außerdem soll der mittlere Abschnitt zunächst einen Tiefpunkt am Erdboden und dann einen Hochpunkt auf 35 m Höhe haben. Also muss die Ableitung der gesuchten Funktion zwei weitere Nullstellen haben. Sie ist folglich mindestens eine Funktion 4. Grades. Als gesuchte Funktion kommt daher eine ganzrationale Funktion f vom Grad 5 in Frage.

Um den Rechenaufwand möglichst gering zu halten, ist es günstig, die y-Achse so einzuzeichnen, dass auf ihr der Hochpunkt liegt. Für die Funktion f müssen dann die folgenden 6 Bedingungen gelten:

(I) $f(-40) = 6$
(II) $f'(-40) = 0$
(III) $f(0) = 35$
(IV) $f'(0) = 0$
(V) $f(20) = 6$
(VI) $f'(20) = 0$

c) Mit dem GTR/CAS erhält man die Funktionsgleichung
$$f(x) = \tfrac{29}{12\,800\,000}x^5 + \tfrac{87}{640\,000}x^4 - \tfrac{29}{32\,000}x^3 - \tfrac{203}{1600}x^2 + 35$$
Skizze und Modell enthalten je einen Tiefpunkt am Erdboden sowie einen Hochpunkt und münden waagerecht in die Abfahrt und in die Auffahrt. Da die skizzierte Bahn nur eine maximale Höhe von etwa 11,7 m erreicht, sind die Teilabschnitte weniger steil und die Einmündungen „glatter" als bei der modellierten Bahn.

d) Auffahrt und Abfahrt könnten durch Entfernen der „Knickstellen" bei $x = -80$ und $x = -50$ bzw. $x = 30$ und $x = 60$ verbessert werden. Dafür müssten die linearen Streckenabschnitte durch gekrümmte Graphen ersetzt werden, die an den genannten Stellen jeweils die Steigung 0 haben. Möglich wäre dies bei der Rampe der Auffahrt durch eine ganzrationale Funktion g dritten Grades mit den Bedingungen $g(-80) = 0$; $g'(-80) = 0$; $g(-50) = 6$ und $g'(-50) = 0$. Die Rampe der Abfahrt könnte entsprechend mithilfe der ganzrationalen Funktion h dritten Grades mit den Bedingungen $h(30) = 6$; $h'(30) = 0$; $h(60) = 0$ und $h'(60) = 0$ modelliert werden.

1.2 Steckbriefaufgaben

10. a)

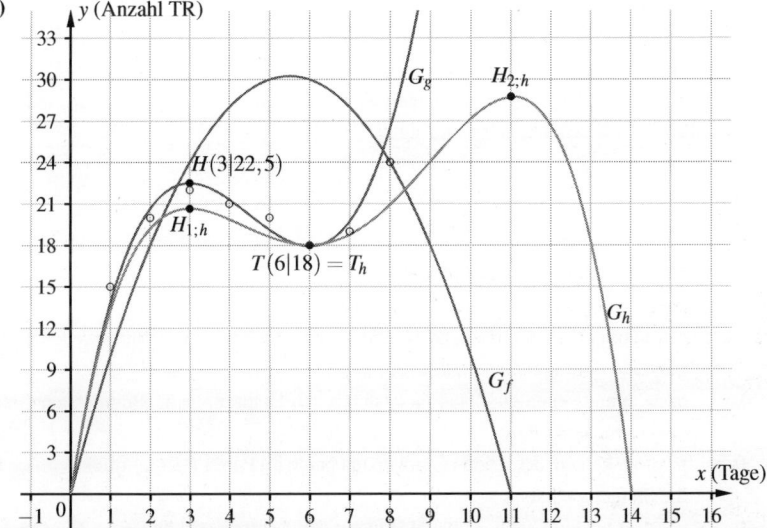

b) Eileen: $f(x) = ax^2 + bx + c$

(I) $f(0) = 0 \Leftrightarrow c = 0$
(II) $f(11) = 0 \Leftrightarrow 121a + 11b + c = 0$
(III) $f(8) = 24 \Leftrightarrow 64a + 8b + c = 24$
$\Rightarrow f(x) = -x^2 + 11x$

Dominik: $g(x) = ax^3 + bx^2 + cx + d \qquad g'(x) = 3ax^2 + 2bx + c$

(I) $g(0) = 0 \Leftrightarrow d = 0$
(II) $g'(3) = 0 \Leftrightarrow 27a + 6b + c = 0$
(III) $g(6) = 18 \Leftrightarrow 216a + 36b + 6c + d = 18$
(IV) $g'(6) = 0 \Leftrightarrow 108a + 12b + c = 0$
$\Rightarrow g(x) = \frac{1}{3}x^3 - \frac{9}{2}x^2 + 18x$

Judith: $h(x) = ax^4 + bx^3 + cx^2 + dx + e \qquad h'(x) = 4ax^3 + 3bx^2 + 2cx + d$

(I) $h(0) = 0 \Leftrightarrow e = 0$
(II) $h'(3) = 0 \Leftrightarrow 108a + 27b + 6c + 6d = 0$
(III) $h(6) = 18 \Leftrightarrow 1296a + 216b + 216c + 6d + e = 18$
(IV) $h'(6) = 0 \Leftrightarrow 864a + 108b + 12c + d = 0$
(V) $h'(11) = 0 \Leftrightarrow 5324a + 363b + 22c + d = 0$
$\Rightarrow h(x) = -\frac{1}{44}x^4 + \frac{20}{33}x^3 - \frac{117}{22}x^2 + 18x$

Aus $h(3) = \frac{909}{44} \approx 20,66$ folgt, dass die VI. Bedingung $h(3) = g(3) = 22,5$ nur annähernd erfüllt ist, der Hochpunkt des Graphen von h bei $x = 3$ also nur annähernd mit dem Hochpunkt $H(3|22,5)$ des Graphen von g übereinstimmt.

c) Der Graph der Funktion f gibt die Entwicklung der Verkaufszahlen nur ansatzweise wieder. Der Einbruch der Zahlen zwischen dem 3. und 6. Tag wird nicht dargestellt, im Gegenteil: In diesem Bereich nimmt die Funktion f ihr Maximum an.

Der Graph von g gibt die protokollierten Zahlen gut wieder. Allerdings ist er nicht geeignet, die Entwicklung über den 8. Tag hinaus zu prognostizieren, da die Funktionswerte sehr schnell sehr groß werden.

34 Der Graph von h gibt die vorhandenen Daten nicht so gut wieder wie der Graph von g, hat dafür aber den Vorteil, dass er im weiteren Verlauf besser geeignet ist, die Entwicklung der Verkaufszahlen vorherzusagen.

Sowohl der Graph von g als auch der von h zeigen weiter steigende Verkaufszahlen an, sodass auf jeden Fall eine Nachbestellung getätigt werden sollte.

Test A zu 1.2

36 1. Es ist davon auszugehen, dass es sich bei dem ersten Graphen um eine ganzrationale Funktion 3. Grades und beim zweiten um eine Funktion 4. Grades handelt.

a) $f(4)=0$ passt zu beiden Graphen, da beide bei 4 die x-Achse schneiden.

b) $f'(-3)=0$ passt zum ersten Graphen, da $H(-3|y_H)$ ein Hochpunkt ist. Zum zweiten Graphen passt die Bedingung nicht, da er für $x < 0$ stets streng monoton fällt.

c) $f(0)=0$ passt zum zweiten Graphen, da er durch den Ursprung geht. Beim ersten Graphen ist dies nicht der Fall.

d) $f'(2)=0$ passt zu keinem der beiden Graphen, da beide im Punkt $P(2|y_P)$ offensichtlich nicht die Steigung 0 haben.

e) $f'(3)=0$ passt zu beiden Graphen, da beide hier einen Extrempunkt haben.

f) $f''(0)=0$ passt zu beiden Graphen, da beide hier einen Wendepunkt haben.

g) $f(3)=0$ passt zu keinem der beiden Graphen, da beide hier nicht die x-Achse schneiden oder berühren.

h) $f'(0)=0$ passt zum zweiten Graphen, da er im Ursprung einen Sattelpunkt und somit eine waagerechte Tangente hat. Zum zweiten Graphen passt die Bedingung nicht, da er im y-Achsenschnittpunkt nicht die Steigung 0 hat.

2. a) $f(2)=5; f'(2)=0$
   b) $f(-3)=7; f'(-3)=2$
   c) $f(-4)=0; f'(-4)=0$ (Berührpunkt)
   d) $f(1)=-7; f'(1)=0$
   e) $f(6)=9; f'(6)=0; f''(6)=0$

3.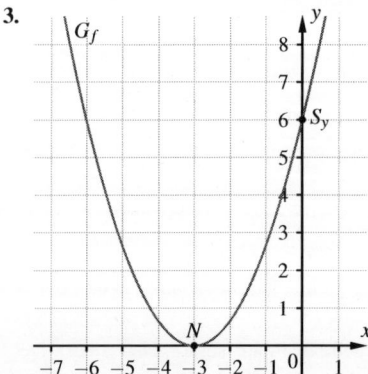

   $f(x) = ax^2 + bx + c; f'(x) = 2ax + b$
   (I) $f(0)=6 \Leftrightarrow c=6$
   (II) $f(-3)=0 \Leftrightarrow 9a-3b+c=0$
   (III) $f'(-3)=0 \Leftrightarrow -6a+b=0$
   gesuchte Gleichung: $f(x) = \frac{2}{3}x^2 + 4x + 6$

Test B zu 1.2

1. a)

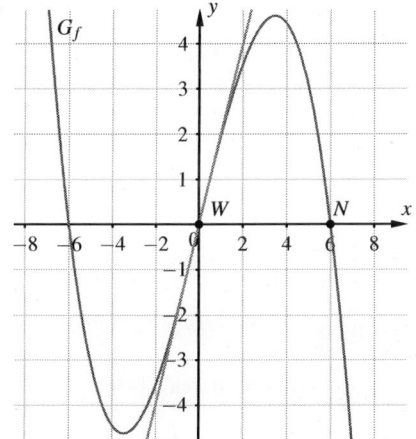

b), c) $f(x) = ax^3 + cx$; $f'(x) = 3ax^2 + c$

▶ $b = 0$ und $d = 0$, wegen der Symmetrie zum Ursprung

(I) $f(6) = 0 \Leftrightarrow 216a + 6c = 0$

(II) $f'(0) = 2 \Leftrightarrow \quad\quad\quad c = 2$

gesuchte Gleichung: $f(x) = -\frac{1}{18}x^3 + 2x$

Da der Funktionsterm von f nur Potenzen von x mit ungeradzahligen Exponenten enthält, ist der Graph von f punktsymmetrisch zum Ursprung.

Aus $f(6) = 0$ folgt, dass der Graph von f bei $x = 6$ die x-Achse schneidet.

Mit $f'(x) = -\frac{1}{6}x^2 + 2$ erhält man $f'(0) = 2$ und damit für die Tangente im Ursprung die Gleichung $t(x) = 2x$.

2.

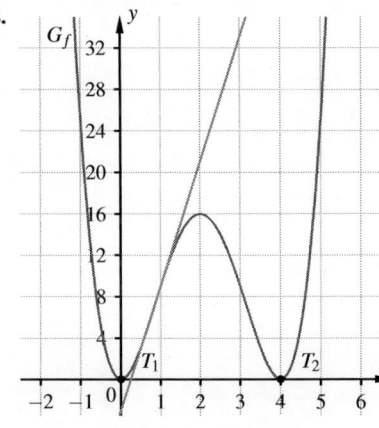

$f(x) = ax^4 + bx^3 + cx^2 + dx + e$;
$f'(x) = 4ax^3 + 3bx^2 + 2cx + d$

(I) $f(0) = 0 \Leftrightarrow \quad\quad\quad\quad\quad\quad\quad e = 0$

(II) $f'(0) = 0 \Leftrightarrow \quad\quad\quad\quad\quad\quad d = 0$

(III) $f(4) = 0 \Leftrightarrow 256a + 64b + 16c + 4d + e = 0$

(IV) $f'(4) = 0 \Leftrightarrow 256a + 48b + \;8c + \;d = 0$

(V) $f'(1) = 12 \Leftrightarrow \;\;\;4a + \;3b + \;2c + \;d = 12$

gesuchte Gleichung: $f(x) = x^4 - 8x^3 + 16x^2$

Tangente: $t(x) = 12x - 3$

3. a)

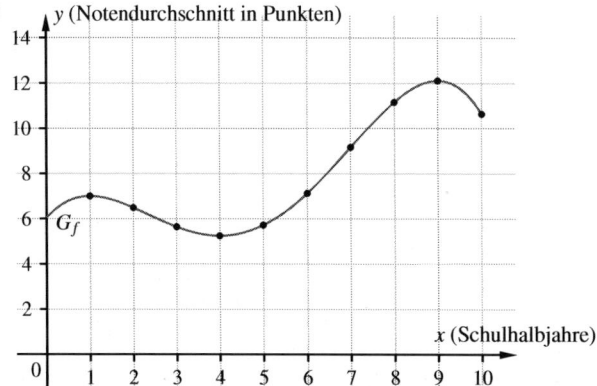

b) Aufgrund des Kurvenverlaufs kommt eine ganzrationale Funktion 4. Grades in Frage.
$f(x) = ax^4 + bx^3 + cx^2 + dx + e$; $f'(x) = 4ax^3 + 3bx^2 + 2cx + d$
Für die Ermittlung eines geeigneten Funktionsterms werden 5 Bedingungsgleichungen benötigt. Diese können z.B. sein:

(I) $f(1) = 7$ $\Leftrightarrow$ $a + b + c + d = 0$
(II) $f'(1) = 0$ $\Leftrightarrow$ $4a + 3b + 2c + d = 0$
(III) $f(4) = 5{,}245$ $\Leftrightarrow$ $256a + 64b + 16c + 4d + e = 5{,}245$
(IV) $f'(4) = 0$ $\Leftrightarrow$ $256a + 48b + 8c + d = 0$
(V) $f'(9) = 0$ $\Leftrightarrow$ $2916a + 243b + 18c + d = 0$

gesuchte Gleichung: $f(x) = -0{,}015x^4 + 0{,}28x^3 - 1{,}47x^2 + 2{,}16x + 6{,}045$

1.3 Extremwertaufgaben

Übungen zu 1.3

1. a) a, b: Seitenlängen in m
   Hauptbedingung: $A(a,b) = a \cdot b$
   Nebenbedingung: $a + b = 4{,}8 \Leftrightarrow a = 4{,}8 - b$
   Zielfunktion: $A(b) = (4{,}8 - b) \cdot b = -b^2 + 4{,}8b$
   Definitionsbereich: $D_A = \,]0;\,4{,}8[$
   Ableitung: $A'(b) = -2b + 4{,}8$
   Extremstellen: $A'(b) = 0 \Leftrightarrow b = 2{,}4$
   $A'(2{,}4) = 0$
   Da G_A eine nach unten geöffnete Parabel ist, liegt bei $b = 2{,}4$ ein absolutes Maximum.
   $A(2{,}4) = 5{,}76$

   b) [Graph: nach unten geöffnete Parabel mit Hochpunkt $H(2{,}4|5{,}76)$]

   Übrige Größen:
   $a = 4{,}8 - b \qquad | b = 2{,}4$
   $ = 4{,}8 - 2{,}4 = 2{,}4$
   Für die Seitenlängen $a = 2{,}4$ [m] und $b = 2{,}4$ [m] wird die Fläche maximal und beträgt $5{,}76$ m².

2. a) a: Grundkantenlänge in m $\qquad h$: Quaderhöhe in m
   Hauptbedingung: $V(a,h) = a^2 \cdot h$
   Nebenbedingung: $8a + 4h = 2{,}4 \Leftrightarrow h = 0{,}6 - 2a$
   Zielfunktion: $V(a) = a^2 \cdot (0{,}6 - 2a) = -2a^3 + 0{,}6a^2$
   Definitionsbereich: $D_V = \,]0;\,0{,}3[$
   Ableitung: $V'(a) = -6a^2 + 1{,}2a$
   Extremstellen: $V'(a) = 0 \Leftrightarrow a = 0 \notin D_V$ oder $a = 0{,}2$
   Der Graph der Ableitungsfunktion V' ist eine nach unten geöffnete Parabel, die zwischen 0 und 0,2 oberhalb und zwischen 0,2 und 0,3 unterhalb der a-Achse liegt. Die Funktion V ist also streng monoton steigend in $]0;\,0{,}2]$ und fallend in $[0{,}2;\,0{,}3[$, hat also bei $a = 0{,}2$ ein absolutes Maximum.
   $V(0{,}2) = 0{,}008$

   Übrige Größen:
   $h = 0{,}6 - 2a \qquad | a = 0{,}2$
   $ = 0{,}6 - 2 \cdot 0{,}2 = 0{,}2$
   Das Volumen des Quaders wird maximal für eine Grundkantenlänge und eine Höhe von jeweils 0,2 m.

   b) Das maximale Volumen beträgt $0{,}008$ m³.

   c) Mit den berechneten Kantenlängen hat die Laterne Würfelform. Wahrscheinlich hatte Johannes jedoch die Vorstellung von einem Quader mit quadratischer Grundfläche und einer Höhe, die größer ist als die Grundkante.

3. a) Hauptbedingung: $V(r,h) = \frac{1}{3}\pi r^2 \cdot h$

Nebenbedingung: $\quad r^2 + h^2 = s^2 \quad$ ▶ Satz des Pythagoras

$\Leftrightarrow \quad r^2 = s^2 - h^2 \quad | s = 12$

$\Rightarrow \quad r^2 = 144 - h^2$

Zielfunktion: $V(h) = \frac{1}{3}\pi \cdot (144 - h^2) \cdot h = -\frac{1}{3}\pi \cdot h^3 + 48\pi \cdot h$

Definitionsbereich: $D_V = {]}0;\,12[$

Ableitung: $V'(h) = -\pi \cdot h^2 + 48\pi$

Extremstellen: $V'(h) = 0 \Leftrightarrow h = -4\sqrt{3} \notin D_V$ oder $h = 4\sqrt{3}$ ($\approx 6{,}93$)

Der Graph der Ableitungsfunktion V' ist eine nach unten geöffnete Parabel, die zwischen 0 und $4\sqrt{3}$ oberhalb und zwischen $4\sqrt{3}$ und 12 unterhalb der h-Achse liegt. Die Funktion V ist also streng monoton steigend in $]0;\,4\sqrt{3}]$ und fallend in $[4\sqrt{3};\,12[$, hat somit bei $h = 4\sqrt{3}$ ein absolutes Maximum.

$V(4\sqrt{3}) = 128\pi\sqrt{3} \approx 696{,}5$

Das maximale Volumen beträgt ca. 696,5 cm^3.

b) Übrige Größen:

$r^2 = 144 - h^2 \quad | h^2 = 48$

$\Rightarrow r = \sqrt{96} = 4\sqrt{6} \approx 9{,}80$

Das Volumen wird maximal für $h \approx 6{,}93$ [cm] und $r \approx 9{,}80$ [cm].

c)

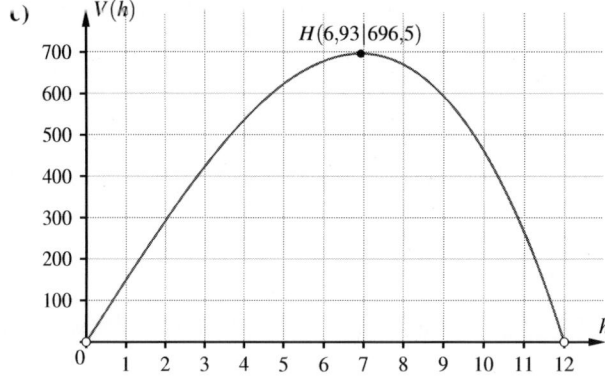

4. a) Hauptbedingung: $V(a,h) = \frac{1}{3}a^2 \cdot h$

Nebenbedingung: Nach dem Satz des Pythagoras gilt:

einerseits: $\left(\frac{d}{2}\right)^2 = \left(\frac{a}{2}\right)^2 + \left(\frac{a}{2}\right)^2 = \frac{a^2}{2}$

andererseits: $\left(\frac{d}{2}\right)^2 + h^2 = 3^2 \Leftrightarrow \left(\frac{d}{2}\right)^2 = 9 - h^2$

Kombinieren ergibt: $\frac{a^2}{2} = 9 - h^2 \Leftrightarrow a^2 = 18 - 2h^2$

Zielfunktion: $V(h) = \frac{1}{3} \cdot (18 - 2h^2) \cdot h = -\frac{2}{3}h^3 + 6h$

Definitionsbereich: $D_V = {]}0;\,3[$

Ableitung: $V'(h) = -2h^2 + 6$

Extremstellen: $V'(h) = 0 \Leftrightarrow h = -\sqrt{3} \notin D_V$ oder $h = -\sqrt{3}$ ($\approx 1{,}73$)

Der Graph der Ableitungsfunktion V' ist eine nach unten geöffnete Parabel, die zwischen 0 und $\sqrt{3}$ oberhalb und zwischen $\sqrt{3}$ und 3 unterhalb der h-Achse liegt. Die Funktion V ist also streng monoton steigend in $]0;\,\sqrt{3}]$ und fallend in $[\sqrt{3};\,3[$, hat somit bei $h = \sqrt{3}$ ein absolutes Maximum.

$V(\sqrt{3}) = 4\sqrt{3}$

Bei einer Raumhöhe von ca. 1,73 m ist das Volumen des Zeltes maximal.

b) $V(\sqrt{3}) = 4\sqrt{3} \approx 6{,}93$
$a^2 = 18 - 2 \cdot h^2 = 18 - 2(\sqrt{3})^2 = 12$
$\Rightarrow a = \sqrt{12} = 2\sqrt{3} \approx 3{,}46$

Das maximale Volumen beträgt ca. 6,93 m³. Die Grundkante ist dann ca. 3,46 m lang. Die Grundfläche hat eine Größe von 12 m².

c)

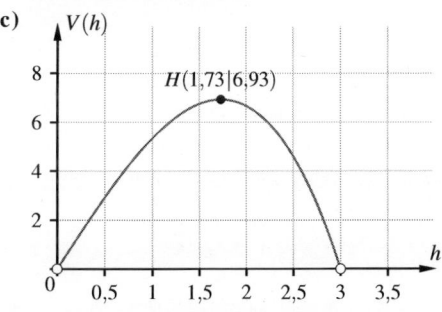

5. a) 1) Alte Gebührenordnung

r: Radius (in cm); l: Länge (in cm)

Hauptbedingung: $V(r, l) = \pi r^2 \cdot l$

Nebenbedingung: $l + 4r = 108 \Leftrightarrow l = 108 - 4r$

Zielfunktion: $V(r) = \pi r^2 \cdot (108 - 4r) = -4\pi r^3 + 108\pi r^2$

Definitionsbereich: $D_V = \,]0;\,27[$

Ableitung: $V'(r) = -12\pi r^2 + 216\pi r$

Extremstellen: $V'(r) = 0 \Leftrightarrow r = 0 \notin D_V$ oder $r = 18$

Der Graph der Ableitungsfunktion V' ist eine nach unten geöffnete Parabel, die zwischen 0 und 18 oberhalb und sonst unterhalb der r-Achse liegt.
Die Funktion V ist also streng monoton steigend in $]0;\,18]$ und fallend in $[18;\,27[$, hat somit bei $r = 18$ ein absolutes Maximum.
$V(18) = 11\,664\pi \approx 36\,643{,}5$

Also ist 36 643,5 das absolute Maximum von V in D_V.

Übrige Größen:
$l = 108 - 4r \qquad | \, r = 18$
$ = 108 - 4 \cdot 18 = 36$

Bei einem Radius von 18 cm und einer Länge von 36 cm wird das Volumen der Rolle maximal und beträgt ca. 36 643,5 cm³.

44

2) **Neue Gebührenordnung**

r: Radius (in cm); l: Länge (in cm)

Hauptbedingung: $V(r,l) = \pi r^2 \cdot l$

Nebenbedingung: $l + 2r = 68 \Leftrightarrow l = 68 - 2r$

Zielfunktion: $V(r) = \pi r^2 \cdot (68 - 2r) = -2\pi r^3 + 68\pi r^2$

Definitionsbereich: $D_V = {]}0;34{[}$

Ableitung: $V'(r) = -6\pi r^2 + 136\pi r$

Extremstellen: $V'(r) = 0 \Leftrightarrow r = 0 \notin D_V$ oder $r = \frac{68}{3} (\approx 22{,}67)$

Der Graph der Ableitungsfunktion V' ist eine nach unten geöffnete Parabel, die zwischen 0 und $\frac{68}{3}$ oberhalb und sonst unterhalb der r-Achse liegt.

Die Funktion V ist also streng monoton steigend in ${]}0; \frac{68}{3}{]}$ und fallend in $[\frac{68}{3}; 34[$, hat somit bei $r = \frac{68}{3}$ ein absolutes Maximum.

$V(\frac{68}{3}) = \frac{314432\pi}{27} \approx 36\,585{,}8$

Also ist $36\,585{,}8$ das absolute Maximum von V in D_V.

Übrige Größen:

$\begin{aligned} l &= 68 - 2r \quad \bigm| r = \frac{68}{3} \\ &= 68 - 2 \cdot \frac{68}{3} = \frac{68}{3} \approx 22{,}67 \end{aligned}$

Bei einem Radius und einer Länge von jeweils ca. 22,67 cm wird das Volumen der Rolle maximal und beträgt ca. $36\,585{,}8$ cm^3.

b) Vergleich der in a) ermittelten Volumina ergibt: $36\,643{,}5 - 36\,585{,}8 = 57{,}7$

Bei der älteren Gebührenordnung durfte das Volumen der Rolle ca. 57,7 cm^3 größer sein. Folglich hat die neuere Gebührenordnung hinsichtlich des Volumens einen geringfügigen Nachteil für die Kunden.

Bei der älteren Gebührenordnung wird das maximale Volumen bei einer Rolle erreicht, deren Durchmesser mit der Länge übereinstimmt.

Nach der neueren Gebührenordnung darf der Radius nun zwar um ca. 4,67 cm länger sein, aber dafür ist das Verhältnis zwischen Länge und Radius ungünstiger als vorher. So wird das Volumen maximal bei einer Rolle, deren Durchmesser doppelt so groß ist wie die Länge. Das ist jedoch ein vergleichsweise weniger gängiges Format für Päckchen in Rollenform.

Folglich bedeuten die Abmessungen laut neuerer Gebührenordnung insgesamt einen Nachteil für die Kunden.

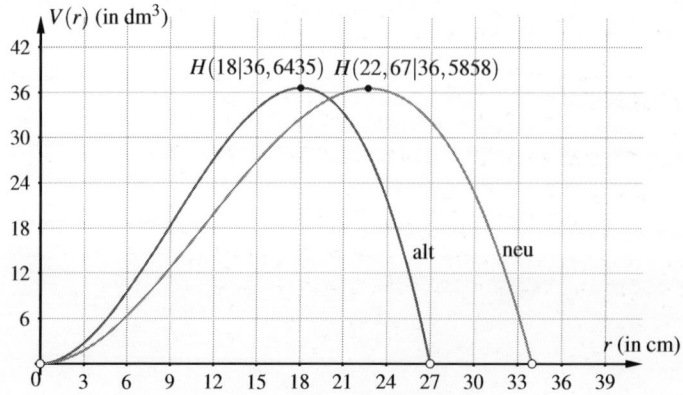

1.3 Extremwertaufgaben

6. r: Zylinderradius (in cm) h: Zylinderhöhe (in cm)

Hauptbedingung: $V(r,h) = \pi r^2 \cdot h$

Nebenbedingung: $r^2 + h^2 = 10^2$ (Satz des Pythagoras) $\Leftrightarrow$ $r^2 = 100 - h^2$

Zielfunktion: $V(h) = \pi \cdot (100 - h^2) \cdot h = -\pi \cdot h^3 + 100\pi \cdot h$

Definitionsbereich: $D_V = \;]0;\,10[$

Ableitung: $V'(h) = -3\pi \cdot h^2 + 100\pi$

Extremstellen: $V'(h) = 0 \;\Leftrightarrow\; h = -\frac{10\sqrt{3}}{3} \notin D_V$ oder $h = \frac{10\sqrt{3}}{3}$ ($\approx 5{,}77$)

Der Graph der Ableitungsfunktion V' ist eine nach unten geöffnete Parabel, die zwischen 0 und $\frac{10\sqrt{3}}{3}$ oberhalb und zwischen $\frac{10\sqrt{3}}{3}$ und 10 unterhalb der h-Achse liegt.

Die Funktion V ist also streng monoton steigend in $]0;\,\frac{10\sqrt{3}}{3}]$ und fallend in $[\frac{10\sqrt{3}}{3};\,10[$, hat somit bei $h = \frac{10\sqrt{3}}{3}$ ein absolutes Maximum.

$V(\frac{10\sqrt{3}}{3}) = \frac{2000\pi\sqrt{3}}{9} \approx 1209{,}2$

Übrige Größen:

$r^2 = 100 - h^2 \quad | \; h^2 = \frac{100}{3}$
$ = 100 - \frac{100}{3} = \frac{200}{3}$
$\Rightarrow r = \frac{10\sqrt{6}}{3} \approx 8{,}16$

Bei einer Höhe von ca. 5,77 cm und einem Radius von ca. 8,16 cm wird das Volumen des Käsestücks maximal und beträgt ca. 1209,2 cm³.

7. Hauptbedingung: $A(a,b) = a \cdot b$

Nebenbedingung: $b = f(a) = -\frac{2}{3}a + 240$

Zielfunktion:
$A(a) = a \cdot (-\frac{2}{3}a + 240) = -\frac{2}{3}a^2 + 240a$

Definitionsmenge: $D_A = [90;\,120]$

Ableitung: $A'(a) = -\frac{4}{3}a + 240$

Extremstelle: $A'(a) = 0 \;\Leftrightarrow\; a = 180 \notin D_A$

$A'(a) > 0$ für $a \in D_A$; also ist G_A streng monoton steigend in D_A. Das Maximum des Flächeninhalts liegt somit beim rechten Rand von D_A, also bei $a = 120$.

$A(120) = 19\,200$

Übrige Größen:
$b = -\frac{2}{3}a + 240 = 160$

Bei einer Breite von 120 cm und einer Länge von 160 cm wird der Flächeninhalt des Rechtecks maximal und beträgt dann 19 200 cm².

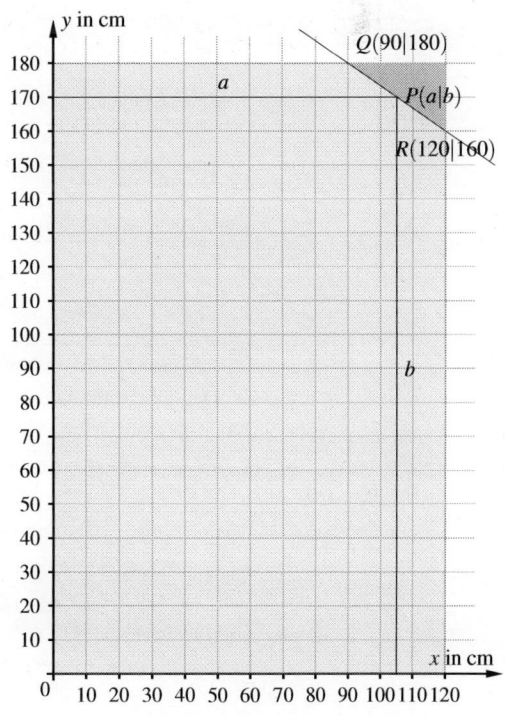

8. a) r: Grundkreisradius (in cm) h: Höhe des Kegels (in cm)

Hauptbedingung: $V(r,h) = \frac{1}{3}\pi r^2 \cdot h$

Nebenbedingung: $r^2 + (h-9)^2 = 9^2$ ▶ Satz des Pythagoras

$\Leftrightarrow r^2 = -h^2 + 18h$

Zielfunktion: $V(h) = \frac{1}{3}\pi \cdot (-h^2 + 18h) \cdot h = -\frac{1}{3}\pi \cdot h^3 + 6\pi \cdot h^2$

Definitionsbereich: $D_V =]0; 18[$

Ableitung: $V'(h) = -\pi \cdot h^2 + 12\pi \cdot h$

Extremstellen: $V'(h) = 0 \Leftrightarrow h = 0 \notin D_V$ oder $h = 12$

Der Graph der Ableitungsfunktion V' ist eine nach unten geöffnete Parabel, die zwischen 0 und 12 oberhalb und sonst unterhalb der h-Achse liegt.

Die Funktion V ist also streng monoton steigend in $]0; 12]$ und fallend in $[12; 18[$, hat somit bei $h = 12$ ein absolutes Maximum.

$V(12) = 288\pi \approx 904{,}8$

Übrige Größen:

$r^2 = -h^2 + 18h \quad | h = 12$

$\Rightarrow r = \sqrt{72} = 6\sqrt{2} \approx 8{,}49$

Bei einer Höhe von 12 cm und einem Radius von ca. 8,49 cm wird das Volumen des Kegels maximal.

b) Das maximale Volumen beträgt ca. 904,8 cm³.

c)

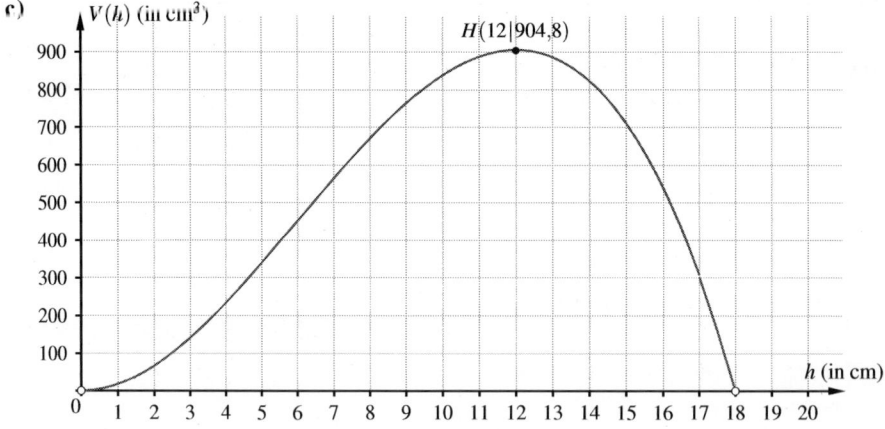

9. a) Hauptbedingung: $A(x) = x \cdot b$

Nebenbedingung: $A(x) = \frac{1}{25}x^4 - \frac{2}{3}x^2 + \frac{9}{5} = b$

Zielfunktion: $A(x) = x \cdot \left(\frac{1}{25}x^4 - \frac{2}{3}x^2 + \frac{9}{5}\right) = \frac{1}{25}x^5 - \frac{2}{3}x^3 + \frac{9}{5}x$

Definitionsbereich: $f(x) = 0 \Leftrightarrow \frac{1}{25}x^4 - \frac{2}{3}x^2 + \frac{9}{5} = 0$

$x = \frac{1}{3}\sqrt{75 - 6\sqrt{55}} \approx 1{,}841$ oder $x = -\frac{1}{3}\sqrt{75 - 6\sqrt{55}} \approx -1{,}841$

(oder $x \approx 8{,}926$ oder $x \approx -8{,}926$ nicht relevant)

$D_A =]-1{,}841; 1{,}841[$

1.3 Extremwertaufgaben

Ableitung: $A'(x) = \frac{1}{5}x^4 - 2x^2 + \frac{9}{5}$

Extremstellen: $A'(x) = 0 \Leftrightarrow \frac{1}{5}x^4 - 2x^2 + \frac{9}{5} = 0$

$\Leftrightarrow x = 1$ oder $x = -1$ oder $x = 3$ oder $x = -3$ $(3 \notin D_A; -3 \notin D_A)$

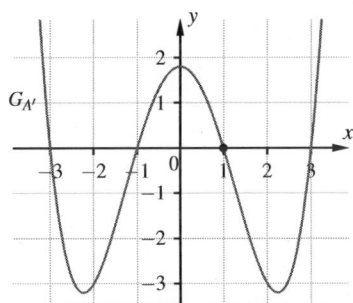

G_A ist also streng monoton steigend in $[-1; 1]$ und streng monoton fallend in $]-1,841; -1]$ und $[1; 1,841[$. Für $x = 1$ liegt somit ein absolutes Maximum von A vor.

$A(1) = \frac{88}{75} \approx 1,17$

Seitenlängen des Rechtecks: $a = 2 \cdot x = 2$; $b = A(1) = \frac{88}{75}$

Mit den Seitenlängen 2 LE und 1,17 LE erhält man das Rechteck mit der größten Fläche.

b) Mit den Seitenlängen 2 LE und 1,17 LE beträgt der maximale Flächeninhalt 2,34 FE.

10. a) Hauptbedingung: $V(r, h) = \frac{1}{3}\pi r^2 \cdot h$

Nebenbedingung: $r^2 + h^2 = 12^2$ ▶ Satz des Pythagoras

$\Leftrightarrow r^2 = 144 - h^2$

Zielfunktion: $V(h) = \frac{1}{3}\pi \cdot (144 - h^2) \cdot h = -\frac{1}{3}\pi \cdot h^3 + 48\pi \cdot h$

Definitionsbereich: $D_V =]0; 12[$

Ableitung: $V'(h) = -\pi \cdot h^2 + 48\pi$

Extremstellen: $V'(h) = 0 \Leftrightarrow h = -4\sqrt{3} \notin D_V$ oder $h = 4\sqrt{3} \ (\approx 6,93)$

Der Graph der Ableitungsfunktion V' ist eine nach unten geöffnete Parabel, die zwischen 0 und $4\sqrt{3}$ oberhalb und zwischen $4\sqrt{3}$ und 12 unterhalb der h-Achse liegt. Die Funktion V ist also streng monoton steigend in $]0; 4\sqrt{3}]$ und fallend in $[4\sqrt{3}; 12[$, hat somit bei $h = 4\sqrt{3}$ ein absolutes Maximum.

Übrige Größen:

$r^2 = 144 - h^2 \qquad | h^2 = 48$

$\Rightarrow r = \sqrt{96} = 4\sqrt{6} \approx 9,80$

Das Volumen wird maximal für eine Höhe von ca. 6,93 cm und einen Radius von ca. 9,8 cm. Das maximale Volumen beträgt ca. 696,5 cm^3.

b) Hauptbedingung: $V(r, h) = \frac{1}{3}\pi r^2 \cdot h$

Nebenbedingung: $r = \frac{d}{2} \qquad | d = 6$

$\Rightarrow r = 3$

Zielfunktion: $V(h) = \frac{1}{3}\pi \cdot 3^2 \cdot h = 3\pi \cdot h$

Definitionsbereich: $D_V =]0; \infty[$

Der Graph der Zielfunktion ist eine Gerade mit positiver Steigung, d. h., für $h \to \infty$ gilt $V(h) \to \infty$. Die Funktionswerte werden unendlich groß, also gibt es kein Maximum. Folglich kann der Designer den Auftrag nicht ausführen.

45 **11. a)** Ansatz: $p(x) = ax^2 + 8$
$p(10) = 0 \Leftrightarrow 100a + 8 = 0 \Leftrightarrow a = -0,08$
$p(x) = -0,08x^2 + 8$

b) $p(3,5) = 7,02$; mögliche Höhe der Leinwand: $7,02\,\text{m} - 3\,\text{m} = 4,02\,\text{m}$
Die gewünschten Abmessungen sind möglich.

c) b: Breite (in m) h: Höhe (in m)
Hauptbedingung: $A(b,h) = b \cdot h$
Nebenbedingungen: (1) $b = 2u$
(2) $h = p(u) - 3 = -0,08u^2 + 5$
Zielfunktion: $A(u) = 2u \cdot (-0,08u^2 + 5) = -0,16u^3 + 10u$
Definitionsbereich D_A: Es muss gelten: $u > 0$ und $p(u) - 3 > 0$
$\Leftrightarrow u > 0$ und $-0,08u^2 + 8 - 3 > 0 \Leftrightarrow u > 0$ und $-0,08u^2 > -5$
$\Leftrightarrow u > 0$ und $u^2 < \frac{5}{0,08}$
$\Leftrightarrow u > 0$ und $-\frac{5\sqrt{10}}{2} < u < \frac{5\sqrt{10}}{2}$
$D_A = \,]0;\, \frac{5\sqrt{10}}{2}[$
Ableitung: $A'(u) = -0,48u^2 + 10$
Extremstellen: $A'(u) = 0 \Leftrightarrow u = -\frac{5\sqrt{30}}{6} \notin D_A$ oder $u = \frac{5\sqrt{30}}{6}$ ($\approx 4,56$)
Der Graph der Ableitungsfunktion A' ist eine nach unten geöffnete Parabel, die zwischen 0 und $\frac{5\sqrt{30}}{6}$ oberhalb und zwischen $\frac{5\sqrt{30}}{6}$ und $\frac{5\sqrt{10}}{2}$ unterhalb der u-Achse liegt. Die Funktion A ist also streng monoton steigend in $]0;\, \frac{5\sqrt{30}}{6}]$ und fallend in $[\frac{5\sqrt{30}}{6};\, \frac{5\sqrt{10}}{2}[$, hat somit bei $u = \frac{5\sqrt{30}}{6}$ ein absolutes Maximum.
$A(\frac{5\sqrt{30}}{6}) \approx 30,43$
Übrige Größen:
$b = 2u \approx 9,13$
$h = p(u) - 3 \approx 3,33$
Bei einer Breite von ca. 9,13 m und einer Höhe von ca. 3,33 m hat die Projektionsfläche ihre maximale Fläche. Diese beträgt dann 30,43 m².

46 **12. a)** $f(0) = 21 \Rightarrow$ maximale Höhe beträgt 21 dm.
$f(x) = 0 \Leftrightarrow x^2 = \frac{315}{4}$
$\Leftrightarrow x = -1,5\sqrt{35}$ oder $x = 1,5\sqrt{35}$
Maximale Breite: $2 \cdot 1,5\sqrt{35}\,\text{dm} \approx 17,75\,\text{dm}$

b) Die Abbildung zeigt, dass ein 12 dm breiter und tiefer Container nicht durch den Bogen hindurch passt.

c) $f(6) = 11,4 \Rightarrow$ Bei einer Breite von 12 dm steht nur eine Höhe von 11,4 dm zur Verfügung: ▶ Abb.: Punkt P
$f(x) = 12 \Leftrightarrow -\frac{4}{15}x^2 + 21 = 12$
$\Leftrightarrow x^2 = \frac{135}{4}$
$\Leftrightarrow x = -1,5\sqrt{15}$ oder $x = 1,5\sqrt{15}$
Bei einer Höhe von 12 dm steht nur eine Breite von $2 \cdot 1,5\sqrt{15}\,\text{dm} \approx 11,62\,\text{dm}$ zur Verfügung: ▶ Abb.: Punkt Q

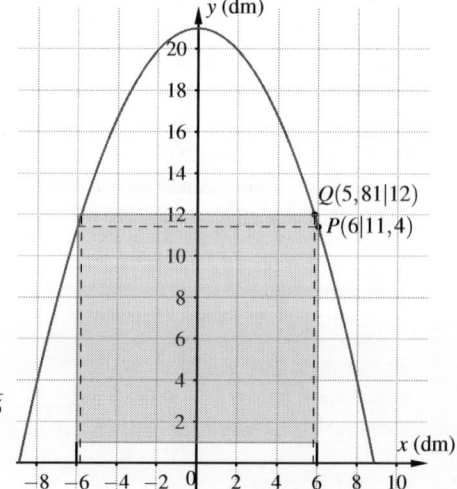

1.3 Extremwertaufgaben

d) Hauptbedingung: $V(a,b) = 15a \cdot b$

Nebenbedingungen: (1) $a = 2x$

(2) $b = f(x) - 1 = -\frac{4}{15}x^2 + 20$

Zielfunktion: $V(x) = 15 \cdot 2x \cdot (-\frac{4}{15}x^2 + 20) = -8x^3 + 600x$

Definitionsbereich: $V(x) = 0 \Leftrightarrow x = 0$ oder $-\frac{4}{15}x^2 + 20 = 0$

$\Leftrightarrow x = 0$ oder $x^2 = 75$

$\Leftrightarrow x = 0$ oder $x = -5\sqrt{3}$ oder $x = 5\sqrt{3}$

$D_V = \,]0; 5\sqrt{3}[$

Ableitung: $V'(x) = -24x^2 + 600$

Extremstellen: $V'(x) = 0 \Leftrightarrow x = -5 \notin D_V$ oder $x = 5$

Der Graph der Ableitungsfunktion V' ist eine nach unten geöffnete Parabel, die zwischen 0 und 5 oberhalb und zwischen 5 und $5\sqrt{3}$ unterhalb der x-Achse liegt. Die Funktion V ist also streng monoton steigend in $]0; 5]$ und fallend in $[5; 5\sqrt{3}[$, hat somit bei $x = 5$ ein absolutes Maximum.

$V(5) = 2000$

Übrige Größen:

$a = 2x \quad |\, x = 5$

$\Rightarrow a = 10$

$b = -\frac{4}{15}x^2 + 20 \quad |\, x = 5$

$\Rightarrow b = \frac{40}{3} \approx 13{,}33$

Bei einer Tiefe von 10 dm und einer Höhe von ca. 13,33 dm (ohne Rollen) wird das Volumen des C15-Containers maximal und beträgt 2000 dm³ = 2000 Liter.

13. a)

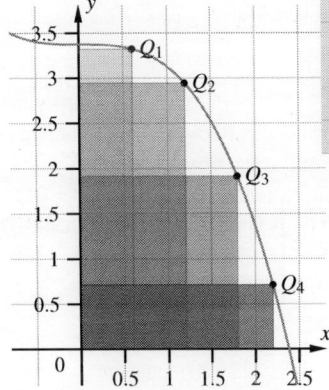

	Q_1	Q_2	Q_3	Q_4
x-Koordinate (LE)	0,6	1,2	1,8	2,2
y-Koordinate (LE)	3,321	2,943	1,917	0,713
Flächeninhalt (FE)	1,9926	3,5316	3,4506	1,5686
Umfang (LE)	7,842	8,286	7,434	5,826

b) Hauptbedingung: $A(u, v) = u \cdot v$

Nebenbedingung: $v = f(u) = -\frac{1}{4}u^3 + \frac{27}{8}$

Zielfunktion: $A(u) = u \cdot (-\frac{1}{4}u^3 + \frac{27}{8}) = -\frac{1}{4}u^4 + \frac{27}{8}u$

Definitionsbereich: $f(x) = 0 \Leftrightarrow x = 1{,}5\sqrt[3]{4} \; (\approx 2{,}38)$

$D_A = \,]0; 1{,}5\sqrt[3]{4}[$

Ableitung: $A'(u) = -u^3 + \frac{27}{8}$

46 Extremstellen: $A'(u) = 0 \Leftrightarrow u = \frac{3}{2}$

G_A ist also streng monoton steigend in $]0; \frac{3}{2}]$
und streng monoton fallend in $[\frac{3}{2}; 1,5\sqrt[3]{4}[$.
Für $u = \frac{3}{2}$ liegt somit ein absolutes Maximum
von A vor.
$A(\frac{3}{2}) = \frac{234}{64} \approx 3,80$

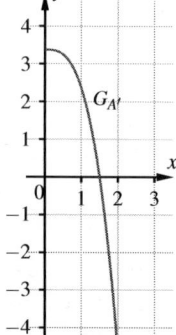

Übrige Größen:
$v = -\frac{1}{4}u^3 + \frac{27}{8} \quad | u = 1,5$
$v = \frac{81}{32} = 2,53125$
Für $u = 1,5$ und $v = 2,53125$ wird der Flächeninhalt des Rechtecks maximal und beträgt $\frac{243}{64}$ FE $\approx 3,8$ FE.

c) Hauptbedingung: $l(u,v) = 2u + 2v$
Nebenbedingung: $v = f(u) = -\frac{1}{4}u^3 + \frac{27}{8}$
Zielfunktion: $l(u) = 2u + 2 \cdot (-\frac{1}{4}u^3 + \frac{27}{8}) = -\frac{1}{2}u^3 + 2u + \frac{27}{4}$
Definitionsbereich: $f(x) = 0 \Leftrightarrow x = 1,5\sqrt[3]{4} \ (\approx 2,38)$
$D_l =]0; 1,5\sqrt[3]{4}[$
Ableitung: $l'(u) = -\frac{3}{2}u^2 + 2$
Extremstellen: $l'(u) = 0 \Leftrightarrow u = -\frac{2\sqrt{3}}{3} \notin D_A$ oder $u = \frac{2\sqrt{3}}{3} \ (\approx 1,15)$

Der Graph der Ableitungsfunktion l' ist eine nach unten geöffnete Parabel, die zwischen 0 und $\frac{2\sqrt{3}}{3}$ oberhalb und zwischen $\frac{2\sqrt{3}}{3}$ und $1,5\sqrt[3]{4}$ unterhalb der x-Achse liegt. Die Funktion l ist also streng monoton steigend in $]0; \frac{2\sqrt{3}}{3}]$ und fallend in $[\frac{2\sqrt{3}}{3}; 1,5\sqrt[3]{4}[$, hat somit bei $u = \frac{2\sqrt{3}}{3}$ ein absolutes Maximum.
$l(\frac{2\sqrt{3}}{3}) = \frac{8\sqrt{3}}{9} + \frac{27}{4}$
$= \frac{243 + 32\sqrt{3}}{36} \approx 8,29$

Übrige Größen:
$v = -\frac{1}{4}u^3 + \frac{27}{8} \quad | u = \frac{2\sqrt{3}}{3}$
$v = \frac{243 - 16\sqrt{3}}{72} \approx 2,99$

Für $\frac{2\sqrt{3}}{3} \approx 1,15$ und $v = \frac{243 - 16\sqrt{3}}{72} \approx 2,99$ wird der Umfang des Rechtecks maximal und beträgt $\frac{243 + 32\sqrt{3}}{36}$ LE $\approx 8,29$ LE.

d) Bei beiden Graphen liegt das absolute Maximum im Inneren.

Der Flächeninhalt A geht an den Grenzen des Definitionsbereichs gegen 0. (Für $u = 0$ bzw. $v = 0$ entsteht ein entartetes Rechteck.) Der Umfang l geht dagegen am linken Rand gegen $2v = 6,75$ und am rechten Rand gegen $2u = 4,76$.

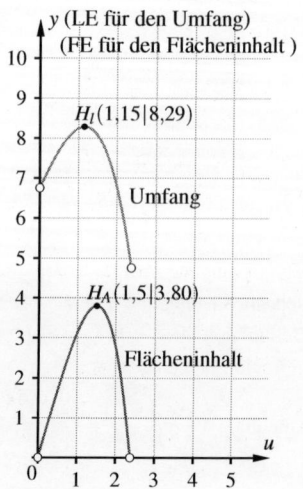

14. a) Hauptbedingung: $A(x) = \frac{1}{2} x \cdot y$

Nebenbedingung: $f(x) = -0,2x^2 + 0,4x + 3 = y$

Zielfunktion: $A(x) = \frac{1}{2} x \cdot (-0,2x^2 + 0,4x + 3) = -\frac{1}{10} x^3 + \frac{1}{5} x^2 + \frac{3}{2} x$

Definitionsbereich: $f(x) = 0 \Leftrightarrow -0,2x^2 + 0,4x + 3 = 0$

$\Leftrightarrow x = 5$ oder $x = -3$

$D_A = {]0;\ 5[}$

Ableitung: $A'(x) = -\frac{3}{10} x^2 + \frac{2}{5} x + \frac{3}{2}$

Extremstellen: $A'(x) = 0 \Leftrightarrow a = -\frac{5}{3} \notin D_A$ oder $a = 3$

Der Graph der Ableitungsfunktion A' ist eine nach unten geöffnete Parabel, die zwischen 0 und 3 oberhalb und zwischen 3 und 5 unterhalb der x-Achse liegt. Die Funktion A ist also streng monoton steigend in $]0;\ 3]$ und fallend in $[3;\ 5[$, hat somit bei $a = 3$ ein absolutes Maximum.

$A(3) = 3,6$

Eckpunkt C: $f(3) = 2,4$

Mit dem Eckpunkt $C(3|2,4)$ ist der Flächeninhalt des Dreiecks maximal.

b) $A(x) = \frac{1}{2} x \cdot f(x)$
$= \frac{1}{2} \cdot 3 \cdot 2,4 = 3,6$

Der maximale Flächeninhalt des Dreiecks beträgt $3,6$ FE.

15. a) und b)

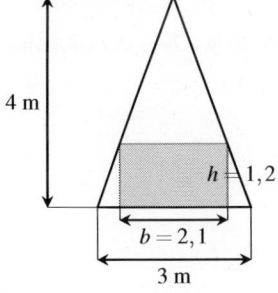

c) Hauptbedingung: $A(b, h) = b \cdot h$

Nebenbedingung: $\frac{\frac{b}{2}}{\frac{3}{2}} = \frac{4-h}{4}$

$\Leftrightarrow b = \frac{3}{4} \cdot (4 - h)$

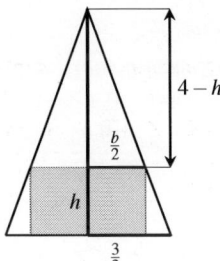

d) Zielfunktion: $A(h) = b \cdot h = \frac{3}{4} \cdot (4-h) \cdot h = -\frac{3}{4} h^2 + 3h$

e) Definitionsbereich: $D_A = {]0;\ 4[}$

Ableitung: $A'(h) = -\frac{3}{2} h + 3$

Extremstellen: $A'(h) = 0 \Leftrightarrow h = 2$

Da G_A eine nach unten geöffnete Parabel ist, liegt bei $h = 2$ ein absolutes Maximum vor.

$A(2) = 3$

46 Übrige Größen:
$b = \frac{3}{4} \cdot (4-h)$ | $h = 2$
$\Rightarrow b = 1{,}5$

Wandfläche in m²: $A_W = \frac{1}{2} g \cdot h = \frac{1}{2} \cdot 3 \cdot 4 = 6$
Schrankfläche in m²: $A_S = 1{,}5 \cdot 2 = 3$
Verhältnis: $A_S : A_W = 1 : 2$

Bei einer Höhe von 2 m und einer Breite von 1,5 m wird die Schrankfläche maximal. Sie beträgt 3 m² und füllt damit 50 % der Wandfläche aus.

Test A zu 1.3

48

1. a) Hauptbedingung: $A(a, b) = a \cdot b$
Nebenbedingungen: (I) Für $b \neq 0$ gilt: $c \cdot \frac{b}{2} = (a-c) \cdot b \Leftrightarrow \frac{c}{2} = a - c \Leftrightarrow a = \frac{3c}{2}$
(II) $2a + 3b + c = 24 \Leftrightarrow b = 8 - \frac{c}{3} - \frac{2a}{3}$ | (I) einsetzen
$\Rightarrow b = 8 - \frac{c}{3} - c$
$\Leftrightarrow b = 8 - \frac{4c}{3}$

Zielfunktion: $A(c) = \frac{3c}{2} \cdot (8 - \frac{4}{3}c) = 12c - 2c^2$
Definitionsbereich: $D_A = \,]0; 6[$

b) Ableitung: $A'(c) = -4c + 12$
Extremstellen: $A'(c) = 0 \Leftrightarrow c = 3$
Da G_A eine nach unten geöffnete Parabel ist, liegt bei $c = 3$ ein absolutes Maximum.
$A(3) = 18$

Übrige Größen:
$a = \frac{3c}{2}$ | $c = 3$
$\Rightarrow a = 4{,}5$
$b = 8 - \frac{4c}{3}$ | $c = 3$
$\Rightarrow b = 4$

Für $a = 4{,}5$ [m], $b = 4$ [m] und $c = 3$ [m] wird der Flächeninhalt der eingezäunten Fläche maximal und beträgt 18 m².

2. a) Hauptbedingung: $A(a, b, c) = a \cdot b \cdot c$
Nebenbedingungen: (I) $a = 60 - 2c$
(II) $b = 40 - 2c$
Zielfunktion: $A(c) = (60 - 2c)(40 - 2c) \cdot c$
$= (2400 - 200c + 4c^2) \cdot c$
$= 4c^3 - 200c^2 + 2400c$
Definitionsbereich: $D_A = \,]0; 20[$

b) Ableitung: $A'(c) = 12c^2 - 400c + 2400$
Extremstellen: $A'(c) = 0 \Leftrightarrow c^2 - \frac{100}{3}c = -200$
$\Leftrightarrow (c - \frac{50}{3})^2 = \frac{700}{9}$
$\Leftrightarrow c - \frac{50}{3} = -\frac{10\sqrt{7}}{3}$ oder $c - \frac{50}{3} = \frac{10\sqrt{7}}{3}$
$\Leftrightarrow c = \frac{50 - 10\sqrt{7}}{3}$ ($\approx 7{,}85$) oder $c = \frac{50 + 10\sqrt{7}}{3} \approx 25{,}49 \notin D_A$

1.3 Extremwertaufgaben

Der Graph der Ableitungsfunktion A' ist eine nach oben geöffnete Parabel, die zwischen 0 und $\frac{50-10\sqrt{7}}{3}$ oberhalb und zwischen $\frac{50-10\sqrt{7}}{3}$ und 20 unterhalb und der x-Achse liegt. Die Funktion A ist also streng monoton steigend in $]0; \frac{50-10\sqrt{7}}{3}]$ und fallend in $[\frac{50-10\sqrt{7}}{3}; 20[$, hat somit bei $c = \frac{50-10\sqrt{7}}{3}$ ein absolutes Maximum.

$A(\frac{50-10\sqrt{7}}{3}) \approx 8450,45$

Übrige Größen:

$a = 60 - 2c \quad | \, c \approx 7,85$
$\Rightarrow a \approx 44,3$
$b = 40 - 2c \quad | \, c \approx 7,85$
$\Rightarrow b \approx 24,3$

Bei einer Länge von ca. 44,3 cm, einer Breite von ca. 24,3 cm und einer Höhe von ca. 7,85 cm wird das Fassungsvermögen der Kiste maximal und beträgt ca. 8450,45 cm³.

c) Bis zur Stelle $c = 7,85$ wachsen die Funktionswerte, d. h., mit zunehmender Höhe wird auch das Fassungsvermögen der Kiste größer.
In $H(7,85|8450,45)$ hat der Graph seinen Hochpunkt. Folglich wird bei einer Höhe von 7,85 cm das größte Fassungsvermögen erreicht. Es wird durch die y-Koordinate angegeben und beträgt also 8450,45 cm³.
Für $7,85 < c < 20$ fällt der Graph, d. h., mit zunehmender Höhe wird das Fassungsvermögen der Kiste kleiner.

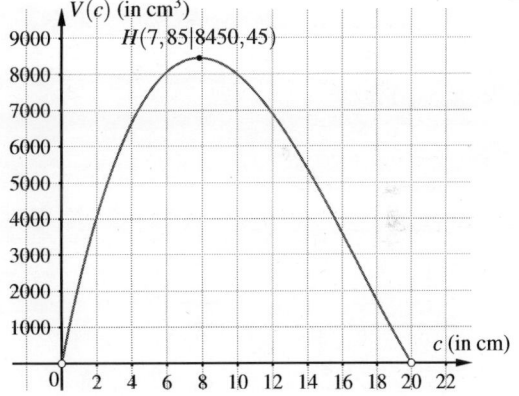

Test B zu 1.3

1. a) a: Grundseite des einbeschriebenen Dreiecks; b: Höhe des einbeschriebenen Dreiecks

Hauptbedingung: $A(a,b) = \frac{1}{2} a \cdot b$

Nebenbedingung: $\frac{\frac{a}{2}}{4} = \frac{5-b}{5}$ ▶ nach dem 2. Strahlensatz

$\Leftrightarrow \frac{a}{2} = \frac{4}{5} \cdot (5-b)$
$\Leftrightarrow \frac{a}{2} = 4 - \frac{4}{5}b$

Zielfunktion: $A(b) = (4 - \frac{4}{5}b) \cdot b = -\frac{4}{5}b^2 + 4b$
Definitionsbereich: $D_A =]0; 5[$
Ableitung: $A'(b) = -\frac{8}{5}b + 4$
Extremstellen: $A'(b) = 0 \Leftrightarrow b = 2,5$

Da G_A eine nach unten geöffnete Parabel ist, liegt bei $b = 2,5$ ein absolutes Maximum.
$A(2,5) = 5$

Übrige Größen:

$\frac{a}{2} = 4 - \frac{4}{5}b \quad | \, b = 2,5$
$\Rightarrow a = 4$

Für eine Grundseite der Länge 4 cm und eine Höhe der Länge 2,5 cm wird der Flächeninhalt des einbeschriebenen Dreiecks maximal.

b) Der maximale Flächeninhalt des einbeschriebenen Dreiecks beträgt 5 cm² (siehe a)). Der Flächeninhalt des gegebenen Dreiecks beträgt $\frac{1}{2} \cdot 8 \cdot 5$ cm² $= 20$ cm². Die beiden Flächeninhalte stehen im Verhältnis 1 : 4. Die Längen der Grundseiten und die der Höhen stehen jeweils im Verhältnis 1 : 2.

2. a) Hauptbedingung: $A(g,h) = \frac{1}{2} g \cdot h$
Nebenbedingungen: (I) $g = |\overline{PQ}| = 2p$
(II) $h = f(p) + 1 = \frac{1}{2} p^4 - 2p^2 + 3$
Zielfunktion: $A(p) = \frac{1}{2} \cdot 2p \cdot (\frac{1}{2} p^4 - 2p^2 + 3) = \frac{1}{2} p^5 - 2p^3 + 3p$
Definitionsmenge: $D_A =]0; 1{,}75]$

b) Ableitung: $A'(p) = \frac{5}{2} p^4 - 6p^2 + 3$
Extremstellen: $A'(p) = 0 \Leftrightarrow \frac{5}{2} p^4 - 6p^2 + 3 = 0$ ▶ Substitution: $z = p^2$
$\frac{5}{2} z^2 - 6z + 3 = 0 \Rightarrow z_{1/2} = \frac{6 \pm \sqrt{6}}{5}$
$\Rightarrow p_1 = \sqrt{\frac{6-\sqrt{6}}{5}}$ ($\approx 0{,}84$); $p_2 = \sqrt{\frac{6+\sqrt{6}}{5}}$ ($\approx 1{,}30$);
$p_3 = -\sqrt{\frac{6-\sqrt{6}}{5}}$ ($\approx -0{,}84$) $\notin D_A$; $p_4 = -\sqrt{\frac{6+\sqrt{6}}{5}}$ ($\approx -1{,}30$) $\notin D_A$

Skizze von $G_{A'}$:

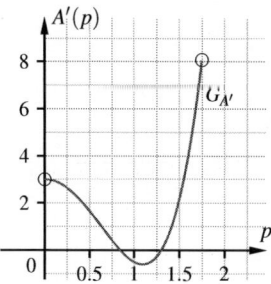

$\Rightarrow G_A$ ist streng monoton steigend in $]0; p_1]$ und in $[p_2; 1{,}75[$ und streng monoton fallend in $[p_1; p_2]$. Für $p = p_1 = \sqrt{\frac{6-\sqrt{6}}{5}}$ liegt also ein relatives Maximum von A vor und für $p = 1{,}75$ ein Randmaximum. Wir erhalten $A(p_1) \approx 1{,}54$; $A(1{,}75) \approx 2{,}74$. Der maximale Flächeninhalt tritt somit am rechten Rand von D_A bei $p = 1{,}75$ auf mit $A_{\max} \approx 2{,}74$ und $P(1{,}75 | f(1{,}75))$ mit $f(1{,}75) \approx 0{,}56$.

2 Exponentialfunktion und Logarithmus

2.1 Exponentielle Prozesse und Exponentialfunktionen

2.1.1 Exponentielle Prozesse

1. **a)** Exponentieller Zerfall; konstante Zerfallsrate in gleichen Zeitabschnitten
   b) Exponentieller Zerfall; konstante Zerfallsrate in gleichen Zeitabschnitten
   c) Exponentieller Zerfall, der aber von mehreren Parametern abhängt und damit nicht durch eine Funktion der Form $f(t) = a \cdot b^t$ beschrieben werden kann
   d) Exponentielles Wachstum; konstante Wachstumsrate in gleichen Zeitabschnitten
   e) Exponentielles Wachstum; konstante Wachstumsrate in gleichen Zeitabschnitten
   f) Exponentieller Zerfall, der aber von sehr vielen Parametern abhängt und damit nicht durch eine Funktion der Form $f(t) = a \cdot b^t$ beschrieben werden kann

2. **a)**

x	-2	-1	0	1	2
$f(x) = 2 \cdot 3^x$	0,22	0,67	2	6	18

Anfangswert: $a = 2$
Wachstumsfaktor: $b = 3$

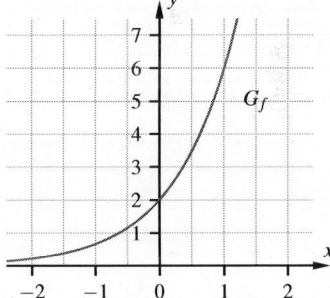

b)

x	-2	-1	0	1	2
$f(x) = 1,5^x$	0,44	0,67	1	1,5	2,25

Anfangswert: $a = 1$
Wachstumsfaktor: $b = 1,5$

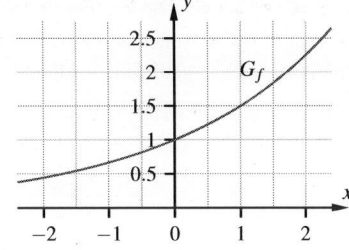

c)

x	-2	-1	0	1	2
$f(x) = 2 \cdot 0{,}5^x$	8	4	2	1	0,5

Anfangswert: $a = 2$
Wachstumsfaktor: $b = 0{,}5$

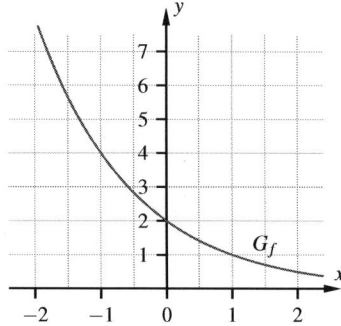

d)

x	-2	-1	0	1	2
$f(x) = 0{,}1 \cdot 3^x$	0,01	0,03	0,1	0,3	0,9

Anfangswert: $a = 0{,}1$
Wachstumsfaktor: $b = 3$

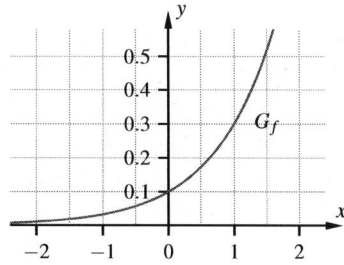

3. t: Zeit in Jahren nach Beobachtungsbeginn; $f(t)$: Waldbestand zum Zeitpunkt t
  a) 5% Wachstum pro Jahr: $f(t) = 200\,000 \cdot 1{,}05^t$
  b) $f(-5) \approx 156\,705{,}23\,\text{m}^3 \rightarrow$ Holzbestand fünf Jahre vor Beobachtungsbeginn in m^3

4. t: Zeit in Stunden nach Beobachtungsbeginn; $f(t)$: Masse in kg zum Zeitpunkt t
  a) 3,1% Zerfall pro Stunde, also 96,9 % noch vorhanden: $f(t) = 5 \cdot 0{,}969^t$
  b) $f(6) \approx 4{,}139\,\text{kg}$

5. n: Aufprallzahl auf dem Boden; $f(n)$: Höhe nach dem n-ten Aufprall
  Rücksprung aus 2 m Anfangshöhe um drei Viertel, also: $f(n) = 2 \cdot \left(\frac{3}{4}\right)^n = 2 \cdot 0{,}75^n$
  Definitionsbereich: n ganzzahlig und größer gleich null; mit dem Taschenrechner ermittelt man, dass der Ball nach dem 20. Aufprall praktisch keine Rücksprunghöhe mehr aufweist ($f(20) \approx 0{,}006$ m).
  Somit: $0 \leq n \leq 20$
  Nach dem vierten Aufprall: $f(4) \approx 0{,}633$ m

6.

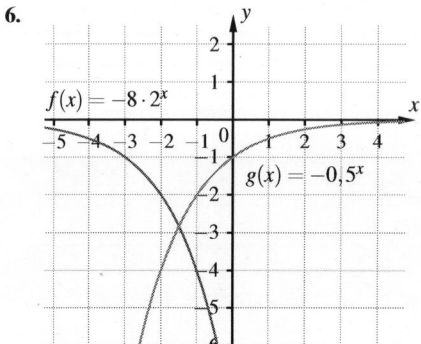

Aufgrund des negativen Anfangswerts werden die Graphen an der x-Achse gespiegelt.

2.1 Exponentielle Prozesse und Exponentialfunktionen

7. a) Individuelle Lösungen – Im Jahr 2017 etwa 7,4 Milliarden Menschen
b) $f(-20) = 7,4 \cdot 10^9 \cdot 1,012^{-20} \approx 5,8 \cdot 10^9$ Menschen
c) $f(t) = 7,4 \cdot 10^9 \cdot 1,012^t = 10 \cdot 10^9$ Menschen
Durch Probieren: $f(25) \approx 9,97 \cdot 10^9$ Menschen
$f(26) \approx 10,09 \cdot 10^9$ Menschen
$\Rightarrow$ In 26 Jahren leben mehr als 10 Milliarden Menschen auf der Welt.
d) $f(t) = 7,4 \cdot 10^9 \cdot 1,012^t = 2$
Durch Probieren: $f(-1846) \approx 2$ Menschen
$\Rightarrow$ Laut dieser Rechnung lebten Adam und Eva vor 1850 Jahren.
e) Individuelle Lösungen

8. t: Zeit seit Injektion des Narkosewirkstoffs in Minuten
$f(t)$: Noch im Körper befindliche Menge des Narkosewirkstoffs zum Zeitpunkt t
a) Halbwertszeit 40 Minuten: $f(40) = \frac{1}{2} \cdot f(0) \Rightarrow \frac{1}{2}a = a \cdot b^{40} \Rightarrow b = \sqrt[40]{\frac{1}{2}} = 0,9828$
b) $f(0) = a$; $f(1) = a \cdot 0,9828^1 = 0,9828a$ noch vorhanden
Zerfall pro Minute: $f(1) - f(0) = -0,0172 \cdot a$
1,72 % des Medikaments zerfällt pro Minute.
c) $f(10) = a \cdot 0,9828^{10} \approx a \cdot 0,8407$
Also sind noch 84,07 % der ursprünglichen Menge nach 10 Minuten übrig.
d) $f(0) = 2$ mg $= a \Rightarrow f(60) = 2 \cdot 0,9828^{60} \approx 0,7062$ mg
Injektion von 1 mg: 1,7062 mg im Blut nach der Injektion
Neuer Nullpunkt: $f(t) = 1,7062 \cdot 0,9828^t$, also $f(60) = 1,7062 \cdot 0,9828^{60} \approx 0,6025$ mg
Injektion von 1 mg: 1,6025 mg unmittelbar nach der zweiten Injektion
e) Als Startzeitpunkt wird der Zeitpunkt der letzten Infusion gewählt (siehe d)).
$1,6025 \cdot 0,9828^t < 0,5$
Durch Probieren: $t = 68$
Die Person wacht nach etwa 68 Minuten auf.

9. a) K_0: Startkapital
p: Zinssatz mal 100 (z.B. $\frac{2}{100} = 2$ %)
n: Anzahl der Jahre, in denen das Geld angelegt wurde.
Zu dem Zinssatz wird eins addiert, da sich das aktuelle Kapital durch die Zinsen vermehrt. Diese Summe wird mit der Anzahl der Anlagejahre potenziert. Anschließende Multiplikation mit dem Startkapitel ergibt das aktuelle Kapital.
b) $K_n = 1500$ € $\cdot (1 + \frac{1,5}{100})^5 = 1615,93$ €

10. a) $320 \cdot b^3 = 5 \Leftrightarrow b = \sqrt[3]{\frac{5}{320}} = \sqrt[3]{\frac{1}{64}}$
$= \frac{1}{4}$ $(= 0,25 = 25$ %$)$
Die jährliche Zerfallsrate liegt bei 25 %.
b) 320 g $\cdot (\frac{1}{4})^t = \frac{1}{2} \cdot 320$ g $\Leftrightarrow (\frac{1}{4})^t = \frac{1}{2} \Leftrightarrow t = 0,5$ [Jahre]
Die Halbwertszeit beträgt 0,5 Jahre.

2.1.2 Die natürliche Exponentialfunktion

1.

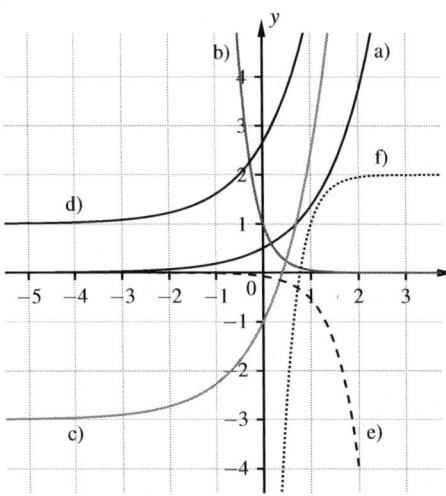

a) $f(x) = \frac{1}{2}e^x$: Der Graph steigt langsamer als die e-Funktion und schneidet die y-Achse bei $S_y(0|0,5)$.

b) $f(x) = e^{-3x}$: Der Graph ist streng monoton fallend, an der y-Achse gespiegelt und steiler als die e-Funktion. Schnittpunkt mit der y-Achse ist $S_y(0|1)$.

c) $f(x) = 2e^x - 3$: Der Graph ist steiler als die e-Funktion und um 3 LE nach unten verschoben. Schnittpunkt mit der y-Achse ist $S_y(0|-1)$.

d) $f(x) = e^{x+0,5} + 1$: Der Graph der e-Funktion ist um 0,5 LE nach links und um 1 LE nach oben verschoben. Schnittpunkt mit der y-Achse ist $S_y(0|e^{0,5} + 1)$.

e) $f(x) = -4e^{2(x-2)}$: Der Graph ist streng monoton fallend, an der x-Achse gespiegelt, steiler als die e-Funktion und um 2 LE nach rechts verschoben. Schnittpunkt mit der y-Achse ist $S_y(0|-4e^{-4})$.

f) $f(x) = -e^{-3x+3} + 2$: Der Graph ist streng monoton steigend, an der x-Achse und y-Achse gespiegelt, um 1 LE nach links und um 2 LE nach oben verschoben. Schnittpunkt mit der y-Achse ist $S_y(0|-e^3 + 2)$.

2. a) $f(0) = 6$; $S_y(0|6)$

b) Asymptote: $y = 2$; diese ist relevant für x gegen minus unendlich.

c)

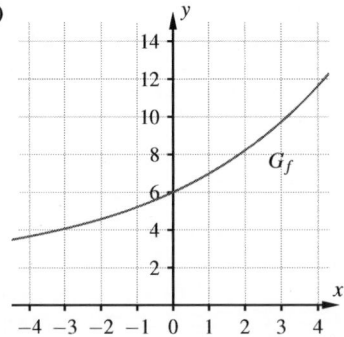

Da der Faktor c einen Wert von $c = 0,22 > 0$ hat, handelt es sich um eine Wachstumsfunktion.

3. a) $f \to 4$, da der Graph streng monoton fallend ist und einen Schnittpunkt mit der y-Achse bei $S_y(0|-e^{-1})$ hat.

b) $g \to 1$, da der Graph streng monoton fallend ist und einen Schnittpunkt mit der y-Achse bei $S_y(0|e^{-1})$ hat.

c) $h \to 3$, da der Graph streng monoton steigend ist und einen Schnittpunkt mit der y-Achse bei $S_y(0|0)$ hat.

d) $i \to 2$, da der Graph streng monoton steigend ist und einen Schnittpunkt mit der y-Achse bei $S_y(0|1)$ hat.

2.1 Exponentielle Prozesse und Exponentialfunktionen

4. **a)** $a = -1$; $d = 0$; $y_0 = 0$ **d)** $a = 1$; $d = 3$; $y_0 = 0$
b) $a = 1$; $d = 0$; $y_0 = -2$ **e)** $a = -0{,}5$; $d = 3$; $y_0 = -2$
c) $a = 0{,}5$; $d = 0$; $y_0 = 0$

5. $f(x) = e^{2x} + 1$ $h(x) = 2e^{2x}$
$g(x) = -e^{2x} + 1$ $i(x) = -2e^{2x} + 2{,}5$

6. Individuelle Lösungen – die Parameter beeinflussen den Graphen genauso wie bei der e-Funktion.

7. a) Da der Parameter c den Wert $c = 0{,}0583 > 0$ hat, handelt es sich um einen Wachstumsprozess.

b) a ist der Anfangswert, also gilt $a = 30\,000$.

c)

t	0	1	2	3	4	5	6	7	8	9	10
$h(t)$	30 000	31 801	33 710	35 734	37 879	40 153	42 564	45 119	47 827	50 699	53 742

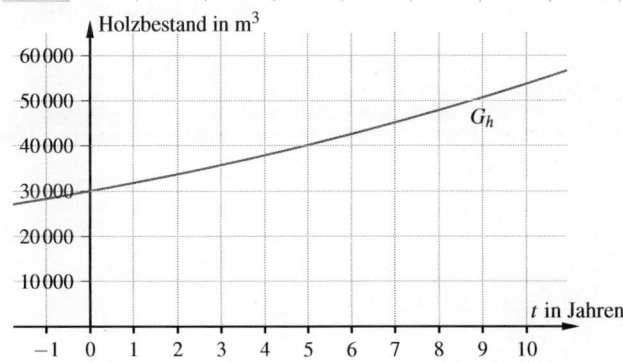

d) $t = -10$: $f(-10) = 16\,747$ m³. Dies war der Holzbestand des Waldes vor 10 Jahren.

Übungen zu 2.1

1. a) Die Populationsgröße wird durch eine Exponentialfunktion vom Typ $f(t) = a \cdot b^t$ beschrieben. Es gilt
$f(t+2) = 5 \cdot f(t)$, also
$a \cdot b^{t+2} = 5 \cdot a \cdot b^t \Leftrightarrow b^2 = 5 \Rightarrow b = \sqrt{5} \approx 2{,}236 \ (b > 0)$
Der Funktionsterm lautet damit $f(t) = 125 \cdot \sqrt{5}^t$. Man erhält
$f(4) = 3125$; $f(6) = 15\,625$; $f(10) = 390\,625$; $f(15) \approx 21\,836\,601$; $f(18{,}5) \approx 365\,075\,386$
b) $f(-2) = 25$; $f(-3) = 11{,}18$; $f(-4) = 5$
c) Nach diesem Modell könnte man beliebig weit zurückrechnen und für jeden noch so weit zurückliegenden Zeitpunkt eine Menge der Bakterien angeben (die dann allerdings ab einem genügend weit zurückliegenden Zeitpunkt zwischen 0 und 1 liegen würde).

2.

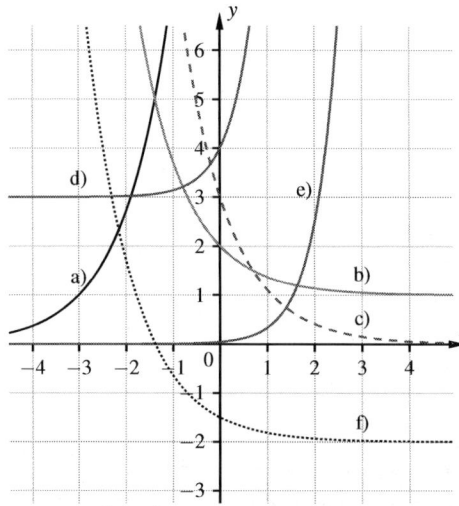

a) $f(x) = e^{x+3}$: Der Graph ist im Vergleich zur e-Funktion um 3 LE nach links verschoben und schneidet die y-Achse bei $S_y(0|e^3)$.

b) $f(x) = e^{-x} + 1$: Der Graph ist streng monoton fallend, eine an der y-Achse gespiegelte e-Funktion und schneidet die y-Achse bei $S_y(0|2)$.

c) $f(x) = 3e^{-x}$: Der Graph ist streng monoton fallend und eine an der y-Achse gespiegelte e-Funktion. Der Graph ist steiler als die e-Funktion und schneidet die y-Achse bei $S_y(0|3)$.

d) $f(x) = e^{2x} + 3$: Der Graph ist steiler als die e-Funktion, um 3 LE nach oben verschoben und schneidet die y-Achse bei $S_y(0|4)$.

e) $f(x) = \frac{1}{3}e^{2x-2}$: Der Graph ist streng monoton steigend, um 1 LE in x-Richtung verschoben und schneidet die y-Achse bei $S_y(0|\frac{1}{3}e^{-2})$.

f) $f(x) = \frac{1}{2}e^{-x} - 2$: Der Graph ist streng monoton fallend, eine an der y-Achse gespiegelte e-Funktion und schneidet die y-Achse bei $S_y(0|-\frac{3}{2})$.

3. a) Eine Funktion mit der Basis $b = +1$, also $f(x) = (+1)^x = 1$, ist keine Exponentialfunktion. Es handelt sich um eine konstante Funktion, deren Graph parallel zur x-Achse durch 1 verläuft.

b)
x	-2	$-1,5$	-1	$-0,5$	0	$0,5$	1	$1,5$	2
$f(x)$	1	error	-1	error	1	error	-1	error	1

Beobachtung: Bei ganzzahliger Schrittweite scheinen die y-Werte um die x-Achse zu schwanken von -1 nach $+1$. Die Schrittweite $0,5$ verdeutlicht die nicht zu ermittelnden y-Werte.

c) $(-1)^{0,5} = \sqrt{(-1)}$. Aus negativen Zahlen kann in der Menge $\mathbb{R}$ keine Quadratwurzel gezogen werden, deshalb existieren die y-Werte nicht und somit muss die Basis b echt größer als 0 sein.

4. a) Wahr

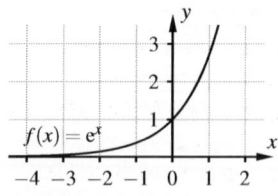

b) Falsch, z.B. für $a > 0$ steigender Funktionsgraph, und für $a < 0$ fallender Funktionsgraph

c) Wahr

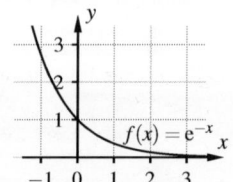

2.1 Exponentielle Prozesse und Exponentialfunktionen

d) Falsch, der Graph hat eine Nullstelle bei $x = 0$.

e) Wahr, da der Graph in seinem gesamten Definitionsbereich streng monoton steigend ist

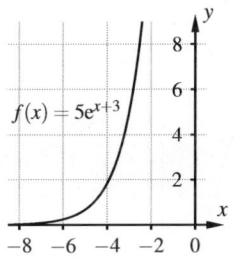

5. Individuelle Lösungen

6. Ampelabfrage. Korrekt ist Rot: $f(t) = 3 \cdot 4^t$ (t in Stunden)

7. $f \to 4$, da der Graph streng monoton steigend ist und einen Schnittpunkt mit der y-Achse bei $S_y(0|2)$ hat.
$g \to 2$, da der Graph streng monoton fallend ist und einen Schnittpunkt mit der y-Achse bei $S_y(0|-\frac{2}{3})$ hat.
$h \to 1$, da der Graph streng monoton steigend ist und einen Schnittpunkt mit der y-Achse bei $S_y(0|5)$ hat.
$k \to 3$, da der Graph streng monoton steigend ist und einen Schnittpunkt mit der y-Achse bei $S_y(0|-1+3e^{-2})$ hat.

8. a) 1; 2; 4; 8; 16; 32; 64; 128

b) $f(x) = 2^{x-1}$ steht für die Anzahl der Getreidekörner auf Feld x.
Zum Beispiel: $f(1) = 2^0 = 1$; $f(2) = 2^1 = 2$; $f(3) = 2^2 = 4$; $f(64) = 2^{63}$

c)* $1 + 2 + 4 + 8 + \ldots 2^{63} = \sum_{i=0}^{63} 2^{i-1} = \sum_{i=0}^{63} 2^{63+1} - 1 = 18\,446\,744\,073\,709\,551\,615 \approx 18{,}45$ Trillionen

Test A zu 2.1

1. x: Zeit in Jahren nach Beginn der Beobachtung

a) (1) $h(x) = 1000 + 50x$
(2) $h(x) = 1000 \cdot 1{,}05^x$

b) (1) grüner Graph   (2) blauer Graph

c) Das lineare Modell (1) ist kein gutes Modell für die tatsächliche Bevölkerungszahl vor Beobachtungsbeginn, da damit die Bevölkerung z.B. 20 Jahre vor Beobachtungsbeginn 0 und noch früher sogar negativ gewesen wäre, was der Realität widerspricht.
Das exponentielle Modell (2) ist kein gutes Modell für die tatsächliche Bevölkerungszahl vor Beobachtungsbeginn, da sich damit die Bevölkerung asymptotisch gegen null annähern würde, was der Realität widerspricht.

2. $f \to 2$, da der Graph streng monoton steigend ist und einen Schnittpunkt mit der y-Achse bei $S_y(0|4)$ hat.
$g \to 1$, da der Graph streng monoton steigend ist und einen Schnittpunkt mit der y-Achse bei $S_y(0|3e)$ hat.
$h \to 3$, da der Graph eine Gerade mit der Nullstelle bei $x = -1$ ist.

3.

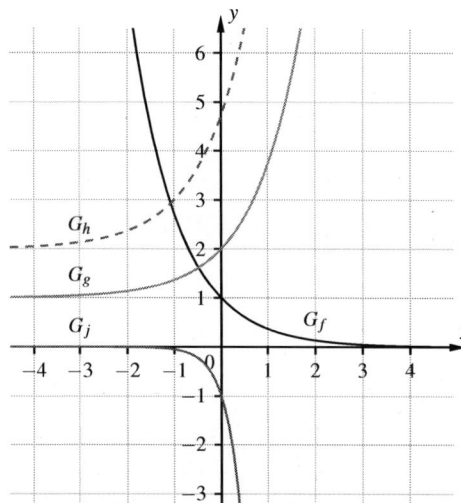

a) G_f
b) G_g
c) G_h
d) G_j

Test B zu 2.1

1. Die Ableitung der natürlichen Exponentialfunktion ist wieder die natürliche Exponentialfunktion, also es gilt: $f(x) = f'(x) = e^x$.

2. **a)** Funktionsgleichung aufstellen: $K_n = 4715{,}81\ € \cdot (1 + \tfrac{p}{100})^n \geq 5000\ €$
   $n = 3$ Jahre, also
   $K_3 = 4715{,}81\ € \cdot (1 + \tfrac{p}{100})^3 \geq 5000\ €$
   $\Leftrightarrow (1 + \tfrac{p}{100})^3 \geq 1{,}06 \Leftrightarrow p \geq (\sqrt[3]{1{,}06} - 1) \cdot 100$
   $\Rightarrow p \approx 1{,}96$;
   Zinssatz $= \tfrac{p}{100} \approx 0{,}0196 \approx 2\ \%$
   b) $K_0 \cdot 1{,}02^5 = 6500\ € \Rightarrow K_0 = \tfrac{6500\ €}{1{,}02^5} \approx 5887{,}25\ €$

3. Alle Graphen sind um 3 LE nach oben verschoben.
   $f \to 1$, da der Graph streng monoton steigend ist und einen Schnittpunkt mit der y-Achse bei $S_y(0\,|\,3e^1 + 3)$ hat.
   $g \to 2$, da der Graph streng monoton fallend ist und an der y-Achse gespiegelt wurde. Er hat einen Schnittpunkt mit der y-Achse bei $S_y(0\,|\,3e^{-2} + 3)$.
   $h \to 3$, da der Graph streng monoton fallend ist und an der x-Achse gespiegelt wurde. Er hat einen Schnittpunkt mit der y-Achse bei $S_y(0\,|\,-3e + 3)$.

4. $f(x) = e^{-(x-1{,}5)} + 4$

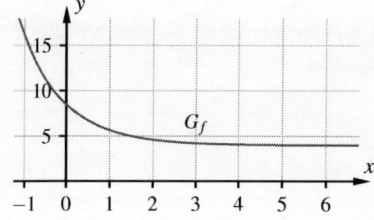

2.2 Logarithmen und Exponentialgleichungen
2.2.1 Lösen von Exponentialgleichungen

1. **a)** $\ln(e^4) = 4 \cdot \ln(e) = 4 \cdot 1 = 4$
   b) $\ln(\frac{e}{2}) = \ln(e) - \ln(2) = 1 - \ln(2) \approx 0{,}307$
   c) $\ln(\frac{1}{4}e) = \ln(\frac{1}{4}) + \ln(e) = \ln(1) - \ln(4) + 1 = 0 - \ln(4) + 1 = 1 - \ln(4) \approx -0{,}386$
   d) $\ln((2e^3)^4) = 4\ln(2e^3) = 4[\ln(2) + \ln(e^3)] = 4[\ln(2) + 3\ln(e)] = 4\ln(2) + 12 \approx 14{,}773$

2. Potenzgesetz: $e^m \cdot e^n = e^{m+n}$
   $\Leftrightarrow \ln(e^m \cdot e^n) = \ln(e^{m+n})$
   $\Leftrightarrow \ln(e^m \cdot e^n) = m + n$
   $u = e^m \Leftrightarrow \ln(u) = m$
   $v = e^n \Leftrightarrow \ln(v) = n$
   $\Rightarrow \ln(u \cdot v) = \ln(u) + \ln(v)$

   Potenzgesetz: $\frac{e^m}{e^n} = e^{m-n}$
   $\Leftrightarrow \ln(\frac{e^m}{e^n}) = \ln(e^{m-n})$
   $\Leftrightarrow \ln(\frac{e^m}{e^n}) = m - n$
   $u = e^m \Leftrightarrow \ln(u) = m$
   $v = e^n \Leftrightarrow \ln(v) = n$
   $\Rightarrow \ln(\frac{u}{v}) = \ln(u) - \ln(v)$

   Potenzgesetz: $(e^m)^n = e^{m \cdot n}$
   $\Leftrightarrow \ln((e^m)^n) = \ln(e^{m \cdot n})$
   $\Leftrightarrow \ln((e^m)^n) = m \cdot n$
   $u = e^m \Leftrightarrow \ln(u) = m$
   $n = r$
   $\Rightarrow \ln(u^r) = r \cdot \ln(u)$

3. **a)** $f(x) = 5^x = e^{\ln(5) \cdot x}$
   b) $f(x) = 3 \cdot 12^{3x} = 3 \cdot e^{\ln(12) \cdot 3x} = 3 \cdot e^{3 \cdot \ln(12) \cdot x}$
   c) $f(x) = 4^{2x} = e^{\ln(4) \cdot 2x} = e^{2 \cdot \ln(4) \cdot x}$
   d) $f(x) = 6 \cdot 9^{4x} = 6 \cdot e^{\ln(9) \cdot 4x} = 6 \cdot e^{4 \cdot \ln(9) \cdot x}$
   e) $f(x) = 0{,}14^x = e^{\ln(0{,}14) \cdot x}$
   f) $f(x) = b^{k \cdot x} = e^{\ln(b) \cdot k \cdot x} = e^{k \cdot \ln(b) \cdot x}$

4. **a)** $x = \ln(4) \approx 1{,}386$
   b) $e^{2x} = 2 \Leftrightarrow 2x = \ln(2) \Rightarrow x = 0{,}5 \cdot \ln(2) \approx 0{,}347$
   c) $66 \cdot e^{4x} = 132 \Leftrightarrow e^{4x} = 2 \Leftrightarrow 4x = \ln(2) \Rightarrow x = 0{,}25 \cdot \ln(2) \approx 0{,}173$
   d) $5 - e^{0{,}25x} = 0{,}1 \Leftrightarrow e^{0{,}25x} = 4{,}9 \Leftrightarrow 0{,}25x = \ln(4{,}9) \Rightarrow x = 4 \cdot \ln(4{,}9) \approx 6{,}357$
   e) $1{,}5 \cdot e^{-0{,}5x} - 1 = 1 \Leftrightarrow e^{-0{,}5x} = \frac{4}{3} \Leftrightarrow -0{,}5x = \ln(\frac{4}{3}) \Rightarrow x = -2 \cdot \ln(\frac{4}{3}) \approx -0{,}575$
   f) $e^{5x} + 5 = 5 \cdot e^{5x} \Leftrightarrow 5 = 4 \cdot e^{5x} \Leftrightarrow e^{5x} = 1{,}25 \Leftrightarrow 5x = \ln(1{,}25) \Rightarrow x = 0{,}2 \cdot \ln(1{,}25) \approx 0{,}045$
   g) $1{,}04^x = 1{,}3685695 \Leftrightarrow x \cdot \ln(1{,}04) = \ln(1{,}3685695) \Rightarrow x = \frac{\ln(1{,}3685695)}{\ln(1{,}04)} \approx 8$
   h) $0{,}123 \cdot 3^x = 269{,}001 \Leftrightarrow 3^x = 2187 \Leftrightarrow x \cdot \ln(3) = \ln(2187) \Leftrightarrow x = \frac{\ln(2187)}{\ln(3)} = 7$

5. a) $f(0) = -1,7 \Rightarrow S_y(0|-1,7)$ $f(x) = 0 \Leftrightarrow x = \ln(\frac{20}{3}) \Rightarrow N(\ln(\frac{20}{3})|0)$

b)

Ansatz: $f(x) = 0,3e^x - 2 = 3 \Leftrightarrow e^x = \frac{50}{3}$
$\Rightarrow x = \ln(\frac{50}{3}) \approx 2,81$

c) $y = -2$

6. $f \to 1$, da $f(0) = -1$ und $f(x) = 0 \Rightarrow x \approx -0,23$, also $S_y(0|-1)$ und $N(-0,23|0)$
$g \to 2$, da $g(0) = -0,7$ und $g(x) = 0 \Rightarrow x \approx 2,41$, also $S_y(0|-0,7)$ und $N(2,41|0)$
$h \to 3$, da $h(0) \approx -0,57$ und $h(x) \neq 0$, also $S_y(0|-0,57)$ und keine Schnittpunkte mit der x-Achse
$k \to 4$, da $k(0) \approx 0,10$ und $k(x) = 0 \Rightarrow x \approx 0,10$, also $S_y(0|0,1)$ und $N(0,1|0)$

7. $e^x + e - a = 0 \Leftrightarrow x = \ln(a-e)$. Diese Gleichung ist lösbar, wenn $a - e > 0$ ist, also für $a > e$. Für $a \leq e$ ist die Gleichung nicht lösbar.

8. a) $f(x) = 0 \Leftrightarrow 8e^{-x} - 3 = 0$
$\Leftrightarrow e^{-x} = \frac{3}{8}$
$\Leftrightarrow x = -\ln(\frac{3}{8}) \approx 0,98 \Rightarrow N(0,98|0)$
$f(0) = 8e^{-0} - 3 = 5 \Rightarrow S_y(0|5)$
$g(x) = 0 \Leftrightarrow 3 - e^x = 0$
$\Leftrightarrow x = \ln(3) \approx 1,1 \Rightarrow N(1,1|0)$
$g(0) = 3 - e^0 = 2 \Rightarrow S_y(0|2)$

b)

c) $f(x) = g(x)$
$8e^{-x} - 3 = 3 - e^x$
$8e^{-x} + e^x - 6 = 0 \quad |\cdot e^x$
$8 + e^{2x} - 6e^x = 0 \quad |z = e^x$
$z^2 - 6z + 8 = 0$
$z_{1/2} = \frac{6 \pm \sqrt{4}}{2}$
$z_1 = 2 = e^x \Rightarrow x_1 = \ln(2) \approx 0,69$
$z_2 = 4 = e^x \Rightarrow x_2 = \ln(4) \approx 1,39$
$g(\ln(2)) = 3 - e^{\ln(2)} = 3 - 2 = 1 \Rightarrow S_1(0,69|1)$
$g(\ln(4)) = 3 - e^{\ln(4)} = 3 - 4 = -1 \Rightarrow S_2(1,39|-1)$

9. a) $f(x) = 0 \Leftrightarrow 2 - 9 \cdot e^{-x} = 0 \Leftrightarrow e^{-x} = \frac{2}{9} \Rightarrow x = -\ln(\frac{2}{9}) \approx 1,5 \Rightarrow N(1,5|0)$
$f(0) = 2 - 9 \cdot e^{-0} = -7 \Rightarrow S_y(0|-7)$
$g(x) = 0 \Leftrightarrow e^x - 4 = 0 \Rightarrow x = \ln(4) \approx 1,39 \Rightarrow N(1,39|0)$
$g(0) = e^0 - 4 = -3 \Rightarrow S_y(0|-3)$

2.2 Logarithmen und Exponentialgleichungen

b)

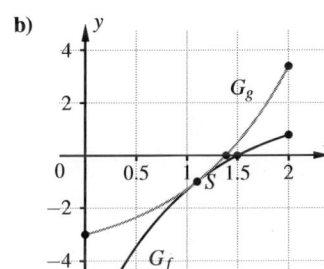

c)
$$f(x) = g(x)$$
$$2 - 9 \cdot e^{-x} = e^x - 4$$
$$6 - 9 \cdot e^{-x} - e^x = 0 \quad | \cdot e^x$$
$$6 \cdot e^x - 9 - e^{2x} = 0 \quad | z = e^x$$
$$-z^2 + 6z - 9 = 0 \quad | \cdot (-1)$$
$$z^2 - 6z + 9 = 0$$
$$(z - 3)^2 = 0$$
$$z_{1/2} = 3 = e^x \Rightarrow x_{1/2} = \ln(3)$$
$$x_{1/2} \approx 1{,}1 \text{ (doppelte Schnittstelle)}$$

Berührpunkt $S(1{,}1 | -1)$

10. $f(t) = 2 \cdot e^{1{,}6094 \cdot t} = 8500 \Rightarrow t = \frac{\ln(4250)}{1{,}6094} \approx 5{,}19$ [Tage]

11. a) Da $c = -0{,}125 < 0$ ist, handelt es sich um einen Zerfallsprozess.

b) $f(10) \approx 28{,}65$ mg

c) Ansatz: $f(t) < 10 \Leftrightarrow 100 \cdot e^{-0{,}25} < 10 \Rightarrow t > \frac{\ln(\frac{1}{10})}{-0{,}125}$ bzw. $t > 18{,}421$ [Tage]

12. Da $\ln(\frac{1}{2}) = \ln(1) - \ln(2) = 0 - \ln(2) = -\ln(2)$ gilt, haben sowohl Jonny als auch Susi recht.

2.2.2 Modellierung von Wachstums- und Zerfallsprozessen

1. a) Kapital zu Beginn: $K(0) = K_0$; 4% Verzinsung
$K(1) = 1{,}04 \cdot K_0 \Leftrightarrow 1{,}04 \cdot K_0 = K_0 \cdot e^{c \cdot 1} \Leftrightarrow c = \ln(1{,}04)$
Verdopplungszeit: $K(t) = 2 \cdot K_0 \Leftrightarrow 2 \cdot K_0 = K_0 \cdot e^{\ln(1{,}04) \cdot t} \Rightarrow t = \frac{\ln(2)}{\ln(1{,}04)} \approx [17{,}67 \text{ Jahre}]$

b) $f(10) = 20\,000 \Leftrightarrow 20\,000 = K_0 \cdot e^{\ln(1{,}04) \cdot 10} \Rightarrow K_0 = \frac{20\,000}{e^{\ln(1{,}04) \cdot 10}} \approx 13\,511{,}28$ [€]

2. a) $f(x) = 167 \cdot 1{,}031^x$ bzw. $f(x) = 167 \cdot e^{\ln(1{,}031) \cdot x}$ [Mio.]

b) 2015: $t = 2015 - 2012 = 3$, also: $f(3) \approx 183{,}017$ Mio.
2020: $t = 2020 - 2012 = 8$, also: $f(8) \approx 213{,}199$ Mio.
2030: $t = 2030 - 2012 = 18$, also: $f(18) \approx 289{,}316$ Mio.

c) Verdopplungszeit in Bezug auf 2012:
$f(x) = 2 \cdot 167 \Leftrightarrow 167 \cdot 1{,}031^x = 334 \Rightarrow x = \frac{\ln(2)}{\ln(1{,}031)} \approx 22{,}70$ Jahre; Jahr: 2035

3. a) $f(2) = 22 + 178 \cdot e^{-c \cdot 2} = 160 \Rightarrow c = \frac{-\ln(\frac{138}{178})}{2} \approx 0,12726$

b) $f(0) = 22 + 178 \cdot e^{-0,12726 \cdot 0} = 200 \, [°C]$

c) $\lim_{t \to \infty} f(t) = 22 + 178 \cdot 0 = 22 \, [°C]$. Auf diese Temperatur kühlt sich die Herdplatte langfristig ab.

d) $22 + 178 \cdot e^{-0,12726 \cdot t} = 45 \Rightarrow t = \frac{\ln(\frac{23}{178})}{-0,12726} = 16,1 \, [\text{Minuten}]$

4. a) $\frac{341}{500} = 0,682 \quad \frac{233}{341} \approx 0,683 \quad \frac{159}{233} \approx 0,682$
Der Quotient aufeinanderfolgender Tage bleibt konstant, also liegt ein exponentieller Zerfall vor.

b) $f(0) = 500; f(30) = 341;$ also: $341 = 500 \cdot e^{c \cdot 30} \Rightarrow c = \frac{\ln(\frac{341}{500})}{30} \approx -0,01276$
Funktionsgleichung: $f(t) = 500 \cdot e^{-0,01276 \cdot t}$

c) Nur noch die Hälfte vorhanden:
$f(t) = 250 \Leftrightarrow 250 = 500 \cdot e^{-0,01276 \cdot t}$
$\Rightarrow t = \frac{\ln(0,5)}{-0,01276} \approx 54,32 \, [\text{Sekunden}]$

Nur noch ein Prozent vorhanden:
$f(t) = 5 \Leftrightarrow 5 = 500 \cdot e^{-0,01276 \cdot t}$
$\Rightarrow t = \frac{\ln(0,01)}{-0,01276} \approx 360,91 \, [\text{Sekunden}]$

5. Halbwertszeit: 1600 Jahre; Anfangswert: a, t: Zeit in Jahren
$f(t) = a \cdot e^{c \cdot t}$ und $f(1600) = 0,5 \cdot a \Leftrightarrow 0,5 \cdot a = a \cdot e^{c \cdot 1600} \Rightarrow c = \frac{\ln(0,5)}{1600} \approx -0,000433$
Noch ein Achtel des Anfangswerts übrig:
$f(t) = 0,125 \cdot a \Leftrightarrow 0,125 \cdot a = a \cdot e^{-0,000433 \cdot t}$
$\Rightarrow t = \frac{\ln(0,125)}{-0,000433} \approx 4800 \, [\text{Jahre}]$ (Dies entspricht der dreifachen Halbwertszeit.)

6. a) $H(0) = 0,25 \cdot e^{0,15 \cdot 0 - 0,35} \approx 0,1762$
Zu Beobachtungsbeginn am 0. Tag hat die Flechte eine Höhe von 0,18 mm.

b) $H(t) = 0,75 \Leftrightarrow 0,25 \cdot e^{0,15 \cdot t - 0,35} = 0,75 \Rightarrow t \approx 9,66$
Nach 9 Tagen, 15 Stunden und 50 Minuten hat die Flechte eine Höhe von 0,75 mm erreicht.

7. t: Zeit nach dem Tod; $f(t)$: Restmenge an ^{14}C im Organismus
Ansatz: $f(t) = a \cdot e^{c \cdot t}$
Halbwertszeit: 5730 Jahre, also: $f(5730) = 0,5a \Leftrightarrow 0,5a = a \cdot e^{c \cdot 5730} \Rightarrow c = \frac{\ln(0,5)}{5730} \approx -0,000121$
Zerfallsfunktion: $f(t) = a \cdot e^{-0,000121 \cdot t}$
Zeitraum seit dem Tod: $f(t) = 0,53a \Leftrightarrow 0,53a = a \cdot e^{-0,000121 \cdot t} \Rightarrow t = \frac{\ln(0,53)}{-0,000121} \approx 5246,93 \, [\text{Jahre}]$

2.2 Logarithmen und Exponentialgleichungen

Übungen zu 2.2

1. a) $f(x) = g(x)$
$\Leftrightarrow 4e^{x+1} + 2 = 2e^{x+1} + 1$
$\Leftrightarrow 2e^{x+1} = -1$
$\Leftrightarrow x+1 = \ln(-\frac{1}{2})$ ▶ $\ln(-\frac{1}{2})$ nicht definiert
$\Rightarrow$ keine Schnittpunkte

b) $f(x) = g(x)$
$\Leftrightarrow -3e^{x-2} + 2 = 3e^{x-2} + 1$
$\Leftrightarrow 1 = 6e^{x-2}$
$\Leftrightarrow \ln(\frac{1}{6}) = x-2$
$\Rightarrow x = 2 - \ln(6) \approx 0,21$
$f(2 - \ln(6)) = -3e^{2-\ln(6)-2} + 2 = 1,5$
$\Rightarrow S(0,21 | 1,5)$

c) $f(x) = g(x)$
$\Leftrightarrow -e^{x-5} = -2e^{x-5} + 2$
$\Leftrightarrow e^{x-5} = 2$
$\Leftrightarrow x-5 = \ln(2)$
$\Rightarrow x = \ln(2) + 5 \approx 5,69$
$f(\ln(2) + 5) = -e^{\ln(2)+5-5} = -2$
$\Rightarrow S(5,69 | -2)$

2. a) $B(150) = 3,7 \cdot 10^9 \Leftrightarrow B_0 \cdot e^{150r} = 3,7 \cdot 10^9 \Leftrightarrow B_0 = \frac{3,7 \cdot 10^9}{e^{150r}}$
$B(250) = 9,5 \cdot 10^9 \Leftrightarrow B_0 \cdot e^{250r} = 9,5 \cdot 10^9 \Leftrightarrow B_0 = \frac{9,5 \cdot 10^9}{e^{250r}}$
$\Rightarrow \frac{3,7 \cdot 10^9}{e^{150r}} = \frac{9,5 \cdot 10^9}{e^{250r}}$
$\Leftrightarrow e^{100r} = \frac{9,5}{3,7} \Rightarrow r = \frac{\ln\left(\frac{9,5}{3,7}\right)}{100} \approx 9,43 \cdot 10^{-3}$
$\Rightarrow B_0 \approx 0,9 \cdot 10^9$
$B(t) = 0,9 \cdot 10^9 \cdot e^{9,43 \cdot 10^{-3} t}$

Maßstab: t in 20 Jahren, $B(t)$ in 1 Milliarde Einwohner

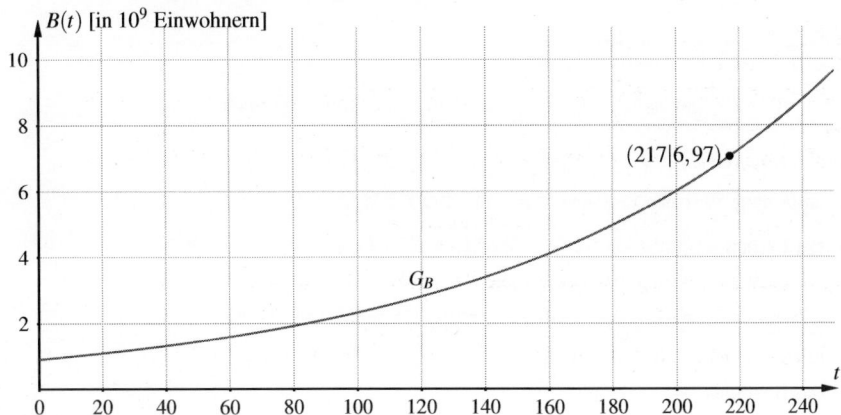

b) $B(217) = 0,9 \cdot 10^9 \cdot e^{9,43 \cdot 10^{-3} \cdot 217} \approx 6,97 \cdot 10^9$
$\frac{6,97}{7,47} \approx 0,93$
Die Abweichung beträgt ca 7 %.

3. **a)** $w(0) = 23\,000 \cdot e^{k \cdot 0} + 500 = 23\,500$

   b) $w(6) = 0{,}3 \cdot 23\,500 \Leftrightarrow 23\,000 \cdot e^{k \cdot 6} + 500 = 7050 \Leftrightarrow e^{k \cdot 6} = \frac{6550}{23\,000}$
   $\Rightarrow k = \frac{1}{6} \ln(\frac{6550}{23\,000}) \approx -0{,}209$

   c) $w(10) \approx 3345$ €; $\frac{3000}{3345} \approx 0{,}9$
   Das Händlerangebot liegt etwa 10 % unter dem Marktwert.

   d) $\lim_{t \to \infty} w(t) = 500$

4. **a)** $f(10) \approx 37{,}91$
   1944 lebten 37 Waschbärpärchen in Nordhessen.
   $f(20) \approx 359{,}28$
   1954 lebten 359 Waschbärpärchen in Nordhessen.
   $f(30) \approx 3404{,}98$
   1964 lebten 3404 Waschbärpärchen in Nordhessen.

   b) $1100 = 4 \cdot e^{0{,}22489t} \Rightarrow t = \frac{\ln(275)}{0{,}22489} \approx 24{,}97$
   Nach ca. 25 Jahren lebten 1100 Waschbärpärchen in Nordhessen.

5. **a)** Luftdruck am Gipfel: $p(843) = 750 - 75 = 675$
   $675 = 750 \cdot e^{843k} \Rightarrow k = \frac{\ln\left(\frac{9}{10}\right)}{-843} \approx 0{,}000125$

   b) Luftdruck 500 m unterhalb des Startpunkts: $p(-500) \approx 798$ hPa
   Luftdruck 1000 m oberhalb des Startpunkts: $p(1000) \approx 663$ hPa
   Höhe bei 720 hPa: $720 = 750 \cdot e^{-0{,}000125h} \Rightarrow h = \frac{\ln\left(\frac{24}{25}\right)}{-0{,}000125} \approx 327$ [m]

6. Anfangswert a: $f(t) = a \cdot 1{,}05^t$
   $2a = a \cdot 1{,}05^t \Rightarrow t = \frac{\ln(2)}{\ln(1{,}05)} \approx 14{,}2$ [Jahre]
   Die Wirtschaftsleistung hat sich schon nach rund 14,2 Jahren verdoppelt.

7. $d(n) = 0{,}0001 \cdot 2^n$ (n ist die Anzahl der Faltvorgänge.)

   a) Entfernung zwischen Erde und Mond: 384 400 000 Meter
   $384\,400\,000 = 0{,}0001 \cdot 2^n \Rightarrow n = \frac{\ln\left(\frac{384\,400\,000}{0{,}0001}\right)}{\ln(2)} \approx 41{,}8$
   Das Blatt muss 42-mal gefaltet werden.

   b) Entfernung zwischen Erde und Sonne: 149 600 000 000 Meter
   $149\,600\,000\,000 = 0{,}0001 \cdot 2^n \Rightarrow n = \frac{\ln\left(\frac{149\,600\,000\,000}{0{,}0001}\right)}{\ln(2)} \approx 43{,}8$
   Das Blatt muss 44-mal gefaltet werden.

Test A zu 2.2

1. **a)** $\left(\frac{9}{2}\right)^{2x} = 12 \Rightarrow x = \frac{\ln(12)}{2\ln\left(\frac{9}{2}\right)} \approx 0{,}83$

   b) $42e^{-0{,}1x} = 84 \Rightarrow x = -10 \cdot \ln(2) \approx -6{,}93$

   c) $3e^{-3x-2} = 4 \Rightarrow x = -\frac{1}{3}\left(\ln\left(\frac{4}{3}\right) + 2\right) \approx -0{,}76$

   d) $3(e^{-0{,}1x+1})^5 = 9 \Rightarrow x = -10 \cdot (\ln(\sqrt[5]{3}) - 1) \approx 7{,}8$

2.2 Logarithmen und Exponentialgleichungen

2. a) $f(x) = g(x)$
$\Leftrightarrow 2e^{x-1} - 3 = -e^{x-1} + 2$
$\Leftrightarrow 3e^{x-1} = 5$
$\Rightarrow x = \ln(\frac{5}{3}) + 1 \approx 1{,}51$
$f(\ln(\frac{5}{3}) + 1) = 2e^{\ln(\frac{5}{3})+1-1} - 3 = \frac{1}{3} \approx 0{,}33$
$S(1{,}51 | 0{,}33)$

b) $g(x) = y \Leftrightarrow -e^{x-1} + 2 = 2 \Leftrightarrow e^{x-1} = 0 \Leftrightarrow x - 1 = \ln(0)$ ▶ $\ln(0)$ nicht lösbar

Test B zu 2.2

1. a) Anfangswert: $f(0) = 190 \Leftrightarrow a \cdot e^{c \cdot 0} + 20 = 190 \Leftrightarrow a = 170$
$f(4) = 170 \cdot e^{c \cdot 4} + 20 = 145 \Rightarrow c = \frac{1}{4}\ln(\frac{125}{170}) \approx -0{,}0769$
$\Rightarrow f(t) = 170 \cdot e^{-0{,}0769t} + 20$

b) $22 = 170 \cdot e^{-0{,}0769t} + 20 \Rightarrow t = \frac{\ln(\frac{2}{170})}{-0{,}0769} \approx 57{,}77$ [Minuten]

c) $f(10) \approx 98{,}79 [°C] \Rightarrow 190 - 98{,}79 = 91{,}21$
Nach 10 Minuten ist der Herd um $91{,}21°C$ abgekühlt.

d) Weiterhin gilt: $f(0) = 190 \Rightarrow a = 170$
Die Herdplatte hat nach 10 Minuten 25 % von $190°C$ verloren: $190 \cdot 0{,}75 = 142{,}5$
$142{,}5 = 170 \cdot e^{10c} + 20 \Rightarrow c = \frac{1}{10}\ln(\frac{122{,}5}{170}) \approx -0{,}0328$
$\Rightarrow g(t) = 170 \cdot e^{-0{,}0328t} + 20$

2. a) Anfangsert: $a = 3$
Höhe nach dem ersten Aufprall: $0{,}8 \cdot 3 = 2{,}4$
$h(1) = 3 \cdot e^{b \cdot 1} = 2{,}4 \Rightarrow b = \ln(\frac{4}{5}) \approx -0{,}22314$
$\Rightarrow h(n) = 3 \cdot e^{-0{,}22314n}$

b) $h(5) = 3 \cdot e^{-0{,}22314 \cdot 5} \approx 0{,}98$
Der Ball erreicht nach dem 5. Aufsetzen eine Höhe von 98 cm.

c) $0{,}2 = 3 \cdot e^{-0{,}22314n} \Rightarrow n = \frac{\ln(\frac{1}{15})}{-0{,}22314} \approx 12{,}14$
Der Ball muss 13-mal aufspringen.

3 Kurvendiskussion von verknüpften Exponentialfunktionen

3.1 Verknüpfung und Verkettung von Funktionen und ihre Ableitung

3.1.1 Einfache Verknüpfungen von Funktionen

1. $K(x) = K_f(x) + K_v(x)$ ▶ K_f: fixe Gesamtkostenfunktion, K_v: variable Gesamtkostenfunktion
   $K(x) = E(x) - G(x)$ ▶ E: Erlösfunktion, G: Gewinnfunktion
   $K(x) = k(x) \cdot x$ ▶ k: Stückkostenfunktion, x: Stückzahl

2. **a)** Z.B. $u(x) = 3x$; $v(x) = 5x^2$; $g(x) = u(x) - v(x)$; $D_g \in \mathbb{R}$
   $g'(x) = 3 - 10x$; $g''(x) = -10$
   b) Z.B.: $u(x) = x$; $v(x) = e^{x^2}$; $g(x) = u(x) + v(x)$; $D_g \in \mathbb{R}$
   nicht ableitbar mit bisherigen Regeln
   c) Z.B. $u(x) = x$; $v(x) = x^{-1} = \frac{1}{x}$; $g(x) = u(x) + v(x)$; $D_g \in \mathbb{R}\setminus\{0\}$
   $g'(x) = 1 + (-1) \cdot x^{-2} = 1 - x^{-2} \ (= 1 - \frac{1}{x^2})$
   $g''(x) = -(-2) \cdot x^{-3} = 2x^{-3} \ (= \frac{2}{x^3})$
   d) Z.B.: $u(x) = x$; $v(x) = 3x+1$; $g(x) = \frac{u(x)}{v(x)}$; $D_g \in \mathbb{R}\setminus\{-\frac{1}{3}\}$
   nicht ableitbar mit bisherigen Regeln
   e) Z.B.: $u(x) = x^4$; $v(x) = 4e^x$; $g(x) = u(x) + v(x)$; $D_g \in \mathbb{R}$
   $g'(x) = 4x^3 + 4e^x$; $g''(x) = 12x^2 + 4e^x$
   f) Z.B.: $u(x) = 1$; $v(x) = e^{2x}$; $g(x) = u(x) \cdot v(x)$; $D_g \in \mathbb{R}$
   (Vorsicht: $u(x) = 2x$; $v(x) = e^x$ und $g(x) = v(u(x))$ ist Verkettung)
   nicht ableitbar mit bisherigen Regeln

3. **a)** Ableitbar: $f'(x) = 1 - e^x$
   b) Mit bisherigen Regeln nicht ableitbar
   c) Mit bisherigen Regeln nicht direkt ableitbar, allerdings nach Auflösen der Klammer schon!
   $f(x) = (\frac{1}{4}x - \frac{2}{3})^2 = \frac{1}{16}x^2 - \frac{1}{3}x + \frac{4}{9}$ und damit $f'(x) = \frac{1}{8}x - \frac{1}{3}$
   d) Mit bisherigen Regeln nicht direkt ableitbar, allerdings nach Auflösen der Klammer und Ausmultiplizieren schon!
   $f(x) = (3x+5)^2(6-2x)^2 = \ldots = 36x^4 - 96x^3 - 296x^2 + 480x + 900$ und damit
   $f'(x) = 144x^3 - 288x^2 - 592x + 480$

3.1 Verknüpfung und Verkettung von Funktionen und ihre Ableitung

3.1.2 Ableitung von Produktfunktionen – Produktregel

1. a) $f(x) = 0 \Leftrightarrow (2x^2 + 5x - 3)e^x = 0 \Leftrightarrow 2x^2 + 5x - 3 = 0$
   $\Rightarrow x_1 = -3;\ x_2 = 0{,}5$ (je einfach)
   $f'(x) = (4x+5)e^x + (2x^2 + 5x - 3)e^x = (2x^2 + 9x + 2)e^x$
   $f''(x) = (4x+9)e^x + (2x^2 + 9x + 2)e^x = (2x^2 + 13x + 11)e^x$

   b) $f(x) = 0 \Leftrightarrow (-\frac{3}{5}x^3 + \frac{1}{2}x^2)e^x = 0 \Leftrightarrow -\frac{3}{5}x^3 + \frac{1}{2}x^2 = 0 \Leftrightarrow x^2(-\frac{3}{5}x + \frac{1}{2}) = 0$
   $\Rightarrow x_{1/2} = 0$ (doppelt); $x_3 = \frac{5}{6}$ (einfach)
   $f'(x) = (-\frac{9}{5}x^2 + x)e^x + (-\frac{3}{5}x^3 + \frac{1}{2}x^2)e^x = (-\frac{3}{5}x^3 - \frac{13}{10}x^2 + x)e^x$
   $f''(x) = (-\frac{9}{5}x^2 - \frac{13}{5}x + 1)e^x + (-\frac{3}{5}x^3 - \frac{13}{10}x^2 + x)e^x = (-\frac{3}{5}x^3 - \frac{31}{10}x^2 - \frac{8}{5}x + 1)e^x$

   c) $f(x) = 0 \Leftrightarrow (\frac{3}{2}x - 3)e^x + (x^2 - x)e^x = 0 \Leftrightarrow (x^2 + \frac{1}{2}x - 3)e^x = 0$
   $\Leftrightarrow x^2 + \frac{1}{2}x - 3 = 0 \Rightarrow x_1 = -2;\ x_2 = \frac{3}{2}$ (je einfach)
   $f'(x) = (2x + \frac{1}{2})e^x + (x^2 + \frac{1}{2}x - 3)e^x = (x^2 + \frac{5}{2}x - \frac{5}{2})e^x$
   $f''(x) = (2x + \frac{5}{2})e^x + (x^2 + \frac{5}{2}x - \frac{5}{2})e^x = (x^2 + \frac{9}{2}x)e^x$

2. Individuelle Lösungen, z.B.:
   a) $f(x) = (x^2 + 1)e^x$
   b) $f(x) = (x^2 - x - 6)e^x$
   c) $f(x) = (x+7)^2 e^x$

3. a) Falsch, es gilt: $f'(x) = e^{x-5}$ e) Wahr
   b) Falsch, es gilt: $f'(x) = r'(x) \cdot q(x) + r(x) \cdot q'(x)$ f) Wahr
   c) Wahr g) Wahr
   d) Falsch, es gilt: $f'(x) = 1 + e^x$

4. a) Differenzfunktion (wobei der Minuend ein Produkt ist), durch Ausklammern von e^x Produktfunktion
   $f(x) = 0 \Leftrightarrow 2xe^x - 6e^x = 0 \Leftrightarrow (2x - 6)e^x = 0$
   $\Leftrightarrow 2x - 6 = 0 \Leftrightarrow x = 3$ (einfach)
   $f'(x) = 2e^x + (2x-6)e^x = (2x-4)e^x$
   $f'(x) = 0 \Leftrightarrow (2x-4)e^x = 0 \Leftrightarrow 2x-4 = 0 \Leftrightarrow x = 2$ (einfach)
   $f''(x) = 2e^x + (2x-4)e^x = (2x-2)e^x$
   $f''(x) = 0 \Leftrightarrow (2x-2)e^x = 0 \Leftrightarrow 2x-2 = 0 \Leftrightarrow x = 1$ (einfach)

   b) Produktfunktion
   $f(x) = 0 \Leftrightarrow x^2 e^x = 0 \Leftrightarrow x^2 = 0 \Rightarrow x_{1/2} = 0$ (doppelt)
   $f'(x) = 2xe^x + x^2 e^x = (x^2 + 2x)e^x$
   $f'(x) = 0 \Leftrightarrow (x^2 + 2x)e^x = 0 \Leftrightarrow x^2 + 2x = 0 \Rightarrow x_1 = 0;\ x_2 = -2$ (je einfach)
   $f''(x) = (2x+2)e^x + (x^2 + 2x)e^x = (x^2 + 4x + 2)e^x$
   $f''(x) = 0 \Leftrightarrow (x^2 + 4x + 2)e^x = 0 \Leftrightarrow x^2 + 4x + 2 = 0$
   $\Rightarrow x_1 = -2 + \sqrt{2}\ (\approx -0{,}59);\ x_2 = -2 - \sqrt{2}\ (\approx -3{,}41)$ (je einfach)

   c) Produktfunktion (bzw. nach Ausmultiplizieren Summenfunktion $f(x) = 2x^3 + 3x$)
   $f(x) = 0 \Leftrightarrow x(2x^2 + 3) = 0 \Leftrightarrow x = 0$ (einfach)
   $\qquad\qquad 2x^2 + 3 = 0 \Leftrightarrow 2x^2 = -3 \Rightarrow$ keine weiteren Nullstellen
   $f'(x) = 6x^2 + 3;\ f'(x) = 0 \Leftrightarrow 6x^2 + 3 = 0 \Leftrightarrow 6x^2 = -3 \Rightarrow$ keine Nullstellen
   $f''(x) = 12x;\ f''(x) = 0 \Leftrightarrow 12x = 0 \Leftrightarrow x = 0$ (einfach)

d) Produktfunktion

$f(x) = 0 \Leftrightarrow (2x^2+1)e^x = 0 \Leftrightarrow 2x^2+1 = 0 \Leftrightarrow 2x^2 = -1 \Rightarrow$ keine Nullstellen

$f'(x) = 4xe^x + (2x^2+1)e^x = (2x^2+4x+1)e^x$

$f'(x) = 0 \Leftrightarrow (2x^2+4x+1)e^x = 0 \Leftrightarrow 2x^2+4x+1 = 0$

$\Rightarrow x_1 = \frac{-2-\sqrt{2}}{2} (\approx -1,71); \; x_2 = \frac{-2+\sqrt{2}}{2} (\approx -0,29)$ (je einfach)

$f''(x) = (4x+4)e^x + (2x^2+4x+1)e^x = (2x^2+8x+5)e^x$

$f''(x) = 0 \Leftrightarrow (2x^2+8x+5)e^x = 0 \Leftrightarrow 2x^2+8x+5 = 0$

$\Rightarrow x_1 = \frac{-4-\sqrt{6}}{2} (\approx -3,22); \; x_2 = \frac{-4+\sqrt{6}}{2} (\approx -0,78)$ (je einfach)

5. $p(x) = f(x) \cdot g(x) = -x^2 \cdot (0,5x+3) = -0,5x^3 - 3x^2$

$p'(x) = -1,5x^2 - 6x$

$q(x) = f(x) \cdot h(x) = -x^2 \cdot 2e^x = -2x^2 e^x$

$q'(x) = -4xe^x + (-2x^2)e^x = (-2x^2-4x)e^x$

$r(x) = g(x) \cdot h(x) = (0,5x+3) \cdot 2e^x = (x+6)e^x$

$r'(x) = e^x + (x+6)e^x = (x+7)e^x$

6. Flüsterpost: Individuelle Lösungen.

3.1.3 Verkettung von Funktionen und ihre Ableitung – Kettenregel

1. a) $v(u(x)) = 3(-x^2+x)+1; \; u(v(x)) = -(3x+1)^2 + 3x + 1$

b) $v(u(x)) = (3x+2)^2 + 3x + 2; \; u(v(x)) = 3(x^2+x)+2$

c) $v(u(x)) = (e^x)^2 = e^{2x}; \; u(v(x)) = e^{x^2}$

d) $v(u(x)) = e^{x^2+2}; \; u(v(x)) = (e^x)^2 + 2 = e^{2x} + 2$

2. a) $u(x) = x-9 \quad v(x) = 2x$

b) $u(x) = 2x \quad v(x) = x-9$

c) $u(x) = x^3 \quad v(x) = -4x$

d) $u(x) = -4x \quad v(x) = x^3$

e) $u(x) = 0,25x^4 \quad v(x) = x-1$

oder

$u(x) = x^4 \quad v(x) = 0,25x - 1$

f) $u(x) = (x-1)^4 \quad v(x) = 0,25x$

oder

$u(x) = x-1 \quad v(x) = 0,25x^4$

g) $u(x) = x-2 \quad v(x) = \sqrt{x}$

h) $u(x) = 2x \quad v(x) = e^x$

i) $u(x) = e^x \quad v(x) = 2x$

j) $u(x) = x^2 \quad v(x) = e^x$

3. a) $f'(x) = 2(2x-5) \cdot 2 = 8x-20$ oder $f(x) = 4x^2 - 20x + 25 \Rightarrow f'(x) = 8x - 20$

b) $f'(x) = 8(3-2x) \cdot (-2) = -48+32x$ oder $f(x) = 36 - 48x + 16x^2 \Rightarrow f'(x) = -48+32x$

c) $f'(x) = -2(0,5x+1) \cdot 0,5 = -0,5x-1$ oder $f(x) = -0,25x^2 - x - 1 \Rightarrow f'(x) = -0,5x-1$

d) $f'(x) = (1+2x)^2 \cdot 2 = 2+8x+8x^2$ oder $f(x) = \frac{1}{3} + 2x + 4x^2 + \frac{8}{3}x^3 \Rightarrow f'(x) = 2+8x+8x^2$

e) $f'(x) = 3(x+2)^3 \cdot 1 = 3x^3 + 18x^2 + 36x + 24$

f) $f'(x) = 3(x-2)^2 \cdot 1 = 3x^2 - 12x + 12$ oder $f(x) = x^3 - 6x^2 + 12x - 8 \Rightarrow f'(x) = 3x^2 - 12x + 12$

4. a) $f(x) = 2e^{ax} \Rightarrow f'(x) = 2ae^{ax}$ und auch gegeben $f'(x) = -4e^{ax}$

Koeffizientenvergleich: $2a = -4 \Leftrightarrow a = -2$

b) $f(x) = -e^{ax} \Rightarrow f'(x) = -ae^{ax}$ und auch gegeben $f'(x) = e^{ax}$

Koeffizientenvergleich: $-a = 1 \Leftrightarrow a = -1$

3.2 Kurvendiskussion von Exponentialfunktionen mit Anwendungen

3.2.1 Grenzwerte und Diskussion von verknüpften e-Funktionen

1. a) Nullstellen: $f(x) = 0 \Leftrightarrow (2x-4)e^{0,5x+1} = 0 \Leftrightarrow 2x-4 = 0 \Leftrightarrow x = 2$ (einfach)

Extremstelle(n): $f'(x) = 2e^{0,5x+1} + (2x-4)e^{0,5x+1} \cdot 0,5 = xe^{0,5x+1}$

$f'(x) = 0 \Leftrightarrow xe^{0,5x+1} = 0 \Leftrightarrow x = 0$ (einfach mit Vorzeichenwechsel)

Art: $y = x$ bestimmt Vorzeichen von $f'(x)$, da $e^{0,5x+1} > 0$ für alle $x \in D_f$

Skizze des Graphen von $y = x$:

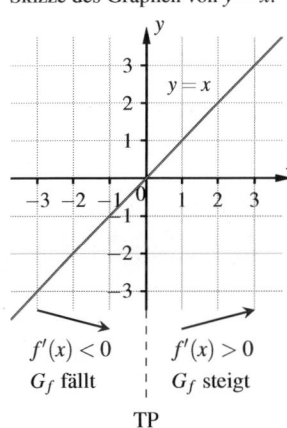

$f(0) = -4e \approx -10,87$

$\Rightarrow$ Tiefpunkt $T(0|-10,87)$

$\Rightarrow G_f$ ist streng monoton fallend in $]-\infty; 0]$ und streng monoton steigend in $[0; \infty[$.

$f'(x) < 0$ | $f'(x) > 0$
G_f fällt | G_f steigt
TP

$\lim\limits_{x \to -\infty} f(x) = \lim\limits_{x \to -\infty} \underbrace{(2x-4)}_{\to -\infty} \underbrace{e^{0,5x+1}}_{\to 0^+} = 0^-$ ▶ e-Funktion setzt sich durch

$\lim\limits_{x \to +\infty} f(x) = \lim\limits_{x \to +\infty} \underbrace{(2x-4)}_{\to +\infty} \underbrace{e^{0,5x+1}}_{\to +\infty} = +\infty$

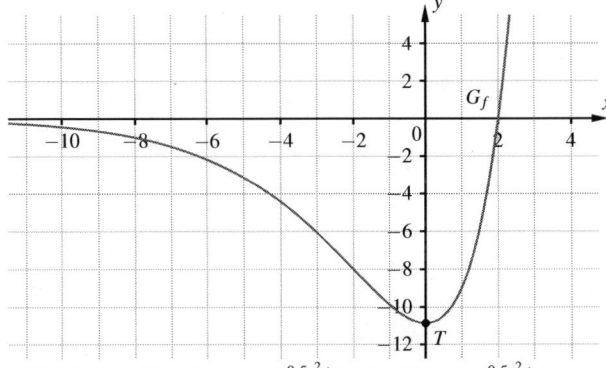

b) Nullstellen: $f(x) = 0 \Leftrightarrow e^{-0,5x^2+x} - 1 = 0 \Leftrightarrow e^{-0,5x^2+x} = 1 \Leftrightarrow \ln(e^{-0,5x^2+x}) = \ln(1)$
$\Leftrightarrow -0,5x^2 + x = 0 \Leftrightarrow x(-0,5x+1) = 0$
$\Leftrightarrow x = 0$ oder $x = 2$ (je einfach)

Extremstelle(n): $f'(x) = (-x+1)e^{-0,5x^2+x}$

$f'(x) = 0 \Leftrightarrow (-x+1)e^{-0,5x^2+x} = 0 \Leftrightarrow -x+1 = 0 \Leftrightarrow x = 1$ (einfach)

Art: $y = -x+1$ bestimmt Vorzeichen von $f'(x)$, da $e^{-0.5x^2+x} > 0$ für alle $x \in D_f$
Skizze des Graphen von $y = -x+1$:

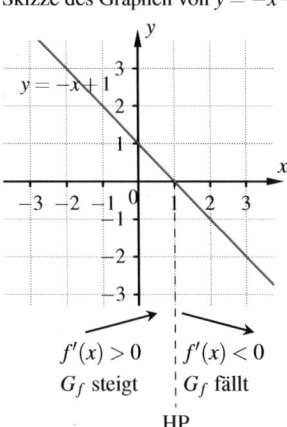

$f(1) = e^{0.5} - 1 = \sqrt{e} - 1 \approx 0.65$
$\Rightarrow$ Hochpunkt $H(1|0,65)$

$f'(x) > 0$ | $f'(x) < 0$
G_f steigt | G_f fällt
HP

$$\lim_{x \to \pm\infty} f(x) = \lim_{x \to \pm\infty} (\underbrace{e^{-0.5x^2+x}}_{\to 0^+} - 1) = -1^+$$

(über dem Exponenten: $\to -\infty$)

▶ d. h., G_f nähert sich von oben an Gerade $y = -1$

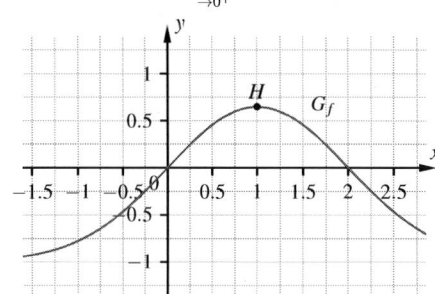

c) Nullstellen: $f(x) = 0 \Leftrightarrow (0,75x + 0,5)e^{-2x} = 0 \Leftrightarrow 0,75x + 0,5 = 0 \Leftrightarrow x = -\frac{2}{3}$ (einfach)

Extremstelle(n): $f'(x) = 0,75 e^{-2x} + (0,75x + 0,5)e^{-2x} \cdot (-2) = (-1,5x - 0,25)e^{-2x}$

$f'(x) = 0 \Leftrightarrow (-1,5x - 0,25)e^{-2x} = 0 \Leftrightarrow -1,5x - 0,25 = 0$

$\Leftrightarrow x = -\frac{1}{6}$ (einfach, mit Vorzeichenwechsel)

Art: $y = -1,5x - 0,25$ bestimmt Vorzeichen von $f'(x)$, da $e^{-2x} > 0$ für alle $x \in D_f$
Skizze des Graphen von $y = -1,5x - 0,25$:

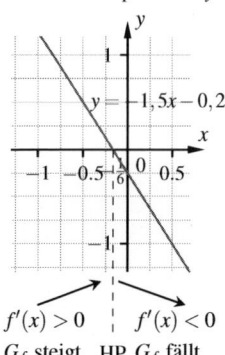

$f(-\frac{1}{6}) \approx 0,52$
$\Rightarrow$ Hochpunkt $H(-\frac{1}{6}|0,52)$

$f'(x) > 0$ | $f'(x) < 0$
G_f steigt HP G_f fällt

$$\lim_{x\to-\infty} f(x) = \lim_{x\to-\infty} \underbrace{(0{,}75x+0{,}5)}_{\to-\infty}\overbrace{e^{-2x}}^{\to+\infty} = -\infty$$

$$\lim_{x\to+\infty} f(x) = \lim_{x\to+\infty} \underbrace{(0{,}75x+0{,}5)}_{\to+\infty}\overbrace{e^{-2x}}^{\to-\infty} = 0^+ \qquad \blacktriangleright \text{e-Funktion setzt sich durch}$$

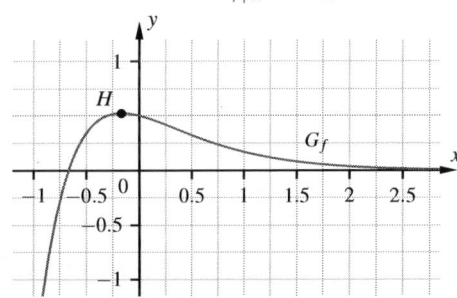

d) Nullstellen: $f(x)=0 \Leftrightarrow 6x^2 e^{-2x+1}=0 \Leftrightarrow 6x^2=0 \Leftrightarrow x=0$ (doppelt)

Extremstelle(n): $f'(x) = 12x e^{-2x+1} + 6x^2 e^{-2x+1}\cdot(-2) = (-12x^2+12x)e^{-2x+1}$

$f'(x)=0 \Leftrightarrow (-12x^2+12x)e^{-2x+1}=0 \Leftrightarrow x(-12x+12)=0$

$\Leftrightarrow x=0$ oder $x=1$ (je einfach)

Art: $y=-12x^2+12x$ bestimmt Vorzeichen von $f'(x)$, da $e^{-2x+1}>0$ für alle $x\in D_f$

Skizze des Graphen von $y=-12x^2+12x$:

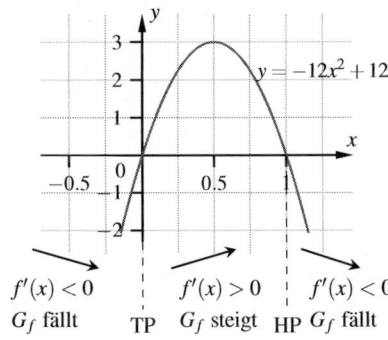

$f(0)=0 \Rightarrow$ Tiefpunkt $T(0|0)$
$f(1)=6e^{-1}=\frac{6}{e}\approx 2{,}21$
$\Rightarrow$ Hochpunkt $H(1|2{,}21)$

| $f'(x)<0$ | | $f'(x)>0$ | | $f'(x)<0$ |
| G_f fällt | TP | G_f steigt | HP | G_f fällt |

$$\lim_{x\to-\infty} f(x) = \lim_{x\to-\infty} \underbrace{6x^2}_{\to+\infty}\overbrace{e^{-2x+1}}^{\to+\infty} = +\infty$$

$$\lim_{x\to+\infty} f(x) = \lim_{x\to+\infty} \underbrace{6x^2}_{\to+\infty}\overbrace{e^{-2x+1}}^{\to 0^+} = 0^+ \qquad \blacktriangleright \text{e-Funktion setzt sich durch}$$

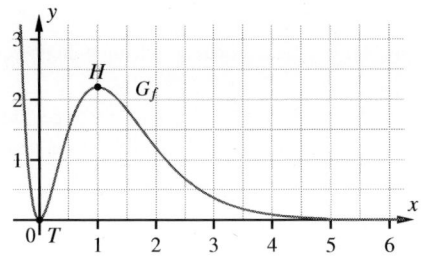

2. a) ↔ ① **b)** ↔ ⑥ **c)** ↔ ③ **d)** ↔ ⑤ **e)** ↔ ④ **f)** ↔ ②

3.2.2 Anwendungsaufgaben zu verknüpften Exponentialfunktionen

1. a) $A(30) = 25 \Rightarrow 35e^{-30k} + 20 = 25 \Leftrightarrow e^{-30k} = \frac{1}{7} \Leftrightarrow -30k = \ln(\frac{1}{7})$

$\Leftrightarrow k = \frac{\ln(\frac{1}{7})}{-30} \Rightarrow k \approx 0,065$

b) $A(0) = 35e^0 + 20 = 55$, d. h. Anfangstemperatur Kaffee in Tasse A 55 °C

$B(0) = 20 + 0 \cdot e^{0,5} = 20$, d. h. Anfangstemperatur Kaffee in Tasse B 20 °C

$\lim\limits_{t \to +\infty} A(t) = \lim\limits_{t \to +\infty} (35\underbrace{e^{-0,065t}}_{\to 0^+} + 20) = 20$

Da sich der Kaffee auf lange Sicht auf Raumtemperatur abkühlt, beträgt diese 20 °C.

c) $A(t) = \frac{55}{2} \Rightarrow 35e^{-0,065t} + 20 = \frac{55}{2} \Leftrightarrow 35e^{-0,065t} = \frac{15}{2} \Leftrightarrow e^{-0,065t} = \frac{3}{14}$

$\Leftrightarrow \ln(e^{-0,065t}) = \ln(\frac{3}{14}) \Leftrightarrow -0,065t = \ln(\frac{3}{14}) \Leftrightarrow t = \frac{\ln(\frac{3}{14})}{-0,065} \Rightarrow t \approx 23,7$

Nach 23,7 Minuten hat sich die Temperatur des Kaffees aus Tasse A halbiert.

d) $\dot{B}(t) = 6 \cdot e^{-0,1t+0,5} + 6t \cdot e^{-0,1t+0,5} \cdot (-0,1) = (-0,6t+6)e^{-0,1t+0,5}$

$\dot{B}(t) = 0 \Leftrightarrow (-0,6t+6)e^{-0,1t+0,5} = 0 \Leftrightarrow -0,6t+6 = 0 \Leftrightarrow t = 10$

$y = -0,6t+6$ bestimmt Vorzeichen von $\dot{B}(t)$, da $e^{-0,1t+0,5} > 0$ für alle $t \in D_B$.

Skizze des Graphen von $y = -0,6t+6$:

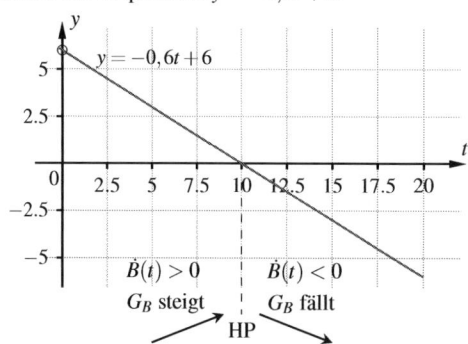

$B(10) = 20 + 60e^{-0,5} \approx 56,4$

$\Rightarrow$ Hochpunkt $H(10|56,4)$

D. h. der Kaffee in Tasse B war im Laufe der Zeit mit 56,4 °C (etwas) heißer als Kaffee A (bei dem der Kaffee laut Angabe die max. Temperatur am Anfang hat, also ist Anfangstemperatur mit 55 °C höchster Wert).

e) $\ddot{B}(t) = -0,6 \cdot e^{-0,1t+0,5} + (-0,6t+6) \cdot e^{-0,1t+0,5} \cdot (-0,1) = (0,06t - 1,2)e^{-0,1t+0,5}$

$\ddot{B}(t) = 0 \Leftrightarrow (0,06t - 1,2)e^{-0,1t+0,5} = 0 \Leftrightarrow 0,06t - 1,2 = 0 \Leftrightarrow t = 20$

(einfach, mit Vorzeichenwechsel, d.h. Wendestelle)

Man kann nun mithilfe einer Vorzeichenskizze von $\ddot{B}(t)$ nachweisen, dass ein Krümmungswechsel von Rechts- nach Linkskrümmung vorliegt.

Alternativ: In einer Umgebung um den Hochpunkt H (bei $t = 10$) ist der Graph G_B rechtsgekrümmt, beim nächsten Wendepunkt (rechts davon, also bei $t = 20$) wechselt die Krümmung dann zu linksgekrümmt. Die höchste momentane Temperaturabnahme von Kaffee B findet demzufolge nach 20 Minuten statt.

(Die Temperaturabnahme beträgt dann 1,34 °C pro Minute, da $\dot{B}(20) \approx -1,34$.)

3.2 Kurvendiskussion von Exponentialfunktionen mit Anwendungen

2. a) $G(t) = 0 \Leftrightarrow 6e^{0,3t-0,05t^2} - 3 = 0 \Leftrightarrow 6e^{0,3t-0,05t^2} = 3 \Leftrightarrow e^{0,3t-0,05t^2} = 0,5$
$\Leftrightarrow \ln(e^{0,3t-0,05t^2}) = \ln(0,5) \Leftrightarrow 0,3t - 0,05t^2 = \ln(0,5) \Leftrightarrow -0,05t^2 + 0,3t - \ln(0,5) = 0$

$t_{1/2} = \dfrac{-0,3 \pm \sqrt{0,3^2 - 4 \cdot (-0,05) \cdot (-\ln(0,5))}}{2 \cdot (-0,05)} = \dfrac{-0,3 \pm \sqrt{0,09 - 0,2 \cdot \ln(0,5)}}{-0,1}$

$t_1 \approx -1,78$ (Gewinnschwelle) ▶ D. h., das Unternehmen erzielt zum Zeitpunkt $t = 0$ bereits Gewinn.
$t_2 \approx 7,78$ (Gewinngrenze)
Gewinnzone ist somit das Intervall $[0; 7,78]$.

b) $\dot{G}(t) = 6 \cdot e^{0,3t-0,05t^2} \cdot (0,3 - 0,1t) = (-0,6t + 1,8)e^{0,3t-0,05t^2}$
$\dot{G}(t) = 0 \Leftrightarrow (-0,6t + 1,8)e^{0,3t-0,05t^2} = 0 \Leftrightarrow -0,6t + 1,8 = 0 \Leftrightarrow t = 3$

Nachweis Maximum:
$y = -0,6t + 1,8$ bestimmt Vorzeichen von $\dot{G}(t)$, da $e^{0,3t-0,05t^2} > 0$ für alle $t \in D_G$
Skizze des Graphen von $y = -0,6t + 1,8$:

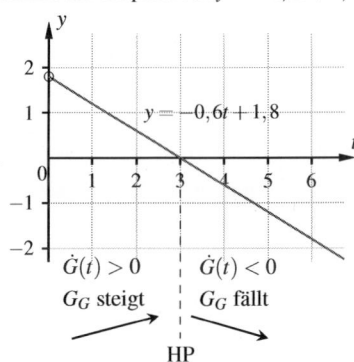

Nach 3 Monaten (wenn $t = 0$ der 1.1. ist, dann Ende März) ist der Gewinn maximal (mit ca. 6.410 € pro Monat, da $G(3) \approx 6,41$).
(Alternativ: Zeigen, dass $\ddot{G}(3) < 0$)

c) $\ddot{G}(t) = -0,6 \cdot e^{0,3t-0,05t^2} + (-0,6t + 1,8)e^{0,3t-0,05t^2} \cdot (0,3 - 0,1t)$
$= (0,06t^2 - 0,36t - 0,06)e^{0,3t-0,05t^2}$
$\ddot{G}(t) = 0 \Leftrightarrow (0,06t^2 - 0,36t - 0,06)e^{0,3t-0,05t^2} = 0 \Leftrightarrow 0,06t^2 - 0,36t - 0,06 = 0$
$\Leftrightarrow t^2 - 6t - 1 = 0$

$t_{1/2} = \dfrac{-(-6) \pm \sqrt{(-6)^2 - 4 \cdot 1 \cdot (-1)}}{2 \cdot 1} = \dfrac{6 \pm \sqrt{40}}{2} = 3 \pm \sqrt{10}$

($t_1 = 3 - \sqrt{10} \approx -0,16 \notin D_G$); $t_2 = 3 + \sqrt{10} \approx 6,16$ (mit VZW, also WP)
$y = 0,06t^2 - 0,36t - 0,06$ bestimmt Vorzeichen von $\ddot{G}(t)$, da $e^{0,3t-0,05t^2} > 0$ für alle $t \in D_G$
Skizze des Graphen von $y = 0,06t^2 - 0,36t - 0,06$:

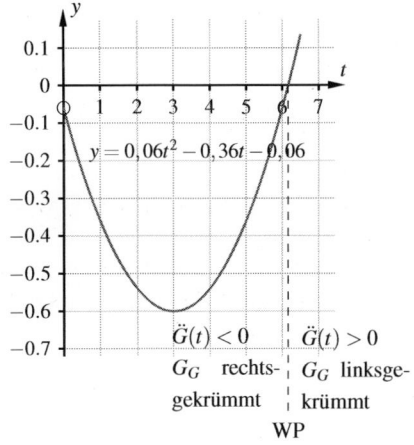

$\dot{G}(3 + \sqrt{10}) \approx \dot{G}(6,16) \approx -1,8$

Nach ca. 6,16 Monaten (also ca. am 5. Juli) ist der Gewinnrückgang mit ca. 1.800 € pro Monat maximal (wegen des Wechsels von einer Rechts- nach Linkskrümmung des Graphen der Gewinnfunktion).

Alternativ: In einer Umgebung um den Hochpunkt (bei $t = 3$) ist der Graph von G rechtsgekrümmt, beim nächsten Wendepunkt (rechts davon, also bei $t \approx 6,16$) wechselt das Krümmungsverhalten dann zu linksgekrümmt.
Der maximale Gewinnrückgang findet also nach ca. 6,16 Monaten statt.

d) $\lim\limits_{t\to+\infty} G(t) = \lim\limits_{t\to+\infty} (6\underbrace{e^{\overbrace{0,3t-0,05t^2}^{\to -\infty}}}_{\underbrace{\to 0^+}_{\to -3^+}} - 3) = -3$ Langfristig erleidet das Unternehmen einen Verlust von 3000,- € pro Monat. Der Zeitpunkt des erstmaligen Verlusts (entspricht der Gewinngrenze $t_2 \approx 7{,}78$ aus Teilaufgabe a)) ist nach ca. 7,78 Monaten (ca. am 24. August).

3. a) $\dot{A}(t) = e^{-0,1t} + (t+7,5)e^{-0,1t} \cdot (-0,1) = (-0,1t + 0,25)e^{-0,1t}$
$\ddot{A}(t) = -0,1 \cdot e^{-0,1t} + (-0,1t + 0,25)e^{-0,1t} \cdot (-0,1) = (0,01t - 0,125)e^{-0,1t}$
maximaler Absatz:
$\dot{A}(t) = 0 \Leftrightarrow (-0,1t + 0,25)e^{-0,1t} = 0 \Leftrightarrow -0,1t + 0,25 = 0 \Leftrightarrow t = 2,5$
Nachweis absolutes Maximum:
$y = -0,1t + 0,25$ bestimmt Vorzeichen von $\ddot{A}(t)$, da $e^{-0,1t} > 0$ für alle $t \in D_A$
Skizze des Graphen von $y = -0,1t + 0,25$:

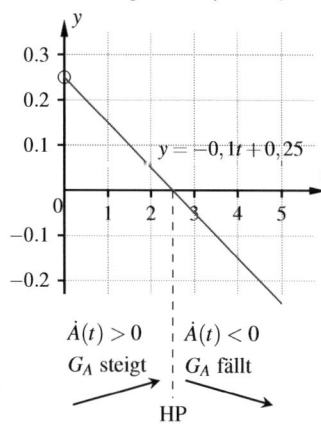

Nach 2,5 Wochen ist der Absatz maximal (mit ca. 15,3 ME pro Woche, da $A(2,5) \approx 15,3$).
(Alternativ: Zeigen, dass $\ddot{A}(2,5) \approx -0,086 < 0$)

größter Absatzrückgang:
$\ddot{A}(t) = 0 \Leftrightarrow (0,01t - 0,125)e^{-0,1t} = 0 \Leftrightarrow 0,01t - 0,125 = 0$
$\Leftrightarrow t = 12,5$ (mit VZW, also WP)
$y = 0,01t - 0,125$ bestimmt Vorzeichen von $\ddot{A}(t)$, da $e^{-0,1t} > 0$ für alle $t \in D_A$
Skizze des Graphen von $y = 0,01t - 0,125$:

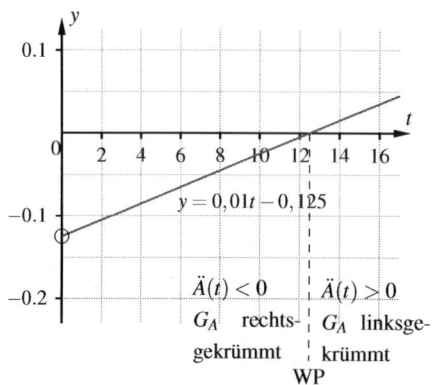

Nach 12,5 Wochen ist der Absatzrückgang pro Woche maximal (wegen des Wechsels von Rechts- nach Linkskrümmung des Graphen der Absatzfunktion).
Alternativ: In einer Umgebung um den Hochpunkt (bei $t = 2,5$) ist der Graph G_A rechtsgekrümmt, beim nächsten Wendepunkt (rechts davon, also bei $t = 12,5$) wechselt das Krümmungsverhalten dann zu linksgekrümmt. Der maximale Absatzrückgang findet somit nach 12,5 Wochen statt.

3.2 Kurvendiskussion von Exponentialfunktionen mit Anwendungen

b) $\lim\limits_{t \to +\infty} A(t) = \lim\limits_{t \to +\infty} (\underbrace{\underbrace{(t+7,5)}_{\to +\infty} \underbrace{e^{-0,1t}}_{\to 0^+}}_{\to 0^+} + 7,5) = 7,5$ ▶ e-Funktion setzt sich durch

$\phantom{\lim\limits_{t \to +\infty} A(t) = \lim\limits_{t \to +\infty}}\underbrace{}_{\to 7,5^+}$

Langfristig wird sich der Absatz des Unternehmens bei 7,5 ME pro Woche einstellen.

c) $A(5) = 12,5e^{-0,5} + 7,5 \approx 15,08$ und $\dot{A}(5) = -0,25e^{-0,5} \approx -0,15$

Nach 5 Wochen hat das Unternehmen einen Absatz von ca. 15,08 ME pro Woche, dabei ist der Absatz allerdings um 0,15 ME pro Woche rückläufig.

4. a) $K(0) = 3 - 0 = 3;\qquad E(0) = 0$

$K(6) = 3 - 6^2 e^{-6} \approx 2,91;\quad E(6) = 6 \cdot 6 e^{-0,1 \cdot 6^2} \approx 0,98$

b)

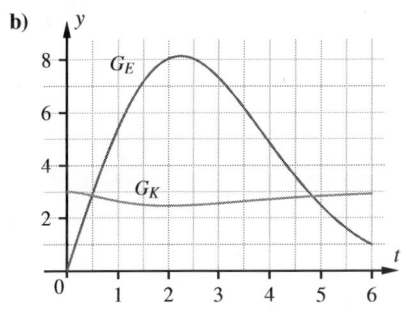

Zu Beginn macht das Unternehmen einen Verlust von 300 000 € (= 3 − 0 GE), zum Ende der 6 Jahre einen Verlust von ca. 193 000 € (= 2,91 − 0,98 GE).

c) Minimale Kosten:

$K'(t) = -2te^{-t} + (-t^2)e^{-t} \cdot (-1) = (t^2 - 2t)e^{-t}$

$K'(t) = 0 \Leftrightarrow (t^2 - 2t)e^{-t} = 0 \Leftrightarrow t^2 - 2t = 0 \Leftrightarrow t(t-2) = 0$

$ \Leftrightarrow t = 0 \text{ oder } t = 2$

Nachweis absolutes Minimum:

$y = t^2 - 2t$ bestimmt Vorzeichen von $K'(t)$, da $e^{-t} > 0$ für alle $t \in D_K$

Skizze des Graphen von $y = t^2 - 2t$:

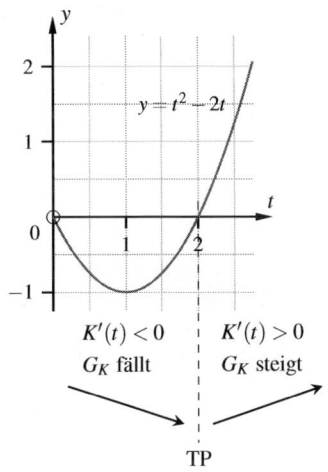

Nach 2 Jahren erreichen die Kosten den absolut niedrigsten Wert.

Maximale Erlöse:
$E'(t) = 6e^{-0,1t^2} + 6te^{-0,1t^2} \cdot (-0,2t) = (-1,2t^2 + 6)e^{-0,1t^2}$
$E'(t) = 0 \Leftrightarrow (-1,2t^2 + 6)e^{-0,1t^2} = 0 \Leftrightarrow -1,2t^2 + 6 = 0 \Leftrightarrow t^2 = 5$
$\Leftrightarrow (t = -\sqrt{5} \notin D_E)$ oder $t = \sqrt{5} \approx 2,24$

Nachweis absolutes Maximum:
$y = -1,2t^2 + 6$ bestimmt Vorzeichen von $E'(t)$, da $e^{-0,1t^2} > 0$ für alle $t \in D_E$
Skizze des Graphen von $y = -1,2t^2 + 6$:

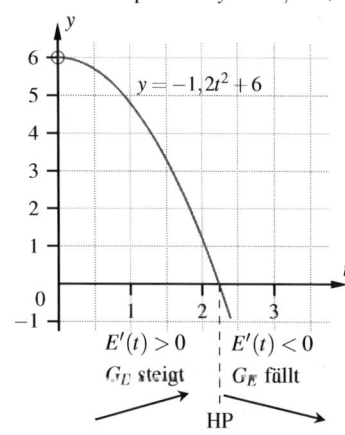

Nach ca. zweieinviertel Jahren erreichen die Erlöse den absolut höchsten Wert.

d) $K''(t) = (2t-2)e^{-t} + (t^2 - 2t)e^{-t} \cdot (-1) = (-t^2 + 4t - 2)e^{-t}$
$K''(t) = 0 \Leftrightarrow (-t^2 + 4t - 2)e^{-t} = 0 \Leftrightarrow -t^2 + 4t - 2 = 0$
$\Leftrightarrow t^2 - 4t + 2 = 0$
$\Rightarrow t_{1/2} = \frac{4 \pm \sqrt{8}}{2}$; $t_1 = 2 - \sqrt{2} \approx 0,59$; $t_2 = 2 + \sqrt{2} \approx 3,41$ (jeweils mit VZW, also WP)

$y = -t^2 + 4t - 2$ bestimmt Vorzeichen von $K''(t)$, da $e^{-t} > 0$ für alle $t \in D_K$
Skizze des Graphen von $y = -t^2 + 4t - 2$:

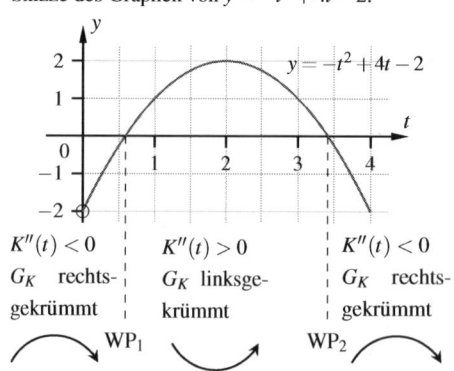

Nach gut einem halben Jahr (ca. 0,59 Jahre) ist die Kostenabnahme am größten (WP mit R-L-Krümmungswechsel). Nach knapp dreieinhalb Jahren (ca. 3,41 Jahre) ist die Kostenzunahme am größten (WP mit L-R-Krümmungswechsel).

$E''(t) = -2,4t \cdot e^{-0,1t^2} + (-1,2t^2 + 6)e^{-0,1t^2} \cdot (-0,2t) = (0,24t^3 - 3,6t)e^{-0,1t^2}$
$E''(t) = 0 \Leftrightarrow (0,24t^3 - 3,6t)e^{-0,1t^2} = 0 \Leftrightarrow 0,24t^3 - 3,6t = 0 \Leftrightarrow t(0,24t^2 - 3,6) = 0$
$\Leftrightarrow (t = -\sqrt{15} \notin D_E)$ oder $t = 0^*$ oder $t = \sqrt{15} \approx 3,87$

* Eigentlich gilt $t = 0 \notin D_{E''}$ wegen der aufgrund des Anwendungskontextes eingeschränkten Definitionsmenge. Mathematisch kann aber $D_{E''}$ auf $\mathbb{R}$ erweitert werden und $t = 0$ liegt als Lösung in D_E.

3.2 Kurvendiskussion von Exponentialfunktionen mit Anwendungen

$y = 0,24t^3 - 3,6t$ bestimmt Vorzeichen von $E''(t)$, da $e^{-0,1t^2} > 0$ für alle $t \in D_E$

Skizze des Graphen von $y = 0,24t^3 - 3,6t$:

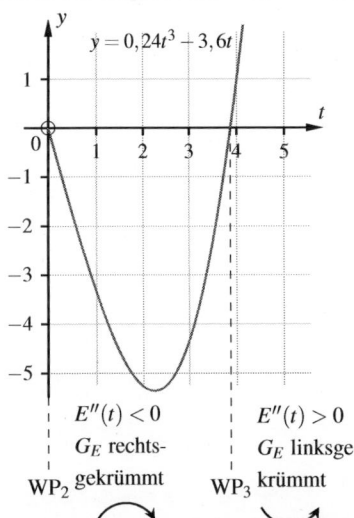

Gleich zu Beginn erreicht das Unternehmen seinen höchsten Erlösanstieg (WP mit L-R-Krümmungswechsel). Nach knapp vier Jahren (ca. 3,87 Jahre) ist die Erlösabnahme am größten (WP mit R-L-Krümmungswechsel).

e) Schnittstellen der beiden Graphen von K und E sind:

$t \approx 0,5$: Gewinnschwelle; $t \approx 4,75$: Gewinngrenze

d. h. Gewinnzone ca. $[0,5;\ 4,75]$

Maximaler Gewinn: nach ca. 2,25 Jahren

5. a) $f(x) = -6x^2 e^{1,5x+0,25}$

$f'(x) = (-9x^2 - 12x)e^{1,5x+0,25}$

$f''(x) = (-13,5x^2 - 36x - 12)e^{1,5x+0,25}$

Nullstellen: $x = 0$ (doppelt)

Extrempunkte: Tiefpunkt $T(-\frac{4}{3}|-1,85)$; Hochpunkt $H(0|0)$

Wendepunkte: $W_1(-2,28|-1,31)$ R-L-KW; $W_2(-0,39|-0,65)$ L-R-KW

Verhalten von $f(x)$ für $x \to \pm\infty$:

$$\lim_{x \to -\infty} f(x) = \lim_{x \to -\infty} \underbrace{-6x^2}_{\to -\infty} \overbrace{e^{1,5x+0,25}}^{\to -\infty}_{\to 0^+} = 0^-$$
$$\underbrace{\phantom{-6x^2 \cdot e^{1,5x+0,25}}}_{\to 0^-}$$

$$\lim_{x \to +\infty} f(x) = \lim_{x \to +\infty} \underbrace{-6x^2}_{\to -\infty} \overbrace{e^{1,5x+0,25}}^{\to +\infty}_{\to +\infty} = -\infty$$
$$\underbrace{\phantom{-6x^2 \cdot e^{1,5x+0,25}}}_{\to -\infty}$$

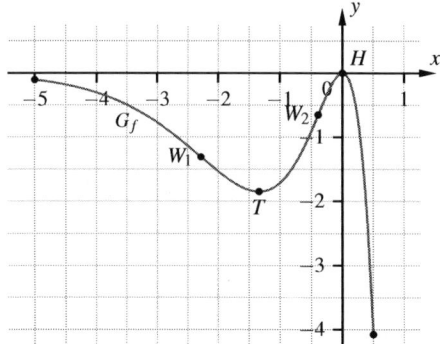

b) $f(x) = (x^2 - 2x)e^{-0,5x}$
$f'(x) = (-0,5x^2 + 3x - 2)e^{-0,5x}$
$f''(x) = (0,25x^2 - 2,5x + 4)e^{-0,5x}$
Nullstellen: $x_1 = 0$; $x_2 = 2$ (je einfach)
Extrempunkte: Tiefpunkt $T(0,76|-0,64)$; Hochpunkt $H(5,24|1,24)$
Wendepunkte: $W_1(2|0)$ L-R-KW; $W_2(8|0,88)$ R-L-KW
Verhalten von $f(x)$ für $x \to \pm\infty$:

$$\lim_{x \to -\infty} f(x) = \lim_{x \to -\infty} \underbrace{\underbrace{(x^2 - 2x)}_{\to +\infty} \overbrace{e^{-0,5x}}^{\to +\infty}}_{\to +\infty} = +\infty$$

$$\lim_{x \to +\infty} f(x) = \lim_{x \to +\infty} \underbrace{\underbrace{(x^2 - 2x)}_{\to +\infty} \overbrace{e^{-0,5x}}^{\to -\infty}}_{\to 0^+} = 0^+$$

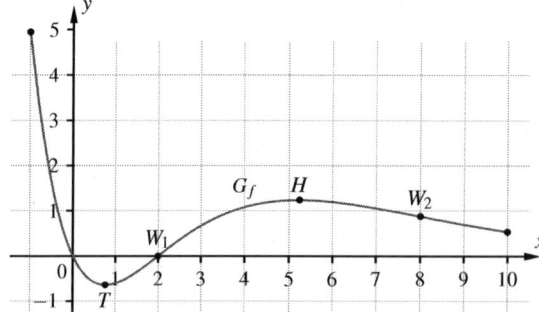

c) $f(x) = e^{-0,75x^2} - 1$
$f'(x) = -1,5x \cdot e^{-0,75x^2}$
$f''(x) = (2,25x^2 - 1,5x)e^{-0,75x^2}$
▶ G_f ist achsensymmetrisch zur y-Achse, da $f(-x) = e^{-0,75(-x)^2} - 1 = e^{-0,75x^2} - 1 = f(x)$
Nullstellen: $x = 0$ (doppelt)
Extrempunkte: Hochpunkt $H(0|0)$
Wendepunkte: $W_1(-0,82|-0,39)$ L-R-KW; $W_2(0,82|-0,39)$ R-L-KW

3.2 Kurvendiskussion von Exponentialfunktionen mit Anwendungen

Verhalten von $f(x)$ für $x \to \pm\infty$:

$$\lim_{x \to -\infty} f(x) = \lim_{x \to -\infty} (\overbrace{e^{-0,75x^2}}^{\to 0^+} - 1) = -1^+$$

$$\lim_{x \to +\infty} f(x) = \lim_{x \to +\infty} (\overbrace{e^{-0,75x^2}}^{\to 0^+} - 1) = -1^+$$

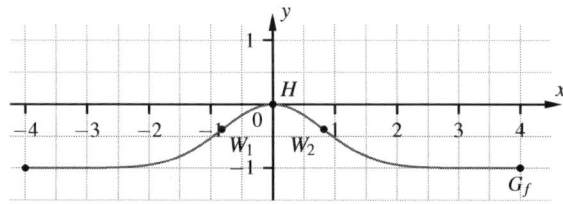

Übungen zu 3.2

1. a) $\lim_{x \to -\infty} f(x) = \lim_{x \to -\infty} 3\,\overbrace{e^{-x}}^{\to +\infty} = +\infty$

$\lim_{x \to +\infty} f(x) = \lim_{x \to +\infty} 3\,\underbrace{e^{-x}}_{\to 0^+} = 0^+$

b) $\lim_{x \to -\infty} f(x) = \lim_{x \to -\infty} (\underbrace{\underbrace{2x}_{\to -\infty}\,\underbrace{e^{0,25x}}_{\to 0^+}}_{\to 0^-} + 5) = 5^-$

$\lim_{x \to +\infty} f(x) = \lim_{x \to +\infty} (\underbrace{\underbrace{2x}_{\to +\infty}\,\overbrace{e^{0,25x}}^{\to +\infty}}_{\to +\infty} + 5) = +\infty$

c) $\lim_{x \to -\infty} f(x) = \lim_{x \to -\infty} \underbrace{\underbrace{(-x+1)}_{\to +\infty}\,\overbrace{e^{-x}}^{\to +\infty}}_{\to +\infty} = +\infty$

$\lim_{x \to +\infty} f(x) = \lim_{x \to +\infty} \underbrace{\underbrace{(-x+1)}_{\to -\infty}\,\underbrace{e^{-x}}_{\to 0^+}}_{\to 0^-} = 0^-$

d) $\lim_{x \to -\infty} f(x) = \lim_{x \to -\infty} (\underbrace{\underbrace{8x^2}_{\to +\infty}\,\overbrace{e^{-4x+6}}^{\to +\infty}}_{\to +\infty} + 2) = +\infty$

$\lim_{x \to +\infty} f(x) = \lim_{x \to +\infty} (\underbrace{\underbrace{8x^2}_{\to +\infty}\,\underbrace{e^{-4x+6}}_{\to 0^+}}_{\to 0^+} + 2) = 2^+$

e) $\lim_{x \to -\infty} f(x) = \lim_{x \to -\infty} \underbrace{\underbrace{(-0,05x^2 + 0,5)}_{\to -\infty}\,\overbrace{e^{-x^2}}^{\to 0^+}}_{\to 0^-} = 0^-$

$\lim_{x \to +\infty} f(x) = \lim_{x \to +\infty} \underbrace{\underbrace{(-0,05x^2 + 0,5)}_{\to -\infty}\,\overbrace{e^{-x^2}}^{\to 0^+}}_{\to 0^-} = 0^-$

f) $\lim_{x \to -\infty} f(x) = \lim_{x \to -\infty} (7 - \underbrace{\underbrace{x}_{\to -\infty}\,\overbrace{e^{3-x^2}}^{\to 0^+}}_{\to 0^-}) = 7^+$

$\lim_{x \to +\infty} f(x) = \lim_{x \to +\infty} (7 - \underbrace{\underbrace{x}_{\to +\infty}\,\underbrace{e^{3-x^2}}_{\to 0^+}}_{\to 0^-}) = 7^-$

105

2. a) $f(x) \leftrightarrow 6$ **c)** $h(x) \leftrightarrow 4$ **e)** $j(x) \leftrightarrow 5$
b) $g(x) \leftrightarrow 2$ **d)** $i(x) \leftrightarrow 3$ **f)** $k(x) \leftrightarrow 1$

3. a) $f(t) = 40t \cdot e^{-0,5t}$; $t \geq 0$; $t_0 = 0$
$f'(t) = (-20t + 40) \cdot e^{-0,5t}$
$f''(t) = (10t - 40) \cdot e^{-0,5t}$
$f'''(t) = (-5t + 30) \cdot e^{-0,5t}$
$H(2|29,43)$

Die Konzentration erreicht nach 2 Stunden mit 29,43 mg/ℓ die höchste Konzentration im Blut.

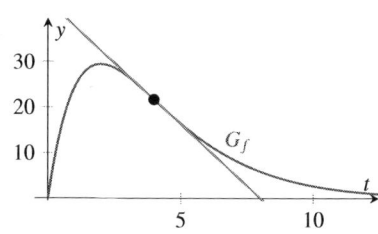

b) $W(4|21,65)$ Das Medikament wird nach 4 Stunden (Wendepunkt) am stärksten abgebaut.

c) $f'(4) \approx -5,41$
d) $h(t) = -5,41t + 43,3$ Die momentane Änderungsrate zu diesem Zeitpunkt beträgt $-5,41$.
$h(t) = 0 \Rightarrow t \approx 8$ Nach 8 Stunden ist das Medikament vollständig abgebaut.

e) $g(t) = at \cdot e^{-bt}$; $t \geq 0$; $a > 0$; $b > 0$; $g'(t) = (1 - bt) \cdot a \cdot e^{-bt}$;
$g(4) = 20 \Leftrightarrow 4a \cdot e^{-4b} = 20$; $g'(4) = 0 \Leftrightarrow b = 0,25$
$\rightarrow 4a \cdot e^{-1} = 20 \rightarrow a \approx 13,59 \Rightarrow g(t) = 13,59t \cdot e^{-0,25t}$

4. a) $W(0) = 0,5e^0 + 4,75 = 5,25$
120 Stunden = 5 Tage $\Rightarrow W(5) = (0,5 - 1,5 \cdot 5)e^{-0,6 \cdot 5} + 4,75 \approx 4,40$
Zu Beginn waren 5,25 Millionen m³ Wasser, nach 120 Stunden (5 Tagen!) noch 4,40 Millionen m³ vorhanden.

b) $\dot{W}(t) = -1,5e^{-0,6t} + (0,5 - 1,5t)e^{-0,6t} \cdot (-0,6) = (0,9t - 1,8)e^{-0,6t}$
$\dot{W}(t) = 0 \Leftrightarrow (0,9t - 1,8)e^{-0,6t} = 0 \Leftrightarrow 0,9t - 1,8 = 0 \Leftrightarrow t = 2$ (einfach)
Nachweis absolutes Minimum:
$y = 0,9t - 1,8$ bestimmt Vorzeichen von $\dot{W}(t)$, da $e^{-0,6t} > 0$ für alle $t \in D_W$
Skizze des Graphen von $y = 0,9t - 1,8$:

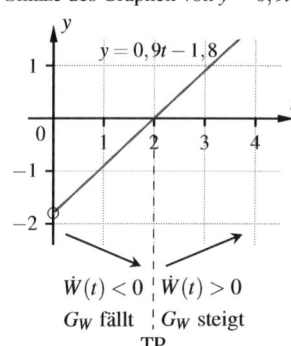

$\dot{W}(t) < 0$ | $\dot{W}(t) > 0$
G_W fällt | G_W steigt
TP

$W(2) = (0,5 - 1,5 \cdot 2)e^{-0,6 \cdot 2} + 4,75 \approx 4,00$
Nach 2 Tagen ist der absolut tiefste Wasserbestand (mit ca. 4 Millionen m³) erreicht, danach steigt er wieder an.
Abweichung vom Mindestbestand:
$\frac{4,0 - 3,5}{3,5} = \frac{0,5}{3,5} = \frac{1}{7} \approx 14,3\ \%$, d.h., der Mindestbestand wird um ca. 14,3 % überschritten.

3.2 Kurvendiskussion von Exponentialfunktionen mit Anwendungen

c) $\dot{W}(0) = -1{,}8e^0 = -1{,}8$*

Beim Öffnen der Schleusen beträgt die Durchflussgeschwindigkeit 1,8 Millionen m³ Wasser pro Tag (die aber ständig abnimmt!).

* Eigentlich gilt $t = 0 \notin D_{\dot{W}}$ wegen der aufgrund des Anwendungskontextes eingeschränkten Definitionsmenge. Mathematisch kann aber $D_{\dot{W}}$ auf $\mathbb{R}$ erweitert werden.

d) $\lim\limits_{t \to +\infty} W(t) = \lim\limits_{t \to +\infty} \underbrace{\underbrace{(0{,}5 - 1{,}5t)}_{\to -\infty} \underbrace{e^{\overbrace{-0{,}6t}^{\to -\infty}}}_{\to 0^+}}_{\to 0^-} + 4{,}75 = 4{,}75^-$

$\underbrace{}_{\to 4{,}75^-}$

Der Wasserbestand steigt (nach dem Erreichen seines Tiefststands) auf lange Sicht langsam gegen 4,75 Millionen m³ an.

e)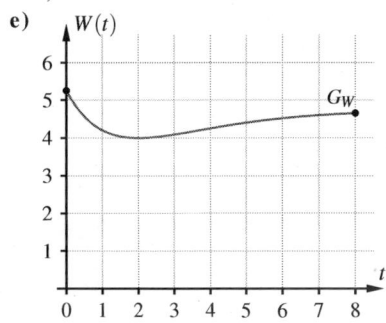

5. a) Anfangsgewicht: $G(0) = 20e^0 + 70 = 90$ Das Gewicht zu Beginn der Diät beträgt 90 kg.

Idealgewicht: ($\cong$ langfristiges Gewicht)

$G_{ideal} = \lim\limits_{t \to +\infty} G(t) = \lim\limits_{t \to +\infty} \underbrace{20\underbrace{e^{\overbrace{-0{,}2t}^{\to -\infty}}}_{\to 0^+}}_{\to 0^+} + 70 = 70^+$ Das Idealgewicht beträgt 70 kg.

$\underbrace{}_{\to 70^+}$

b) Die gesamte angestrebte Gewichtsreduzierung beträgt 20 kg (= 90 kg − 70 kg).

75 % von 20 kg = 15 kg, d. h., das dann (zum Zeitpunkt t_1) erreichte Gesamtgewicht beträgt 75 kg.

$20e^{-0{,}2t_1} + 70 = 75 \Leftrightarrow 20e^{-0{,}2t_1} = 5 \Leftrightarrow e^{-0{,}2t_1} = 0{,}25 \quad |\ln$

$\Leftrightarrow -0{,}2t_1 = \ln(0{,}25) \Leftrightarrow t_1 = \frac{\ln(0{,}25)}{-0{,}2} \Rightarrow t_1 \approx 6{,}93$

D. h., nach knapp 7 Monaten sind 75 % der angestrebten Gewichtsreduzierung erreicht.

c) $\dot{G}(t) = 20e^{-0{,}2t} \cdot (-0{,}2) = -4e^{-0{,}2t}$

$\dot{G}(0) = -4e^0 = -4$

Die Gewichtsabnahmerate zu Beginn beträgt 4 kg pro Monat. Dies entspricht dann bei konstanter Abnahme einer linearen Funktion mit einer Steigung von −4.

Das Anfangsgewicht beträgt auch hier 90 kg, der y-Achsenabschnitt ist also 90.

$\Rightarrow$ Funktionsgleichung: $g(t) = -4t + 90$

Schnittstelle mit $y = 70$ bestimmen:

$\Rightarrow -4t_2 + 90 = 70 \Leftrightarrow -4t_2 = -20 \Leftrightarrow t_2 = 5$

Bei der Alternativdiät, mit konstanter Abnahmerate, erreicht man bereits nach 5 Monaten das Idealgewicht.

6. Maximale Konzentration:

Unfall A: $a(t) = 3{,}5t e^{-0{,}065t^2 + 0{,}5}$

$\dot{a}(t) = 3{,}5 e^{-0{,}065t^2 + 0{,}5} + 3{,}5t e^{-0{,}065t^2 + 0{,}5} \cdot (-0{,}13t) = (-0{,}455t^2 + 3{,}5) \cdot e^{-0{,}065t^2 + 0{,}5}$

$\dot{a}(t) = 0 \Leftrightarrow (-0{,}455t^2 + 3{,}5) \cdot e^{-0{,}065t^2 + 0{,}5} = 0 \Leftrightarrow -0{,}455t^2 + 3{,}5 = 0$

$\Leftrightarrow t^2 = \frac{-3{,}5}{-0{,}455} \Leftrightarrow t^2 = \frac{100}{13}$

$\Rightarrow (t_1 = -\frac{10\sqrt{13}}{13} \approx -2{,}77 \notin D_a);\; t_2 = \frac{10\sqrt{13}}{13} \approx 2{,}77$

Nachweis absolutes Maximum:

$y = -0{,}455t^2 + 3{,}5$ bestimmt Vorzeichen von $\dot{a}(t)$, da $e^{-0{,}065t^2 + 0{,}5} > 0$ für alle $t \in D_a$

Skizze des Graphen von $y = -0{,}455t^2 + 3{,}5$:

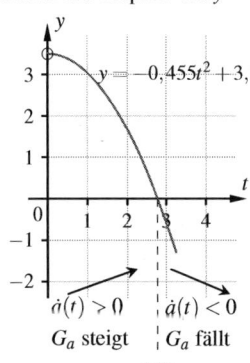

Zum Zeitpunkt $t = 2{,}77$ hat der Graph der Funktion a einen absoluten Hochpunkt.

$a(2{,}77) \approx 9{,}71$

Bei Unfall A wurde die maximale Konzentration von ca. $9{,}71 \frac{mg}{m^3}$ nach ca. 2,77 Minuten erreicht.

Unfall B: $b(t) = 2{,}75t^2 e^{-0{,}56t + 0{,}25}$

$\dot{b}(t) = 5{,}5t e^{-0{,}56t + 0{,}25} + 2{,}75t^2 e^{-0{,}56t + 0{,}25} \cdot (-0{,}56) = (-1{,}54t^2 + 5{,}5t) \cdot e^{-0{,}56t + 0{,}25}$

$\dot{b}(t) = 0 \Leftrightarrow (-1{,}54t^2 + 5{,}5t) \cdot e^{-0{,}56t + 0{,}25} = 0 \Leftrightarrow -1{,}54t^2 + 5{,}5t = 0$

$\Leftrightarrow t(-1{,}54t + 5{,}5) = 0$

$\Rightarrow t_1 = 0;\; t_2 = \frac{25}{7}$

Nachweis absolutes Maximum:

$y = -1{,}54t^2 + 5{,}5t$ bestimmt Vorzeichen von $\dot{b}(t)$, da $e^{-0{,}56t + 0{,}25} > 0$ für alle $t \in D_b$

Skizze des Graphen von $y = -1{,}54t^2 + 5{,}5t$:

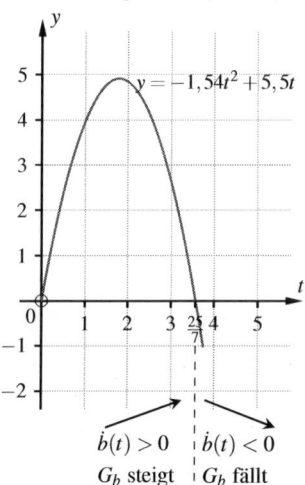

Zum Zeitpunkt $t = \frac{25}{7} \approx 3{,}57$ hat der Graph der Funktion b einen absoluten Hochpunkt.

$b(3{,}57) \approx 6{,}09$

Bei Unfall B wurde die maximale Konzentration von ca. $6{,}09 \frac{mg}{m^3}$ nach ca. 3,57 Minuten erreicht.

In beiden Fällen wurde der Grenzwert von $10 \frac{mg}{m^3}$ nicht überschritten.

3.2 Kurvendiskussion von Exponentialfunktionen mit Anwendungen

Höchste Zunahme/Abnahme:

Unfall A:
$$\ddot{a}(t) = -0{,}91t \cdot e^{-0{,}065t^2+0{,}5} + (-0{,}455t^2+3{,}5) \cdot e^{-0{,}065t^2+0{,}5} \cdot (-0{,}13t)$$
$$= (0{,}05915t^3 - 1{,}365t) \cdot e^{-0{,}065t^2+0{,}5}$$

$\ddot{a}(t) = 0 \Leftrightarrow (0{,}05915t^3 - 1{,}365t) \cdot e^{-0{,}065t^2+0{,}5} = 0 \Leftrightarrow 0{,}05915t^3 - 1{,}365t = 0$

$\Leftrightarrow t(0{,}05915t^2 - 1{,}365) = 0$

$t_1 = 0^*$; $t_{2/3} = \pm\sqrt{\frac{1{,}365}{0{,}05915}} = \pm\frac{10\sqrt{39}}{13}$; $t_2 \approx 4{,}80$; ($t_3 \approx -4{,}80 \notin D_a$) (alle mit VZW, also WP)

$y = 0{,}05915t^3 - 1{,}365t$ bestimmt Vorzeichen von $\ddot{a}(t)$, da $e^{-0{,}065t+0{,}5} > 0$ für alle $t \in D_a$

Skizze des Graphen von $y = 0{,}05915t^3 - 1{,}365t$:

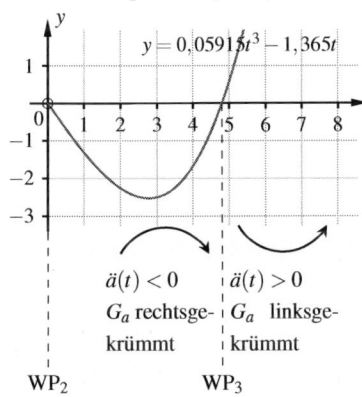

$\dot{a}(0) \approx 5{,}77$

$\dot{a}(4{,}80) \approx -2{,}58$

Gleich zu Beginn ist die Zunahme der Schadstoffkonzentration als Folge des Unfalls A mit ca. $5{,}77 \frac{mg}{m^3}$ pro Minute am größten (WP mit L-R-Krümmungswechsel). Nach ca. 4,80 Minuten ist die Abnahme der Schadstoffkonzentration als Folge des Unfalls A mit ca. $2{,}58 \frac{mg}{m^3}$ pro Minute am größten (WP mit R-L-Krümmungswechsel).

* Eigentlich gilt $t = 0 \notin D_{\ddot{a}}$ wegen der aufgrund des Anwendungskontextes eingeschränkten Definitionsmenge. Mathematisch kann aber $D_{\ddot{a}}$ auf $\mathbb{R}$ erweitert werden.

Unfall B:
$$\ddot{b}(t) = (-3{,}08t + 5{,}5) \cdot e^{-0{,}56t+0{,}25} + (-1{,}54t^2 + 5{,}5t) \cdot e^{-0{,}56t+0{,}25} \cdot (-0{,}56)$$
$$= (0{,}8624t^2 - 6{,}16t + 5{,}5) \cdot e^{-0{,}56t+0{,}25}$$

$\ddot{b}(t) = 0 \Leftrightarrow (0{,}8624t^2 - 6{,}16t + 5{,}5) \cdot e^{-0{,}56t+0{,}25} = 0 \Leftrightarrow 0{,}8624t^2 - 6{,}16t + 5{,}5 = 0$

$t_{1/2} = \frac{6{,}16 \pm \sqrt{18{,}9728}}{1{,}7248}$; $t_1 \approx 1{,}05$; $t_2 \approx 6{,}10$ (beide mit VZW, also WP)

$y = 0{,}8624t^2 - 6{,}16t + 5{,}5$ bestimmt Vorzeichen von $\ddot{b}(t)$, da $e^{-0{,}56t+0{,}25} > 0$ für alle $t \in D_b$

Skizze des Graphen von $y = 0{,}8624t^2 - 6{,}16t + 5{,}5$.

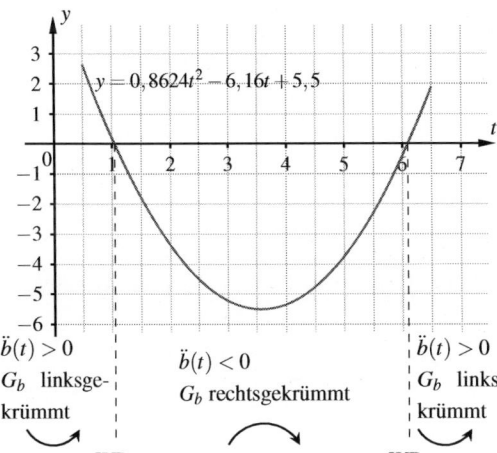

$\dot{b}(1{,}05) \approx 2{,}91$

$\dot{b}(6{,}10) \approx -1{,}00$

Nach ca. 1,05 Minuten ist die Zunahme der Schadstoffkonzentration als Folge des Unfalls B mit ca. $2{,}91 \frac{mg}{m^3}$ pro Minute am größten (WP mit L-R-Krümmungswechsel).

Nach ca. 6,10 Minuten ist die Abnahme der Schadstoffkonzentration mit ca. $1{,}00 \frac{mg}{m^3}$ pro Minute am größten (WP mit R-L-Krümmungswechsel).

Konzentration nach 6, 8, 10 bzw. 12 Minuten (in $\frac{mg}{m^3}$):

	6 Minuten	8 Minuten	10 Minuten	12 Minuten
$a(t)$	3,34	0,72	0,09	0,01
$b(t)$	4,41	2,56	1,31	0,61

Unterschiede in der Belastung:
Bei Unfall A werden zu Beginn viel größere Mengen an Schadstoffen ausgestoßen, die maximale Konzentration ist viel höher als bei Unfall B (und knapp unter der erlaubten Höchstgrenze). Bei Unfall A werden innerhalb kürzester Zeit (der ersten 5–6 Minuten) viel größere Mengen an Schadstoffen ausgestoßen als bei Unfall B. Dafür ist bereits nach knapp 6 Minuten der Ausstoß bei A dann niedriger als bei B.

Zusammenfassend: Das Ändern der Vorgehensweise ist richtig; die (momentane) Belastung ist nicht so hoch, allerdings dauert es etwas länger bis sie fast ganz verschwunden ist (siehe auch nebenstehenden Graphen).
(Vergleicht man die Gesamtbelastung – entspricht der Fläche unter den Graphen, z.B. mit einem CAS-Programm ermittelbar – so stellt man auch hier fest, dass innerhalb einer Stunde bei A ein Gesamtausstoß von 44,4 $\frac{mg}{m^3}$ stattgefunden hat, bei B hingegen ca. 40,2 $\frac{mg}{m^3}$, also insgesamt etwa 10 % geringer war.)

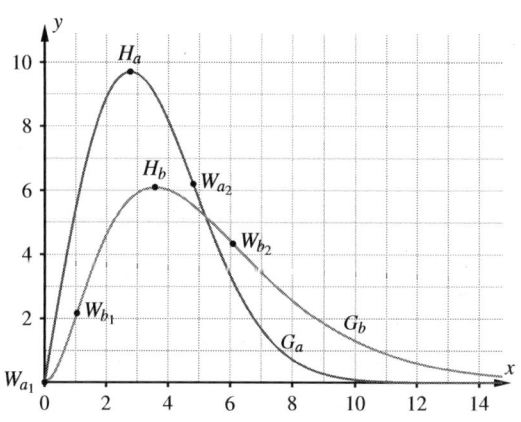

7. a) Anzahl Erkrankte Ende Woche 1: $N(1) = 15e^{-0,1(1-8)^2} = 15e^{-4,9} \;(\approx 0,112)$
Dreifache Anzahl der Erkrankten: $3 \cdot N(1) = 3 \cdot 15e^{-4,9} = 45e^{-4,9}$
$N(t) = 3 \cdot N(1) \Leftrightarrow N(t) = 45e^{-4,9} \Leftrightarrow 15e^{-0,1(t-8)^2} = 45e^{-4,9}$
$\Leftrightarrow e^{-0,1(t-8)^2} = 3e^{-4,9} \quad |\ln$
$\Leftrightarrow -0,1(t-8)^2 = \ln(3e^{-4,9})$
$\Leftrightarrow (t-8)^2 = -10 \cdot \ln(3e^{-4,9}) \quad |\sqrt{} \; \blacktriangleright -10 \cdot \ln(3e^{-4,9}) \approx 38,01 > 0$
$\Leftrightarrow t-8 = -\sqrt{-10 \cdot \ln(3e^{-4,9})} \quad \text{oder} \quad t-8 = +\sqrt{-10 \cdot \ln(3e^{-4,9})}$
$t_1 = 8 - \sqrt{-10 \cdot \ln(3e^{-4,9})} \approx 1,83; \; t_2 = 8 + \sqrt{-10 \cdot \ln(3e^{-4,9})} \approx 14,17$
Der Zeitpunkt $t_1 \approx 1,83$ wird zuerst erreicht (nach $t = 1$, der Graph steigt erst an; zum Zeitpunkt t_2 liegt wieder der dreifache Wert vor, hier fällt der Graph dann; siehe gegebener Graph). Die Zeitspanne bis zur Verdreifachung beträgt 0,83 Wochen ($= 1,83 - 1$), was in etwa 6 Tagen entspricht.

b) Höchste Ausbreitungsgeschwindigkeit: WP mit L-R-Krümmungswechsel
$\dot{N}(t) = 15e^{-0,1(t-8)^2} \cdot (-0,1 \cdot 2 \cdot (t-8)) = -3(t-8)e^{-0,1(t-8)^2}$
$\ddot{N}(t) = -3e^{-0,1(t-8)^2} + (-3(t-8)e^{-0,1(t-8)^2}) \cdot (-0,1 \cdot 2 \cdot (t-8))$
$= [-3 + 0,6(t-8)^2] \cdot e^{-0,1(t-8)^2}$
$\ddot{N}(t) = 0 \Leftrightarrow [-3 + 0,6(t-8)^2] \cdot e^{-0,1(t-8)^2} = 0 \Leftrightarrow -3 + 0,6(t-8)^2 = 0$
$\Leftrightarrow 0,6(t-8)^2 = 3 \Leftrightarrow (t-8)^2 = 5 \quad |\sqrt{}$
$\Leftrightarrow t-8 = -\sqrt{5} \quad \text{oder} \quad t-8 = +\sqrt{5}$
$t_1 = 8 - \sqrt{5} \approx 5,76; \; t_2 = 8 + \sqrt{5} \approx 10,24$ (je einfach, mit VZW $\Rightarrow$ WP)

3.2 Kurvendiskussion von Exponentialfunktionen mit Anwendungen

Nachweis der Art des Krümmungswechsels anhand des Verlaufs des gegebenen Graphen.
Alternativ (Rechnung): $y = 0{,}6(t-8)^2 - 3$ bestimmt Vorzeichen von $\ddot{N}(t)$, da $e^{-0{,}1(t-8)^2} > 0$ für alle $t \in D_N$

Skizze des Graphen von $y = 0{,}6(t-8)^2 - 3$:

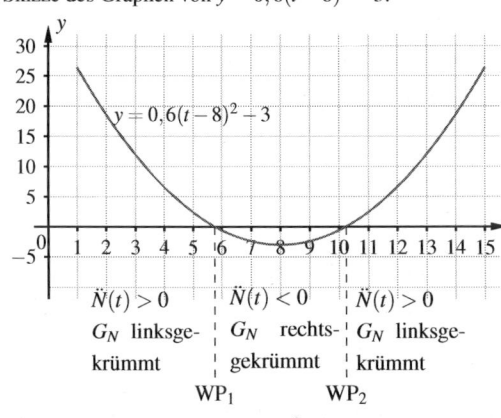

$\ddot{N}(t) > 0$ | $\ddot{N}(t) < 0$ | $\ddot{N}(t) > 0$
G_N linksge- | G_N rechts- | G_N linksge-
krümmt | gekrümmt | krümmt
 | WP$_1$ | WP$_2$

Zum Zeitpunkt $t \approx 5{,}76$ hat der Graph der Funktion N einen WP mit L-R-Krümmungswechsel, damit liegt nach 5,76 Wochen die höchste Ausbreitungsgeschwindigkeit vor.
$\dot{N}(5{,}76) = -3(5{,}76 - 8)e^{-0{,}1(5{,}76-8)^2}$
$\approx 4{,}0687$
Der größte Zuwachs an Neuerkrankungen pro Woche beträgt ca. 4069 und pro Tag dann etwa 581 $(= \frac{4068{,}7}{7} \approx 581)$.

c) $\dot{N}(t) = 0 \Leftrightarrow -3(t-8)e^{-0{,}1(t-8)^2} = 0 \Leftrightarrow -3(t-8) = 0 \Leftrightarrow t = 8$ (einfach)

Aus b) ist bekannt, dass der Graph von N in einer Umgebung um $t = 8$ rechtsgekrümmt ist, und damit muss bei $t = 8$ eine Maximalstelle sein. (Alternativ: Verlauf des gegebenen Graphen)
$N(8) = 15e^{-0{,}1(8-8)^2} = 15e^0 = 15 \Rightarrow$ Hochpunkt $H(8|15)$
Die maximale Anzahl an Erkrankten ist nach 8 Wochen erreicht und beträgt 15 000.

d) Anzahl der Erkrankten zu Beginn: $N(0) = 15e^{-0{,}1(0-8)^2} = 15e^{-6{,}4}$
$N(t) = 15e^{-6{,}4} \Leftrightarrow 15e^{-0{,}1(t-8)^2} = 15e^{-6{,}4} \Leftrightarrow e^{-0{,}1(t-8)^2} = e^{-6{,}4}$
$\Leftrightarrow -0{,}1(t-8)^2 = -6{,}4 \Leftrightarrow (t-8)^2 = 64 \;|\sqrt{}$
$\Leftrightarrow t - 8 = -8$ oder $t - 8 = +8$
$\Rightarrow t_1 = 0$ (bekannt); $\quad t_2 = 16$ (je einfach)
Nach 16 Wochen ist die Epidemie überstanden.

8. a) 30 Minuten sind 0,5 Stunden.
$N(0{,}5) = 1745 \Leftrightarrow N_0 \cdot e^{3 \cdot 0{,}5 - 0{,}5^2} = 1745 \Leftrightarrow N_0 \cdot e^{1{,}25} = 1745$
$\Leftrightarrow N_0 = \frac{1745}{e^{1{,}25}} \Rightarrow N_0 \approx 500$

b) $\dot{N}(t) = 500e^{3 \cdot t - t^2} \cdot (3 - 2t) = 500 \cdot (3 - 2t)e^{3 \cdot t - t^2}$
$\dot{N}(t) = 0 \Leftrightarrow 500 \cdot (3 - 2t)e^{3 \cdot t - t^2} = 0 \Leftrightarrow 3 - 2t = 0 \Rightarrow t = 1{,}5$ (einfach)
Nachweis absolutes Maximum:
$y = 3 - 2t$ bestimmt Vorzeichen von $\dot{N}(t)$, da $e^{3 \cdot t - t^2} > 0$ (und auch $500 > 0$) für alle $t \in D_N$

106

Skizze des Graphen $y = 3 - 2t$:

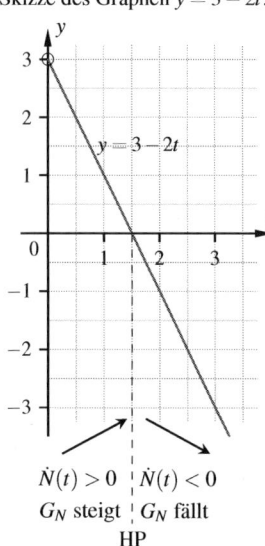

Zum Zeitpunkt $t = 1{,}5$ hat der Graph der Funktion einen absoluten Hochpunkt.
$N(1{,}5) = 500\mathrm{e}^{3 \cdot 1{,}5 - 1{,}5^2} \approx 4744$
Nach 1,5 Stunden ist mit ca. 4744 Pilzen die maximale Anzahl erreicht.

c) $\ddot{N}(t) = 500 \cdot (-2)\mathrm{e}^{3 \cdot t - t^2} + 500 \cdot (3 - 2t)\mathrm{e}^{3 \cdot t - t^2} \cdot (3 - 2t)$
$= 500 \cdot [-2 + (3 - 2t)^2]\mathrm{e}^{3 \cdot t - t^2} = 500 \cdot (4t^2 - 12t + 7)\mathrm{e}^{3 \cdot t - t^2}$
$\ddot{N}(t) = 0 \Leftrightarrow 500 \cdot (4t^2 - 12t + 7)\mathrm{e}^{3 \cdot t - t^2} = 0 \Leftrightarrow 4t^2 - 12t + 7 = 0$
$t_{1/2} = \frac{12 \pm \sqrt{144 - 112}}{8} = \frac{3 \pm \sqrt{2}}{2}$; $t_1 \approx 0{,}79$; $t_2 \approx 2{,}21$ (mit VZW, also WP)
$y = 4t^2 - 12t + 7$ bestimmt Vorzeichen von $\ddot{N}(t)$, da $\mathrm{e}^{3 \cdot t - t^2} > 0$ (und auch $500 > 0$) für alle $t \in D_N$
Skizze des Graphen von $y = 4t^2 - 12t + 7$:

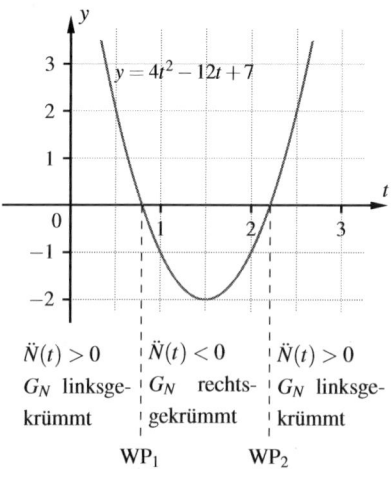

Zum Zeitpunkt $t_1 \approx 0{,}79$ hat der Graph der Funktion N einen WP mit L-R-Krümmungswechsel, und zum Zeitpunkt $t_2 \approx 2{,}21$ einen WP mit R-L-Krümmungswechsel.
Das bedeutet, dass die Pilzkultur nach ca. 0,79 Stunden (knapp 48 Minuten) am stärksten wächst und nach ca. 2,21 Stunden (knapp 133 Minuten) am stärksten abnimmt.
Bedeutung für den Graphen von N: (siehe oben) t_1 und t_2 sind die Abszissen der Wendepunkte.

3.2 Kurvendiskussion von Exponentialfunktionen mit Anwendungen

d) $N(t) < 1 \Leftrightarrow 500 \cdot e^{3 \cdot t - t^2} < 1 \Leftrightarrow e^{3 \cdot t - t^2} < 0{,}002 \quad |\ln$
$\Leftrightarrow 3 \cdot t - t^2 < \ln(0{,}002) \Leftrightarrow -t^2 + 3 \cdot t - \ln(0{,}002) < 0$

Löse Gleichung: $-t^2 + 3 \cdot t - \ln(0{,}002) = 0$

$t_{1/2} = \dfrac{-3 \pm \sqrt{9 - 4\ln(0{,}002)}}{-2}$; $(t_1 \approx -1{,}41 \notin D_N)$; $t_2 \approx 4{,}41$ (je einfach)

Skizze des Graphen von $y = -t^2 + 3 \cdot t - \ln(0{,}002)$:

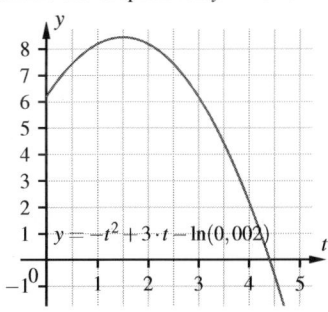

Die Ungleichung $-t^2 + 3 \cdot t - \ln(0{,}002) < 0$ hat die Lösungsmenge $L =]-\infty;\, -1{,}41[\, \cup\,]4{,}41;\, +\infty[$.

Da $t \geq 0$ sein muss, sind nur $t \in\,]4{,}41;\, +\infty[$ möglich, d. h., die Pilzkultur ist nach ca. 4,41 Stunden völlig abgestorben.

e) Skizze G_N

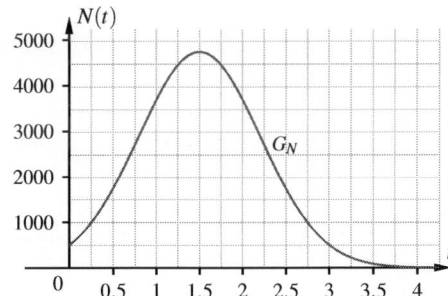

9. a) $\dot{B}(t) = -15 \cdot e^{-0{,}15t} + (-15t + 5)e^{-0{,}15t} \cdot (-0{,}15) = (2{,}25t - 15{,}75)e^{-0{,}15t}$

$\dot{B}(t) = 0 \Leftrightarrow (2{,}25t - 15{,}75)e^{-0{,}15t} = 0 \Leftrightarrow 2{,}25t - 15{,}75 = 0 \Leftrightarrow t = 7$ (einfach)

Nachweis absolutes Minimum:

$y = 2{,}25t - 15{,}75$ bestimmt Vorzeichen von $\dot{B}(t)$, da $e^{-0{,}15t} > 0$ für alle $t \in D_B$

Skizze des Graphen von $y = 2{,}25t - 15{,}75$:

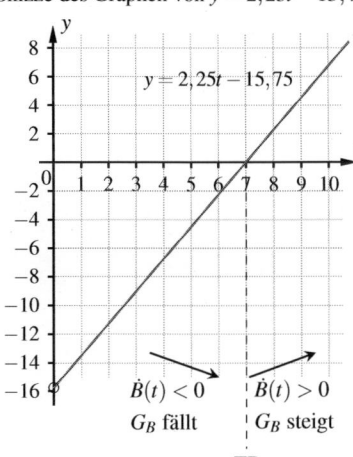

Zum Zeitpunkt $t = 7$ hat der Graph der Funktion einen absoluten Tiefpunkt.

$B(7) = 500 \cdot e^{3 \cdot t - t^2} \approx 35$

D. h.: Am 1.1.2002 (nach 7 Jahren) hat der Bestand des Gelbflossenthuns seinen minimalen Bestand von ca. 35 Mio. Fischen erreicht.

b) $B(0) = (-15 \cdot 0 + 5)e^{-0,15 \cdot 0} + 70 = 75$

Am 1.1.1995 betrug der Bestand des Gelbflossenthuns ca. 75 Mio. Fische.

$$\lim_{t \to +\infty} B(t) = \lim_{t \to +\infty} (\underbrace{\underbrace{(-15t+5)}_{\to -\infty} \overbrace{e^{-0,15t}}^{\to +\infty}}_{\underbrace{\to 0^-}_{\to 70^-}} + 70) = 70^-$$

Auf lange Sicht stellt sich ein Bestand von 70 Mio. Gelbflossenthun ein.

c) Bis zum 1.7.2011 sind 16,5 Jahre vergangen.
$B(16,5) = (-15 \cdot 16,5 + 5)e^{-0,15 \cdot 16,5} + 70 \approx 49,59$
Am 1.7.2011 beträgt der Geblflossenthunbestand ca. 49,59 Mio. Fische.
$\dot{B}(16,5) = (2,25 \cdot 16,5 - 15,75)e^{-0,15 \cdot 16,5} \approx 1,80$
Die jährliche Zunahme des Bestands des Geblflossenthuns am 1.7.2011 beträgt ca. 1,80 Mio. Fische pro Jahr.

d) Zeitpunkt größter Bestandszunahme: WP mit L-R-Krümmungswechsel
$\ddot{B}(t) = 2,25 \cdot e^{-0,15t} + (2,25t - 15,75)e^{-0,15t} \cdot (-0,15) = (-\frac{27}{80}t + \frac{369}{80})e^{-0,15t}$
$\ddot{B}(t) = 0 \Leftrightarrow (-\frac{27}{80}t + \frac{369}{80})e^{-0,15t} = 0 \Leftrightarrow -\frac{27}{80}t + \frac{369}{80} = 0$
$\Leftrightarrow t = \frac{41}{3}$ (mit VZW, also WP)

$y = -\frac{27}{80}t + \frac{369}{80}$ bestimmt Vorzeichen von $\ddot{B}(t)$, da $e^{-0,15t} > 0$ für alle $t \in D_R$

Skizze des Graphen von $y = -\frac{27}{80}t + \frac{369}{80}$:

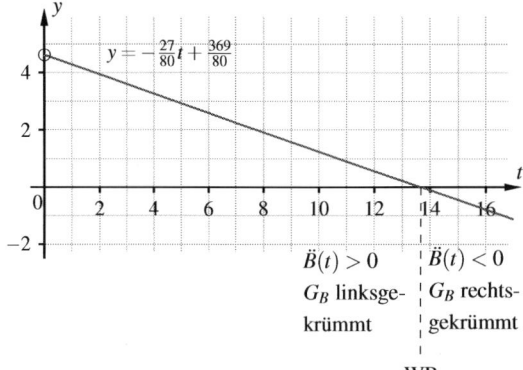

$\ddot{B}(t) > 0$ | $\ddot{B}(t) < 0$
G_B linksge- | G_B rechts-
krümmt | gekrümmt
WP

Zum Zeitpunkt $t = \frac{41}{3}$ hat der Graph der Funktion B einen WP mit L-R-Krümmungswechsel, damit liegt dort die Stelle größter Bestandszunahme vor.

$t = \frac{41}{3} \approx 13,67$ entspricht dem Jahr 2008.

Im Jahr 2008 liegt demzufolge die größte Bestandzunahme des Gelbflossenthuns.

Test A zu 3.2

a) $\lim_{t \to +\infty} G(t) = \lim_{t \to +\infty} (\underbrace{\underbrace{(1,8t - 0,5)}_{\to +\infty} \overbrace{e^{-0,1t}}^{\to -\infty}}_{\underbrace{\to 0^+}_{\to -4^+}} - 4) = -4$

Die Aussage stimmt, das Unternehmen wird langfristig einen Verlust von 40 000€ pro Monat machen.

b) $G'(t) = 1{,}8e^{-0{,}1t} + (1{,}8t - 0{,}5)e^{-0{,}1t} \cdot (-0{,}1) = (-0{,}18t + 1{,}85)e^{-0{,}1t}$

$G'(t) = 0 \Leftrightarrow (-0{,}18t + 1{,}85)e^{-0{,}1t} = 0 \Leftrightarrow -0{,}18t + 1{,}85 = 0 \Rightarrow t \approx 10{,}28$

Nachweis absolutes Maximum:

$y = -0{,}18t + 1{,}85$ bestimmt Vorzeichen von $G'(t)$, da $e^{-0{,}1t} > 0$ für alle $t \in D_G$

Skizze des Graphen von $y = -0{,}18t + 1{,}85$:

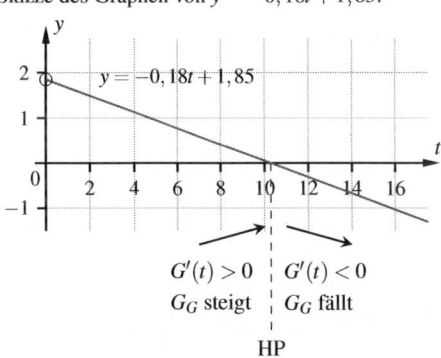

$G(10{,}28) \approx 2{,}44$

Nach ca. zehneinviertel Monaten (ca. am 8. November) des ersten Jahres erreicht der Gewinn mit ca. 24 400 € den absolut höchsten Wert.

c) $G''(t) = -0{,}18e^{-0{,}1t} + (-0{,}18t - 1{,}85)e^{-0{,}1t} \cdot (-0{,}1) = (0{,}018t - 0{,}365)e^{-0{,}1t}$

$G''(t) = 0 \Leftrightarrow (0{,}018t - 0{,}365)e^{-0{,}1t} = 0 \Leftrightarrow 0{,}018t - 0{,}365 = 0 \Rightarrow t \approx 20{,}28$

Vorzeichenuntersuchung von $G''(t)$:

$y = 0{,}018t - 0{,}365$ bestimmt Vorzeichen von $G''(t)$, da $e^{-0{,}1t} > 0$ für alle $t \in D_G$

Skizze des Graphen von $y = 0{,}018t - 0{,}365$:

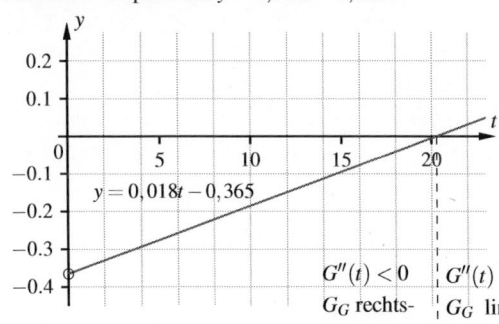

$G'(20{,}28) \approx -0{,}24$

Nach ca. 20,28 Monaten (nach einem Jahr und achteinviertel Monaten, also ca. am 8. September des zweiten Jahres) ist der Gewinnrückgang mit ca. 2400 € pro Monat am höchsten (WP mit R-L-Krümmungswechsel).

d) Der Gewinn steigt degressiv im Intervall [0; 10,28] (Anfang Januar bis ca. 8. November des ersten Jahres). Anschließend fällt der Gewinn zunächst progressiv im Intervall [10,28; 20,28] (ca. 8. November des ersten Jahres und 8. September des zweiten Jahres) und anschließend degressiv bis zum Jahresende des zweiten Jahres.

Test B zu 3.2

a) $\dot{d}(0) = 0 \cdot e^{0-0,25} + 10 = 10$

Im Boden befinden sich zu Beginn bereits 10 $\frac{mg}{m^2}$ des Wirkstoffes.

b) $\dot{d}(t) = 3t \cdot e^{-0,15t-0,25} + 1,5t^2 \cdot e^{-0,15t-0,25} \cdot (-0,15) = (-\frac{9}{40}t^2 + 3t)e^{-0,15t-0,25}$

$\dot{d}(t) = 0 \Leftrightarrow (-\frac{9}{40}t^2 + 3t)e^{-0,15t-0,25} = 0 \Leftrightarrow -\frac{9}{40}t^2 + 3t = 0$

$\Leftrightarrow t(-\frac{9}{40}t + 3) = 0 \Leftrightarrow t = 0$ oder $t = \frac{40}{3}$ (je einfach)

Nachweis absolutes Maximum:

$y = -\frac{9}{40}t^2 + 3t$ bestimmt Vorzeichen von $\dot{d}(t)$, da $e^{-0,15t-0,25} > 0$ für alle $t \in D_d$

Skizze des Graphen von $y = -\frac{9}{40}t^2 + 3t$:

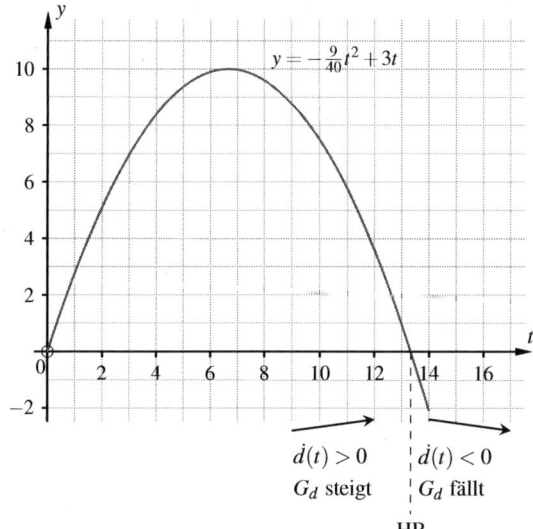

Zum Zeitpunkt $t = \frac{40}{3}$ hat der Graph der Funktion einen absoluten Hochpunkt.

$d(\frac{40}{3}) \approx 38,11$

Da die maximale Konzentration des Wirkstoffes damit ca. 38,11 $\frac{mg}{m^2}$ beträgt, wird der Grenzwert von 40 $\frac{mg}{m^2}$ nicht überschritten.

c) $\ddot{d}(t) = (-\frac{9}{20}t + 3)e^{-0,15t-0,25} + (-\frac{9}{40}t^2 + 3t)e^{-0,15t-0,25} \cdot (-0,15)$

$= (\frac{27}{800}t^2 - \frac{9}{10}t + 3)e^{-0,15t-0,25}$

$\ddot{d}(t) = 0 \Leftrightarrow (\frac{27}{800}t^2 - \frac{9}{10}t + 3)e^{-0,15t-0,25} = 0 \Leftrightarrow \frac{27}{800}t^2 - \frac{9}{10}t + 3 = 0$

$\Leftrightarrow 27t^2 - 720t + 2400 = 0$

$t_{1/2} = \frac{720 \pm \sqrt{259\,200}}{54}$; $t_1 \approx 3,91$; $t_2 \approx 22,76$ (jeweils VZW, also WP)

Vorzeichenwechsel von $\ddot{d}(t)$:

$y = \frac{27}{800}t^2 - \frac{9}{10}t + 3$ bestimmt Vorzeichen von $\ddot{d}(t)$, da $e^{-0,15t-0,25} > 0$ für alle $t \in D_d$

3.2 Kurvendiskussion von Exponentialfunktionen mit Anwendungen

Skizze des Graphen von $y = \frac{27}{800}t^2 - \frac{9}{10}t + 3$:

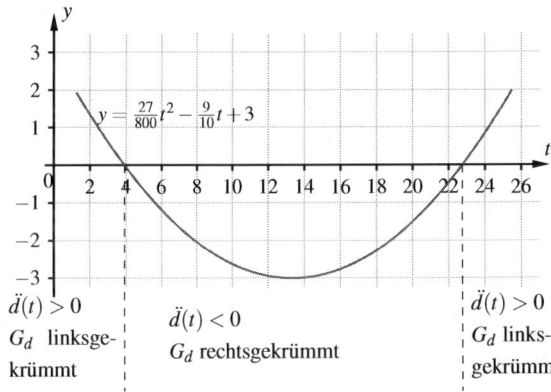

$\dot{d}(3{,}91) \approx 3{,}59$
$\dot{d}(22{,}76) \approx -1{,}24$

Nach ca. 3,91 Tagen ist die Zunahme der Wirkstoffkonzentration mit 3,59 $\frac{mg}{m^2}$ pro Tag am größten (WP mit L-R-Krümmungswechsel).

Nach ca. 22,76 Tagen ist die Abnahme der Wirkstoffkonzentration mit 1,24 $\frac{mg}{m^2}$ pro Tag am größten (WP mit R-L-Krümmungswechsel).

d) $\lim\limits_{t \to +\infty} d(t) = \lim\limits_{t \to +\infty} \underbrace{\underbrace{1{,}5t^2}_{\to +\infty} \overbrace{e^{-0{,}15t - 0{,}25}}^{\to -\infty}}_{\to 0^+} + 10 = 10^+$

Auf lange Sicht stellt sich also wieder eine Konzentration von 10 $\frac{mg}{m^2}$ ein.

e) Graph von d:

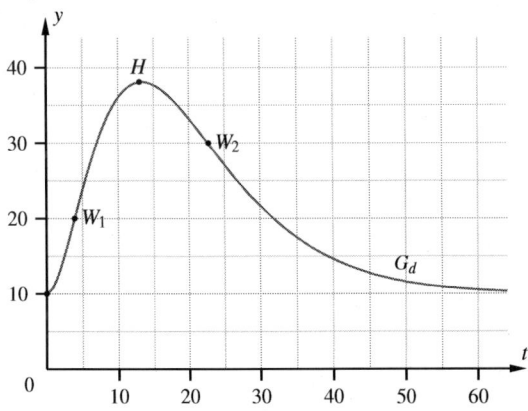

4 Integralrechnung

4.1 Von der Stammfunktion zum Flächeninhalt

4.1.1 Stammfunktionen und unbestimmte Integrale

113

1. Prüfen Sie, ob F eine Stammfunktion von f ist.
  a) ja **b)** ja **c)** ja **d)** ja **e)** ja **f)** ja

2. Beispiele:
  a) $F(x) = 4x$; $F(x) = 4x + 1$
  b) $F(x) = -1{,}5x^2 + 8x$; $F(x) = -1{,}5x^2 + 8x - 1$
  c) $F(x) = \frac{1}{6}x^3 + x^2$; $F(x) = \frac{1}{6}x^3 + x^2 + 2$
  d) $F(x) = x - x^4$; $F(x) = x - x^4 + 9$
  e) $F(u) = \frac{5}{2}u^2 + 3u$;
       $F(u) = \frac{5}{2}u^2 + 3u + \pi$
  f) $F(x) = -\frac{1}{5}x^4 + 5x^2$; $F(x) = -\frac{1}{5}x^4 + 5x^2 - 3$
  g) $F(x) = -0{,}2x^5 - 2x^3 + 8x$;
       $F(x) = -0{,}2x^5 - 2x^3 + 8x - 5$
  h) $F(t) = \frac{4}{3}t^3 - \frac{1}{4}t^2 + 9t$;
       $F(t) = \frac{4}{3}t^3 - \frac{1}{4}t^2 + 9t + \sqrt{3}$
  i) $F(x) = 3e^x$; $F(x) = 3e^x + 8$
  j) $F(x) = \frac{1}{9}e^{3x}$; $F(x) = \frac{1}{9}e^{3x} + 7$
  k) $F(x) = e^{x-1}$; $F(x) = e^{x-1} - 6$
  l) $F(x) = e^x - x$; $F(x) = e^x - x - 12$

3. **a)** $F(x) = 0{,}5x^2 + 5x + C$
  b) $F(x) = 2{,}5x^2 + C$
  c) $F(x) = \frac{1}{6}x^6 + C$
  d) $F(x) = 0{,}9x^3 - 3x^2 + C$
  e) $F(x) = -\frac{1}{18}x^3 + 81x + C$
  f) $F(x) = 1{,}75x^2 - 1{,}2x^4 + C$
  g) $F(x) = 0{,}5x^5 - 4x^3 + 4x + C$
  h) $F(x) = \frac{1}{32}x^4 - \frac{1}{6}x^3 - 3x^2 + C$
  i) $F(x) = x - e^x + C$
  j) $F(x) = 0{,}05e^{2x} + C$
  k) $F(x) = e^{4x+4} + C$
  l) $F(x) = x^2 - 7x + 0{,}5e^{2x-7} + C$

4. **a)** Ja, weil $F'(x) = (-2)e^{\frac{x}{2}} + (10 - 2x)e^{\frac{x}{2}} \cdot 0{,}5 = (-2 + 5 - x)e^{\frac{x}{2}} = (3 - x)e^{\frac{x}{2}} = f(x)$
  b) Ja, weil $F'(x) = 4e^{-0{,}5x} + 4xe^{-0{,}5x} \cdot (-0{,}5) = (4 - 2x)e^{-0{,}5x} = f(x)$
  c) Ja, weil $F'(x) = -2(2x + 3)e^{-0{,}5x} - 2(x^2 + 3x + 4)e^{-0{,}5x} \cdot (-0{,}5)$
       $= (-4x - 6 + x^2 + 3x + 4)e^{-0{,}5x} = (x^2 - x - 2)e^{-0{,}5x} = f(x)$
  d) Nein, weil $F'(x) = -e^x(e^x + 1 - e) + (-e^x \cdot e^x) = (-2e^x - 1 + e)e^x \neq f(x)$

4.1 Von der Stammfunktion zum Flächeninhalt

5. Individuelle Lösungen, z.B.
$f(x) = 3x^2 - 4x + 8;\quad g(x) = -3x^2 + 4x - 6$
$\int (3x^2 - 4x + 8)\,dx + \int (-3x^2 + 4x - 6)\,dx = \int (3x^2 - 4x + 8 - 3x^2 + 4x - 6)\,dx = \int 2\,dx$

6. Begründung der Faktorregel:
$a \cdot \int f(x)dx = a \cdot (F(x) + C^*) = a \cdot F(x) + C$
$(a \cdot F(x) + C)' = a \cdot F'(x) = a \cdot f(x)\quad \blacktriangleright\quad (a \cdot f(x))' = a \cdot f'(x)$
Somit gilt: $(a \cdot \int f(x)dx)' = a \cdot f(x) = (\int a \cdot f(x)dx)'$

Begründung der Summenregel:
$\int f(x)dx = F(x) + C_1;\quad \int g(x)dx = G(x) + C_2$
$\int f(x)dx + \int g(x)dx = F(x) + C_1 + G(x) + C_2$
$(F(x) + C_1 + G(x) + C_2)' = f(x) + g(x)$
Somit gilt: $(\int f(x)dx + \int g(x)dx)' = f(x) + g(x) = (\int (f(x) + g(x))dx)'$

7. $(\frac{a}{c}e^{cx-cd} + y_0 x + C)' = \frac{a}{c} \cdot c \cdot e^{cx-cd} + y_0$
$= ae^{c(x-d)} + y_0$ (= Integrandenfunktion)

8. $F(x) = -\frac{1}{4}x^4 + x^3 + C$
Gelb: $P_1(0|-4) \in G_f: -4 = C \Rightarrow F(x) = -\frac{1}{4}x^4 + x^3 - 4$
Blau: $P_2(0|0) \in G_f: 0 = C \Rightarrow F(x) = -\frac{1}{4}x^4 + x^3$
Grün: $P_3(0|2) \in G_f: 2 = C \Rightarrow F(x) = -\frac{1}{4}x^4 + x^3 + 2$
Rot: $P_4(0|4) \in G_f: 4 = C \Rightarrow F(x) = -\frac{1}{4}x^4 + x^3 + 4$

9. Nullstellen mit Vorzeichenwechsel von G_f sind Extremstellen von G_F.
Grün: $f(x) = 0 \Rightarrow e^{2x} = \frac{1}{5} \Rightarrow 2x = \ln(\frac{1}{5}) \Rightarrow x = 0{,}5\ln(\frac{1}{5}) < 0 \Rightarrow$ entspricht ①
Gelb: $g(x) = 0 \Rightarrow e^{-2x} = 1 \Rightarrow -2x = \ln(1) \Rightarrow x = 0 \Rightarrow$ entspricht ④
Rot: $h(x) = 0 \Rightarrow e^{x-2} = -2 \Rightarrow$ keine Lösung in $\mathbb{R}$ $\Rightarrow$ entspricht ③
Blau: $k(x) = 0 \Rightarrow e^{-x} = 0{,}25 \Rightarrow -x = \ln(0{,}25) \Rightarrow x = -\ln(0{,}25) > 0 \Rightarrow$ entspricht ②

4.1.2 Zusammenhang zwischen Stammfunktion und Ausgangsfunktion

1. a) $f(x) = 0{,}25x^3 - 0{,}5x^2 - 1{,}75x$
③ $F(x) = \frac{1}{16}x^4 - \frac{1}{6}x^3 - \frac{7}{8}x^2$
④ $f'(x) = 0{,}75x^2 - x - 1{,}75$

b) $f(x) = -0{,}125x^3 + 0{,}75x^2$
① $F(x) = -\frac{1}{32}x^4 + \frac{1}{4}x^3$
⑥ $f'(x) = -0{,}375x^2 + 1{,}5x$

c) $f(x) = -0{,}125x^4 + x^3 + x^2 - 12x$
② $F(x) = -\frac{1}{40}x^5 + 0{,}25x^4 + \frac{1}{3}x^3 - 6x^2 + 20$
⑤ $f'(x) = -0{,}5x^3 + 3x^2 + 2x - 12$

Die Extremstellen des Graphen von G_F sind die Nullstellen des Graphen von G_f. Die Extremstellen des Graphen von G_f sind die Nullstellen des Graphen von $G_{f'}$.

2. a)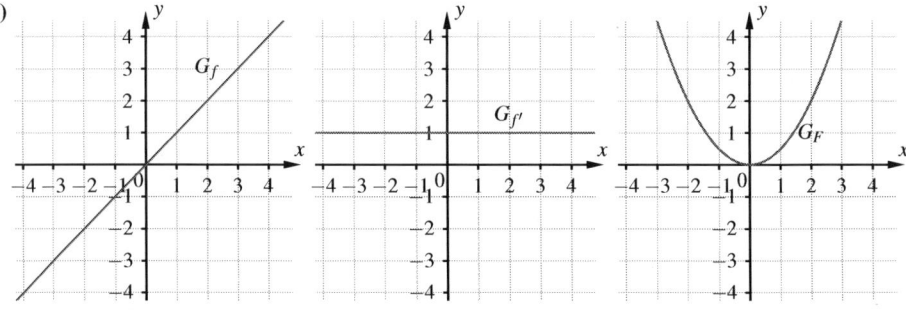

b)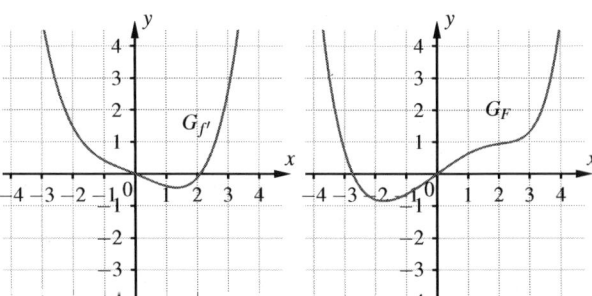

c)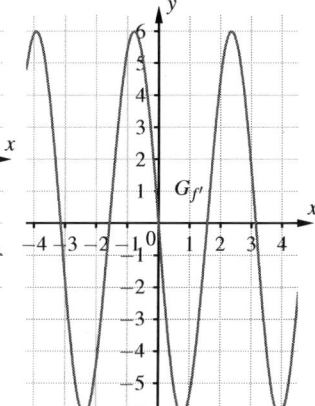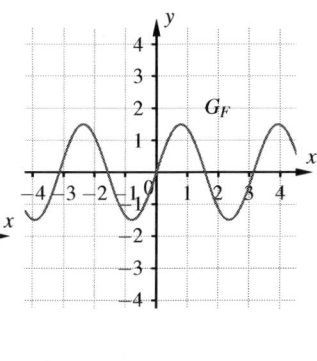

3. a) Wahr, da F an der Stelle -3 monoton fallend ist.

b) Wahr, da F bei $-4{,}1$ und $1{,}3$ Extremstellen hat und bei -1 eine Terrassenstelle.

c) Falsch, da F drei Wendestellen hat und f somit drei Extremstellen.

d) Wahr, da F im Intervall $[-4{,}1;\ +1{,}3]$ monoton fallend ist und außerhalb monoton steigend.

4.1 Von der Stammfunktion zum Flächeninhalt

4.1.3 Zusammenhang zwischen Flächeninhalt und Stammfunktion

1. $[F(x)]_1^3 = \left[e^{-0,5x+4}\right]_1^3 = e^{-0,5\cdot 3+4} - e^{-0,5\cdot 1+4} = e^{2,5} - e^{3,5} \approx -20,93$

2. a) f: $A(x) = 0,5(1,5x \cdot x) = 0,75x^2$ $\quad h$: $A(x) = 0,5(0,5x) \cdot x + 1x = 0,25x^2 + x$
g: $A(x) = 2x$ $\quad\quad\quad\quad\quad\quad\quad\quad\quad\quad i$: $A(x) = 0,5(0,5x) \cdot x + 2x = 0,25x^2 + 2x$

b)

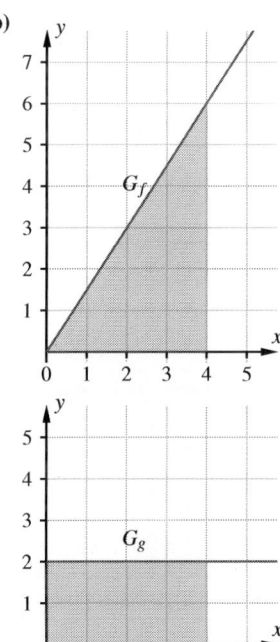
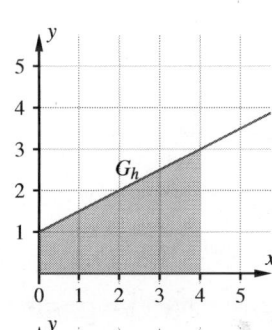
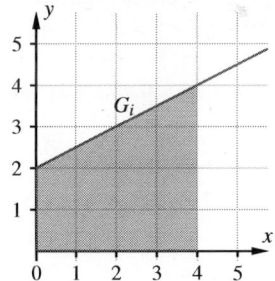
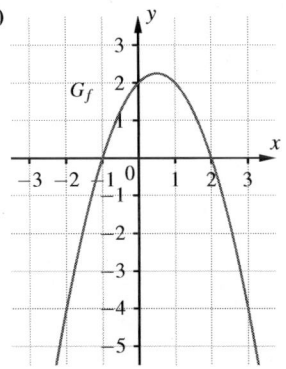

G_f: $A = 12$ FE $\quad G_g$: $A = 8$ FE $\quad G_h$: $A = 8$ FE $\quad G_i$: $A = 12$ FE

3. a)

b) $A = \left[-\frac{1}{3}x^3 + \frac{1}{2}x^2 + 2x\right]_{-1}^{0} + \left[-\frac{1}{3}x^3 + \frac{1}{2}x^2 + 2x\right]_{0}^{2}$
$= \left(-\frac{1}{3} - \frac{1}{2} + 2\right) + \left(-\frac{1}{3} \cdot 8 + \frac{1}{2} \cdot 4 + 2 \cdot 2\right)$
$= 4,5$

4.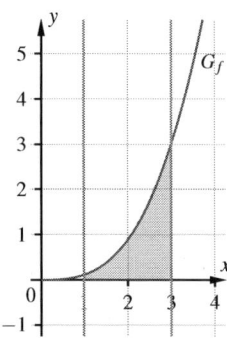

$$A = \left[\tfrac{1}{36}x^4\right]_1^3 = \tfrac{81}{36} - \tfrac{1}{36} = \tfrac{80}{36}$$
$$= \tfrac{20}{9}$$

5. a) $F'(x) = (4e^{0,25x} + 2)' = 4e^{0,25x} \cdot 0,25 = e^{0,25x} = f(x) \Rightarrow$ Behauptung

b) $A = [F(x)]_4^8 = \left[4e^{0,25x} + 2\right]_4^8 = 4e^{0,25\cdot 8} + 2 - (4e^{0,25\cdot 4} + 2) = 4e^2 - 4e \approx 18,68$

6. für die Gesamtfläche A gilt elementargeometrisch:
$A = A_1 + A_2 = \tfrac{1}{2}z \cdot (f(z) - 2) + z \cdot 2 = \tfrac{1}{2}z \cdot f(z) + z$
$= \tfrac{1}{2}z \cdot (0,3z + 2) + z = 0,15z^2 + 2z$
Stammfunktion: $F(x) = 0,15x^2 + 2x + C$
für $C = 0$ und $x = z$ gilt: $F(z) = 0,15z^2 + 2z$

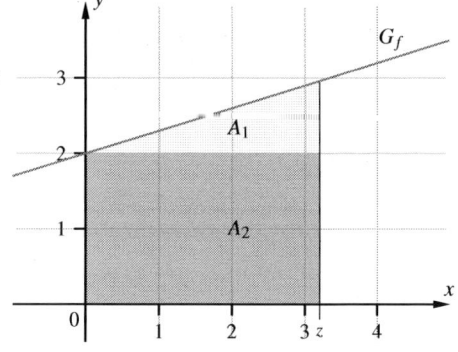

7. Gleichung der Parabel: $y = -(x-1)^2 + 4 = -x^2 + 2x + 3$
$A = \left[-\tfrac{1}{3}x^3 + x^2 + 3x\right]_{-1}^3 = 9 - (-\tfrac{5}{3}) = \tfrac{32}{3} \approx 10,67$

8.* $V = \left[\tfrac{45}{-0,25}e^{-0,25x}\right]_0^6 = -180e^{-0,25\cdot 6} - (-180e^{-0,25\cdot 0}) = -180e^{-1,5} + 180 \approx 138,84$
Es fließen 139,84 Liter Wasser aus.

4.1 Von der Stammfunktion zum Flächeninhalt

Übungen zu 4.1

1. a) $F(x) = \frac{1}{6}x^3 + 1{,}5x^2 + C$
   b) $F(x) = e^x + C$
   c) $F(x) = \frac{1}{12}x^4 + \frac{2}{3}x^3 + 2{,}5x^2 + 6x + C$
   d) $F(x) = \frac{1}{2}x^4 + \frac{1}{12}x^3 + \pi x + C$

2. a) $F'(x) = 4x^3 - 9x^2 + 5 \neq f(x)$
   b) $F'(x) = x^4 + 6x - 4 = f(x)$
   c) $F'(x) = e^x + 2 = f(x)$
   d) $F'(x) = e^x \cdot (x+1) = f(x)$
   e) $F'(x) = -8e^{-2x} \neq f(x)$
   f) $F'(x) = (4 - 2x)e^{-0{,}5x} = f(x)$

3. a) ② ist eine Stammfunktion von ①, weil ② eine Funktion 3. Grades und ① eine Funktion 2. Grades ist.
   b) ① ist eine Stammfunktion von ②, weil ① eine Funktion 2. Grades ist und ② eine Funktion 1. Grades ist.
   c) ① ist eine Stammfunktion von ②, weil die Extremstellen von ① den Nullstellen mit Vorzeichenwechsel von ② entsprechen.
   d) ① ist eine Stammfunktion von ②, weil ② an jeder Stelle die Steigung von ① wiedergibt.

4. $A_1 = \left[-\frac{1}{600}x^4 + \frac{1}{50}x^3\right]_0^6 = -\frac{1}{600} \cdot 6^4 + \frac{1}{50} \cdot 6^3 - 0 = 2{,}16$
   $A_2 = \left[\frac{6}{100}x^2\right]_0^6 = \frac{6}{100} \cdot 6^2 - 0 = 2{,}16$
   Für beide Entwürfe wird gleich viel Material benötigt.

5. Nullstellen von f: $x = -5$ oder $x = -1$
   $A = \left[-0{,}2x^3 - 1{,}8x^2 - 3x\right]_{-5}^{-1} = 1{,}4 - (-5) = 6{,}4$

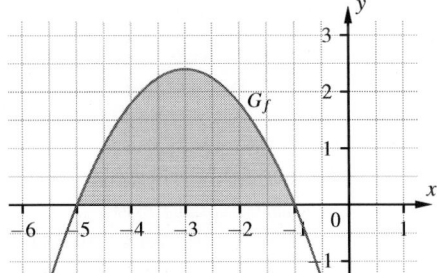

6. a) Richtige Lösung: Grün
   b) Richtige Lösung: Gelb
   c) Richtige Lösung: Grün

7. a) G_F ist monoton steigend im Intervall [0; 2] sowie für alle $x \geq 4$, sonst monoton fallend.
Die Extremstellen von G_F sind 0; 2 und 4.
Die Wendestellen von G_F sind 0,8 und 3,1.

b), d)

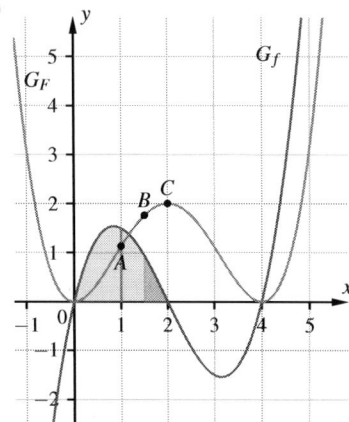

c) $[F(x)]_0^1 = [0{,}125x^4 - x^3 + 2x^2]_0^1 = 1{,}125 \approx 1{,}13$
$[F(x)]_0^{1,5} = [0{,}125x^4 - x^3 + 2x^2]_0^{1,5} \approx 1{,}76$
$[F(x)]_0^2 = [0{,}125x^4 - x^3 + 2x^2]_0^2 = 2$

d) Die Ergebnisse der Aufgabe c) entsprechen den Funktionswerten der Stammfunktion: $F(1)$; $F(1,5)$ bzw. $F(2)$.

8. a) $f(x) = 8x^3 + \frac{1}{2}x^1$; $F(x) = 2x^4 + \frac{1}{4}x^2$
b) $f(x) = 1e^{2x} + 4e^1$; $F(x) = \frac{1}{2}e^{2x} + 4ex$
c) $f(x) = 9x^2 + 6x$; $F(x) = 3x^3 + 3x^2 + 3$

9.* $K(x) = 0{,}0003x^3 - 0{,}004x^2 + 0{,}04x + 1$

10. Wenn eine Ableitung von f existiert, dann ist sie aufgrund der Ableitungsregeln eindeutig (eine Kurve kann an einer Stelle nur <u>eine</u> Steigung haben). Wenn eine Stammfunktion F zu f existiert, dann gibt es unendlich viele Stammfunktionen, die sich alle durch das absolute Glied voneinander unterscheiden.

11. Die Extremstellen des Graphen von f sind die Nullstellen des Graphen von f'. Die Extremstellen des Graphen von F sind die Nullstellen des Graphen von f. Folglich gehört der Graph G_3 zur Ableitungsfunktion f', der Graph G_2 zur Funktion f und der Graph G_4 zur Stammfunktion F. Der Graph G_1 gehört zur Funktion g. Die Nullstelle liegt bei ungefähr $-0{,}6$. Es gibt bei den anderen Graphen keine Extrempunkte an dieser Stelle. Auch hat der Graph der Funktion g keine Extremstellen, die bei einer abgeleiteten Funktion Nullstellen werden könnten.

12. $F(x) = \frac{1}{4}x^4 + x^3 - x^2 + 8x + C$ mit $P(1|\frac{1}{4})$:
$\frac{1}{4} = \frac{1}{4} + 1 - 1 + 8 + C \Rightarrow C = -8$
$\Rightarrow F(x) = \frac{1}{4}x^4 + x^3 - x^2 + 8x - 8$

4.1 Von der Stammfunktion zum Flächeninhalt

Test A zu 4.1

1. a) $\int(-\frac{1}{2}x^2+1)dx = -\frac{1}{6}x^3+x+C$
   b) $\int(4x^3+2x^2+x)dx = x^4+\frac{2}{3}x^3+\frac{1}{2}x^2+C$
   c) $\int(0,5x^5+8x^2)dx = \frac{1}{12}x^6+\frac{8}{3}x^3+C$
   d) $\int(e^x+230)dx = e^x+230x+C$
   e) $\int(x^{n+1}-x^n)dx = \frac{1}{n+2}x^{n+2}-\frac{1}{n+1}x^{n+1}+C$
   f) $\int(e^{-0,3x+0,5})dx = -\frac{10}{3}e^{-0,3x+0,5}+C$

2. $F(x) = x^4+\frac{2}{3}x^3+2x+C$
   $F(2) = 27 \Rightarrow 16+\frac{16}{3}+4+C = 27 \Rightarrow C = \frac{5}{3} \Rightarrow F(x) = x^4+\frac{2}{3}x^3+2x+\frac{5}{3}$

3. $F'(x) = e^x \cdot (4-2x) - 2 \cdot e^x$
   $= 2e^x(1-x) = f(x)$

4. G_1 ist der Graph von f, G_2 ist der Graph von f' und G_3 ist der Graph von F.
   Die Nullstelle des Graphen von f ist die Extremstelle des Graphen von F.
   Die Wendestelle des Graphen von f ist die Extremstelle des Graphen von f'.

Test B zu 4.1

1. Eine Stammfunktion von f ist eine Funktion, deren Ableitung die Funktion f ist.

2. a) $\int(3x^2-\frac{1}{2}x+1)dx = x^3-\frac{1}{4}x^2+x+C$
   b) $\int(x \cdot (3x^4-1))dx = \int(3x^5-x)dx = \frac{1}{2}x^6-\frac{1}{2}x^2+C$

3. a) $2 \cdot [\frac{1}{20}x^5-\frac{2}{3}x^3+5x]_0^2 = 2 \cdot (\frac{1}{20} \cdot 2^5 - \frac{2}{3} \cdot 2^3 + 5 \cdot 2) = \frac{188}{15} \approx 12,53$
   b) $[\frac{5}{2}e^{0,4x}+x]_{-3}^3 = \frac{5}{2} \cdot e^{1,2} + 3 - (\frac{5}{2} \cdot e^{-1,2} - 3) \approx 13,55$

4. a), b)

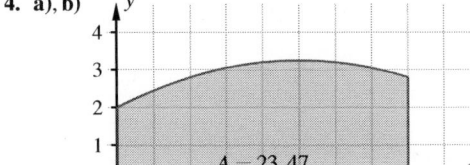

$A = 23,47$

$A = [-\frac{1}{60}x^3+\frac{1}{4}x^2+2x]_0^8$
$= (-\frac{1}{60} \cdot 8^3 + \frac{1}{4} \cdot 8^2 + 2 \cdot 8 - 0)$
$\approx 23,47 \, [m^2]$

c) $A = 23,47 \, m^2 \cdot 1,5 \, m = 35,205 \, m^3 = 35\,205 \, \ell$

4.2 Flächenbilanz und Flächeninhalte

4.2.1 Das bestimmte Integral und Flächen zwischen Graph und x-Achse

1. a) $\left[\frac{1}{3}x^3 + x^2\right]_0^2 = \frac{20}{3}$ **c)** $2 \cdot \left[\frac{1}{2}x^4 + \frac{5}{3}x^3\right]_0^3 = 171$ **e)** $3 \cdot \left[\frac{2}{3}x^3 + 0{,}5x^2\right]_2^4 = 130$

b) $\left[\frac{1}{4}x^4 + \frac{7}{3}x^3\right]_0^5 = \frac{5375}{12}$ **d)** $5 \cdot [0{,}5x^2 - 2x]_3^4 = 7{,}5$ **f)** $\left[\frac{1}{4}x^4 + \frac{1}{2}x^2\right]_1^5 = 168$

2. a) $A = \int_2^5 (6x - x^2)\,dx = \left[3x^2 - \frac{1}{3}x^3\right]_2^5$
$= 24$

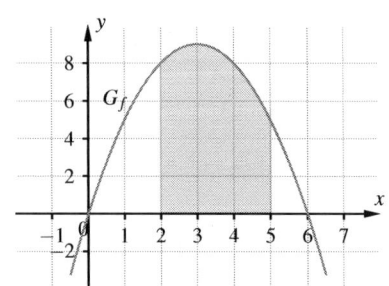

b) $A = \int_1^4 (0{,}5x^2 - 0{,}1x^3)\,dx = \left[\frac{1}{6}x^3 - \frac{1}{40}x^4\right]_1^4$
$= 4{,}125$

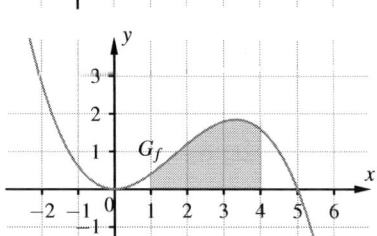

c) $A = \left|\int_2^4 \left(-\frac{1}{8}x^4 + \frac{1}{2}x^2\right) dx\right|$
$= \left|\left[-\frac{1}{40}x^5 + \frac{1}{6}x^3\right]_2^4\right|$
$= \left|-\frac{232}{15}\right| = \frac{232}{15} \approx 15{,}47$

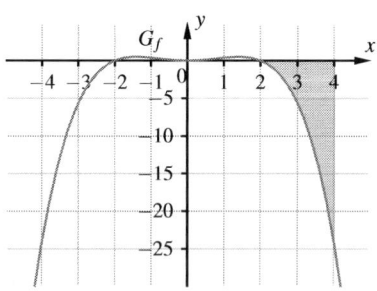

d) $A = \int_{-3}^2 (4 - 0{,}2e^x)\,dx = [4x - 0{,}2e^x]_{-3}^2$
$\approx 18{,}53$

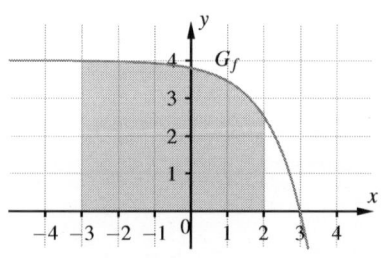

4.2 Flächenbilanz und Flächeninhalte

130

e) $A = \left| \int_{-5}^{0} (e^{4x} - 2) \, dx \right| = \left| \left[\frac{1}{4} e^{4x} - 2x \right]_{-5}^{0} \right|$
$\approx |-9{,}75| = 9{,}75$

f) $f(x) = 0 \Leftrightarrow x^2 - 2x + 4 = 0$
keine reelle Lösung
$\Rightarrow f$ hat keine Nullstellen.
$A = \left| \int_{-2}^{3} (-x^2 + 2x - 4) \, dx \right|$
$= \left| \left[-\frac{1}{3}x^3 + x^2 - 4x \right]_{-2}^{3} \right|$
$= \left| -\frac{80}{3} \right| = \frac{80}{3} \approx 26{,}67$

g) $f(x) = 0 \Leftrightarrow x = 3$
$A = \int_{0}^{3} \left(-\frac{1}{9}(x-3)^3 \right) dx$
$\quad + \left| \int_{3}^{6} \left(-\frac{1}{9}(x-3)^3 \right) dx \right|$
$= \left[-\frac{1}{36}x^4 + \frac{1}{3}x^3 - \frac{3}{2}x^2 + 3x \right]_{0}^{3}$
$\quad + \left| \left[-\frac{1}{36}x^4 + \frac{1}{3}x^3 - \frac{3}{2}x^2 + 3x \right]_{3}^{6} \right|$
$= 2{,}25 + |-2{,}25| = 4{,}5$

h) $f(x) = 0 \Leftrightarrow x^4 = 16$
$\Leftrightarrow x = -2 \; (\notin [-1; 3]) \text{ oder } x = 2$
$A = \left| \int_{-1}^{2} (0{,}25x^4 - 4) \, dx \right| + \int_{2}^{3} (0{,}25x^4 - 4) \, dx$
$= \left| [0{,}05x^5 - 4x]_{-1}^{2} \right| + [0{,}05x^5 - 4x]_{2}^{3}$
$= |-10{,}35| + 6{,}55 = 16{,}9$

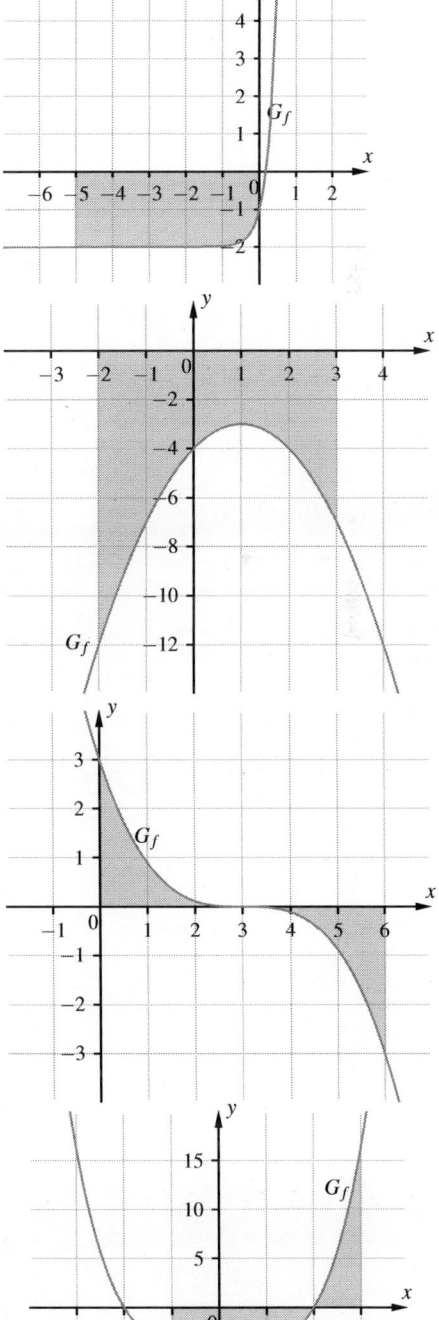

130

i) $f(x) = 0 \Leftrightarrow 1 = e^{x-2} \Leftrightarrow x = 2$

$A = \int_{-2}^{2} (1 - e^{x-2})\, dx + \left| \int_{2}^{4} (1 - e^{x-2})\, dx \right|$

$= [x - e^{x-2}]_{-2}^{2} + \left| [x - e^{x-2}]_{2}^{4} \right|$

$\approx 3{,}02 + |-4{,}39| \approx 7{,}41$

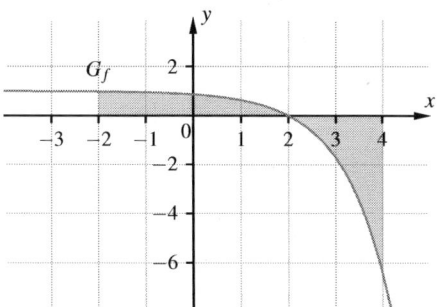

3. a) $\left[\frac{1}{2}x^4 + \frac{4}{3}x^3\right]_{1}^{7} = 1656$ **b)** $\left[\frac{1}{5}x^5 + \frac{1}{4}x^4 + \frac{1}{2}x^2 + x\right]_{0}^{4} = \frac{1404}{5}$

4. a) $f(x) = 0 \Leftrightarrow \frac{1}{3}x^2 = 3$

$\Leftrightarrow x = -3 \text{ oder } x = 3$

$A = \left| \int_{-3}^{3} \left(\frac{1}{3}x^2 - 3\right) dx \right| = \left| \left[\frac{1}{9}x^3 - 3x\right]_{-3}^{3} \right|$

$= |-12| = 12$

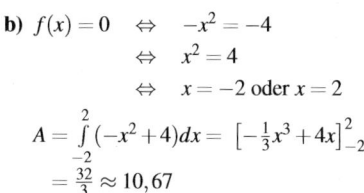

b) $f(x) = 0 \Leftrightarrow -x^2 = -4$

$\Leftrightarrow x^2 = 4$

$\Leftrightarrow x = -2 \text{ oder } x = 2$

$A = \int_{-2}^{2} (-x^2 + 4)\, dx = \left[-\frac{1}{3}x^3 + 4x\right]_{-2}^{2}$

$= \frac{32}{3} \approx 10{,}67$

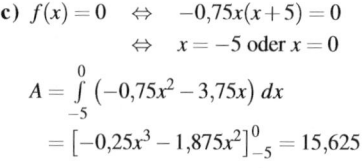

c) $f(x) = 0 \Leftrightarrow -0{,}75x(x+5) = 0$

$\Leftrightarrow x = -5 \text{ oder } x = 0$

$A = \int_{-5}^{0} (-0{,}75x^2 - 3{,}75x)\, dx$

$= [-0{,}25x^3 - 1{,}875x^2]_{-5}^{0} = 15{,}625$

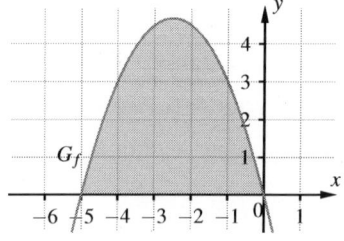

d) $f(x) = 0 \Leftrightarrow x = -2 \text{ oder } x = 2$

$A = \left| \int_{-2}^{2} (0{,}25x^4 - x^3 + 4x - 4)\, dx \right|$

$= \left| [0{,}05x^5 - 0{,}25x^4 + 2x^2 - 4x]_{-2}^{2} \right|$

$= |-12{,}8| = 12{,}8$

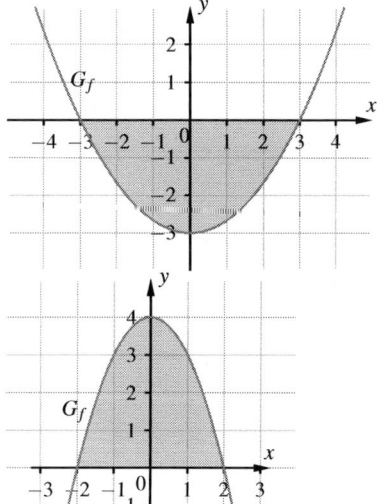

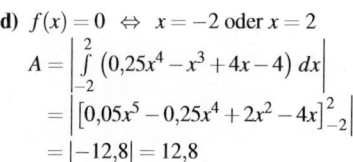

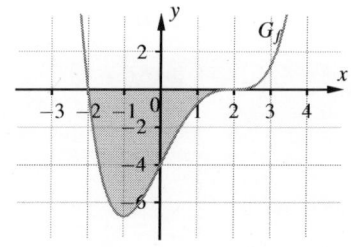

4.2 Flächenbilanz und Flächeninhalte

e) $f(x) = 0 \Leftrightarrow x^4 - 5{,}25x^2 - 6{,}25 = 0$
$ \Leftrightarrow x = -2{,}5 \text{ oder } x = 2{,}5$

$A = \int_{-2,5}^{2,5} \left(-0{,}4x^4 + 2{,}1x^2 + 2{,}5\right) dx$
$= \left[-0{,}08x^5 + 0{,}7x^3 + 2{,}5x\right]_{-2,5}^{2,5}$
$= 18{,}75$

f) $f(x) = 0 \Leftrightarrow \frac{1}{24}x(x+6)^2 = 0$
$ \Leftrightarrow x = -6 \text{ oder } x = 0$

$A = \left| \int_{-6}^{0} \left(\frac{1}{24}x^3 + \frac{1}{2}x^2 + \frac{3}{2}x\right) dx \right|$
$= \left| \left[\frac{1}{96}x^4 + \frac{1}{6}x^3 + \frac{3}{4}x^2\right]_{-6}^{0} \right|$
$= |-4{,}5| = 4{,}5$

g) $f(x) = 0 \Leftrightarrow 1{,}25x^2(-x+4) = 0$
$ \Leftrightarrow x = 0 \text{ oder } x = 4$

$A = \int_{0}^{4} \left(-1{,}25x^3 + 5x^2\right) dx = \left[-\frac{5}{16}x^4 + \frac{5}{3}x^3\right]_{0}^{4}$
$= \frac{80}{3} \approx 26{,}67$

h) $f(x) = 0 \Leftrightarrow x^2 - 6x - 7 = 0$
$ \Leftrightarrow x = -1 \text{ oder } x = 7$

$A = \int_{-1}^{7} \left(-x^2 + 6x + 7\right) dx$
$= \left[-\frac{1}{3}x^3 + 3x^2 + 7x\right]_{-1}^{7}$
$= \frac{256}{3} \approx 85{,}33$

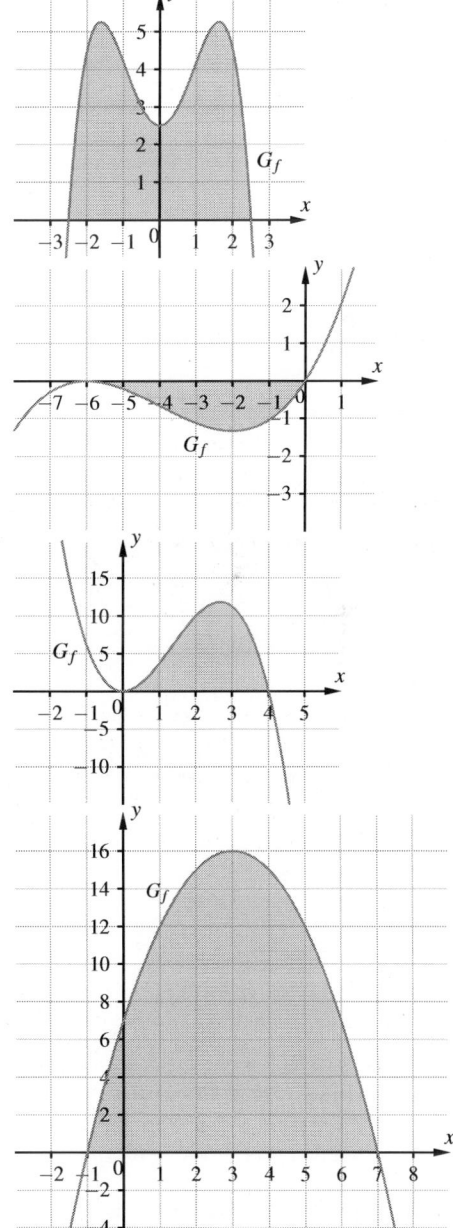

130

i) $f(x) = 0 \Leftrightarrow -\frac{1}{2}x^4 = -5$
$\Leftrightarrow x^4 = 10$
$\Leftrightarrow x = -\sqrt[4]{10} \text{ oder } x = \sqrt[4]{10}$

$A = \int_{-\sqrt[4]{10}}^{\sqrt[4]{10}} \left(-\frac{1}{2}x^4 + 5\right) dx$

$= \left[-\frac{1}{10}x^5 + 5x\right]_{-\sqrt[4]{10}}^{\sqrt[4]{10}} \approx 14{,}23$

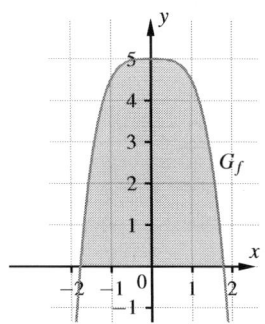

j) $f(x) = 0 \Leftrightarrow x^4 - 5x^2 + 4 = 0$
$\Leftrightarrow x = -2 \text{ oder } x = -1 \text{ oder } x = 1 \text{ oder } x = 2$

$A = \left|\int_{-2}^{-1} (3x^4 - 15x^2 + 12) \, dx\right|$
$+ \int_{-1}^{1} (3x^4 - 15x^2 + 12) \, dx$
$+ \left|\int_{1}^{2} (3x^4 - 15x^2 + 12) \, dx\right|$

$= \left|\left[\frac{3}{5}x^5 - 5x^3 + 12x\right]_{-2}^{-1}\right|$
$+ \left[\frac{3}{5}x^5 - 5x^3 + 12x\right]_{-1}^{1}$
$+ \left|\left[\frac{3}{5}x^5 - 5x^3 + 12x\right]_{1}^{2}\right|$

$= |-4{,}4| + 15{,}2 + |-4{,}4| = 24$

Wegen der Symmetrie des Graphen gilt auch:

$A = 2 \cdot \int_0^1 f(x)\,dx + 2 \cdot \left|\int_1^2 f(x)\,dx\right|$

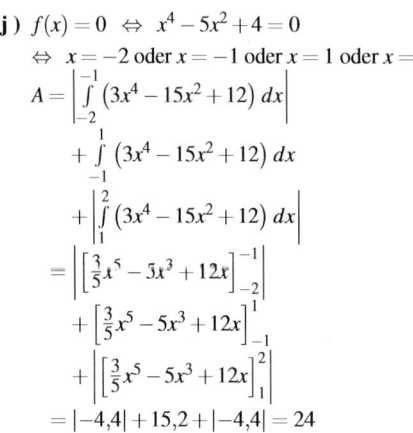
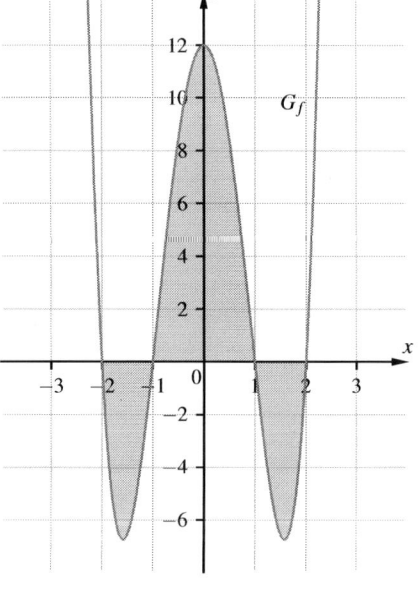

k) $f(x) = 0 \Leftrightarrow 2x(x^3 - x^2 - 9x + 9) = 0$
$\Leftrightarrow x = -3 \text{ oder } x = 0 \text{ oder } x = 1 \text{ oder } x = 3$

$A = \left|\int_{-3}^{0} (2x^4 - 2x^3 - 18x^2 + 18x) \, dx\right|$
$+ \int_{0}^{1} (2x^4 - 2x^3 - 18x^2 + 18x) \, dx$
$+ \left|\int_{1}^{3} (2x^4 - 2x^3 - 18x^2 + 18x) \, dx\right|$

$= \left|\left[\frac{2}{5}x^5 - \frac{1}{2}x^4 - 6x^3 + 9x^2\right]_{-3}^{0}\right|$
$+ \left[\frac{2}{5}x^5 - \frac{1}{2}x^4 - 6x^3 + 9x^2\right]_{0}^{1}$
$+ \left|\left[\frac{2}{5}x^5 - \frac{1}{2}x^4 - 6x^3 + 9x^2\right]_{1}^{3}\right|$

$= |-105{,}3| + 2{,}9 + |-27{,}2| = 135{,}4$

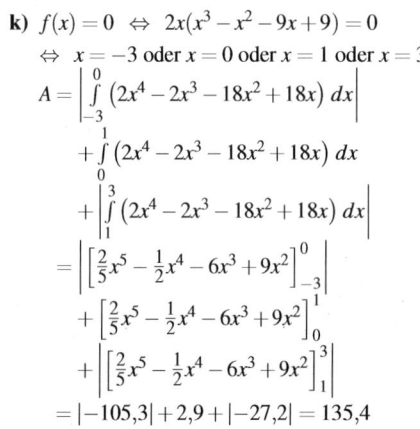
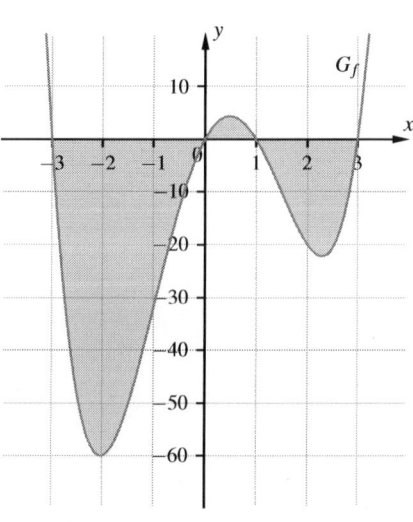

4.2 Flächenbilanz und Flächeninhalte

5. a) $A = \int_{-2}^{0} \left(\frac{1}{6}x^3 + \frac{1}{4}x^2 - 3x\right) dx + \left|\int_{0}^{3} \left(\frac{1}{6}x^3 + \frac{1}{4}x^2 - 3x\right) dx\right|$

$= \left[\frac{1}{24}x^4 + \frac{1}{12}x^3 - \frac{3}{2}x^2\right]_{-2}^{0} + \left|\left[\frac{1}{24}x^4 + \frac{1}{12}x^3 - \frac{3}{2}x^2\right]_{0}^{3}\right| = 6 + \left|-\frac{63}{8}\right| = 13{,}875$

b) $A = \left|\int_{-5}^{-3} (1{,}5x^4 + 9x^3 - 1{,}5x^2 - 45x) \, dx\right| + \int_{-3}^{0} (1{,}5x^4 + 9x^3 - 1{,}5x^2 - 45x) \, dx$
$+ \left|\int_{0}^{2} (1{,}5x^4 + 9x^3 - 1{,}5x^2 - 45x) \, dx\right|$

$= \left|[0{,}3x^5 + 2{,}25x^4 - 0{,}5x^3 - 22{,}5x^2]_{-5}^{-3}\right| + [0{,}3x^5 + 2{,}25x^4 - 0{,}5x^3 - 22{,}5x^2]_{-3}^{0}$
$+ \left|[0{,}3x^5 + 2{,}25x^4 - 0{,}5x^3 - 22{,}5x^2]_{0}^{2}\right|$

$= |-48{,}4| + 79{,}65 + |-48{,}4| = 176{,}45$

6. $34{,}5 = \left[\frac{m}{2}x^2 + 4x\right]_{1}^{4} \Leftrightarrow 8m + 16 - 0{,}5m - 4 = 34{,}5 \Leftrightarrow m = 3$

7. $\frac{16}{3} = \left[\frac{1}{6}x^3 - 2x\right]_{2}^{b} \Leftrightarrow \frac{16}{3} = \frac{b^3}{6} - 2b - \frac{8}{6} + 4 \Leftrightarrow b^3 - 12b - 16 = 0$
$b = 4$ ▶ durch Ausprobieren
Polynomdivision liefert Restpolynom $b^2 + 4b + 4 = 0$. Also liegt eine weitere doppelte Lösung bei $b = -2$.

8. Funktionsgleichung der Parabel: $f(x) = ax^2 + c$
Liegt der Koordinatenursprung in der Mitte der Grundkante und beträgt die Längeneinheit 1 m, so gilt
bei Grundkante 2 m:
(I) $f(0) = 3 \Leftrightarrow c = 3$
(II) $f(1) = 0 \Leftrightarrow a + c = 0 \quad a = -3; c = 3 \quad f(x) = -3x^2 + 3$
Spiegelfläche in m²: $A = \int_{-1}^{1} (-3x^2 + 3) \, dx = [-x^3 + 3x]_{-1}^{1} = 4$
Verschnitt in m²: $A = 2 \cdot 3 - 4 = 2$
bei Grundkante 3 m:
(I) $f(0) = 2 \Leftrightarrow c = 2$
(II) $f(1{,}5) = 0 \Leftrightarrow 2{,}25a + c = 0 \quad a = -\frac{8}{9}; c = 2 \quad f(x) = -\frac{8}{9}x^2 + 2$
Spiegelfläche in m²: $A = \int_{-1{,}5}^{1{,}5} \left(-\frac{8}{9}x^2 + 2\right) dx = \left[-\frac{8}{27}x^3 + 2x\right]_{-1{,}5}^{1{,}5} = 4$
Verschnitt in m²: $A = 2 \cdot 3 - 4 = 2$
In beiden Fällen ist die Spiegelfläche 4 m² groß und der Verschnitt beträgt 2 m².

9. a) $E(x) = 0 \Leftrightarrow -6x(x-13) = 0$
$\Leftrightarrow x = 0 \text{ oder } x = 13$

$A = \int_0^{13} (-6x^2 + 78x)\, dx$
$= \left[-2x^3 + 39x^2\right]_0^{13} = 2197$

Die Erlössumme beträgt 2197 GE.

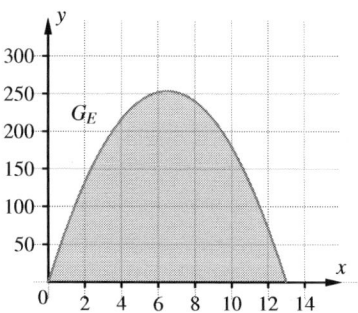

b) $E(x) = 0 \Leftrightarrow -12(x-32) = 0$
$\Leftrightarrow x = 0 \text{ oder } x = 32$

$A = \int_0^{32} (-12x^2 + 384x)\, dx$
$= \left[-4x^3 + 192x^2\right]_0^{32} = 65\,536$

Die Erlössumme beträgt 65 536 GE.

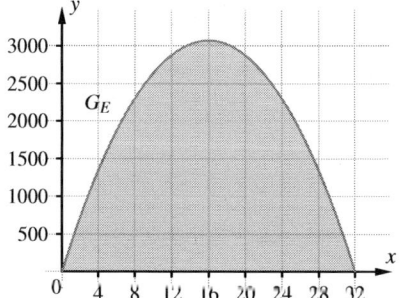

c) $E(x) = 0 \Leftrightarrow -16{,}5x(x-24) = 0$
$\Leftrightarrow x = 0 \text{ oder } x = 24$

$A = \int_0^{24} (-16{,}5x^2 + 396x)\, dx$
$= \left[-5{,}5x^3 + 198x^2\right]_0^{24} = 38\,016$

Die Erlössumme beträgt 38 016 GE.

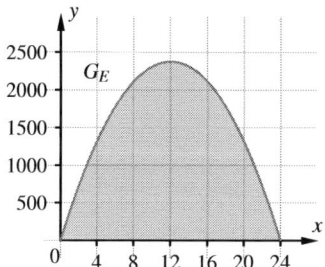

d) $E(x) = 0 \Leftrightarrow -21{,}6x(x-17{,}5) = 0$
$\Leftrightarrow x = 0 \text{ oder } x = 17{,}5$

$A = \int_0^{17{,}5} (-21{,}6x^2 + 378x)\, dx$
$= \left[-7{,}2x^3 + 189x^2\right]_0^{17{,}5} = 19\,293{,}75$

Die Erlössumme beträgt 19 293,75 GE.

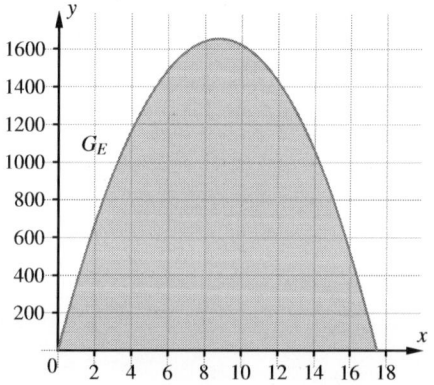

4.2 Flächenbilanz und Flächeninhalte

10. a) $f(x) = -0{,}00625 \cdot (x-200)^2 + 750$

b) $\int_0^{400} (-0{,}00625 \cdot (x-200)^2 + 750)\,dx = \int_0^{400} \left(-\frac{625}{100000}x^2 + \frac{63}{25}x + 498\right) dx$

$= \left[-\frac{21}{10000}x^3 + \frac{63}{50}x^2 + 498x\right]_0^{400} = 266400$

Die Maßzahl des Flächeninhalts einer Scheibe beträgt 26,64 dm². Die Gesamtfläche beträgt 53,28 dm².

4.2.2 Flächen zwischen zwei Funktionsgraphen

1. a) $f(x) = g(x) \Leftrightarrow \frac{1}{24}x^3 - \frac{3}{2}x = 0$

$\Leftrightarrow \frac{1}{24}x(x^2 - 36) = 0$

$\Leftrightarrow x = -6$ oder $x = 0$ oder $x = 6$

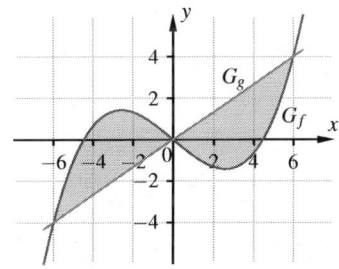

$A = \int_{-6}^{0} (f(x) - g(x))\,dx + \int_{0}^{6} (g(x) - f(x))\,dx$

$= \int_{-6}^{0} \left(\frac{1}{24}x^3 - \frac{3}{2}x\right) dx + \int_{0}^{6} \left(-\frac{1}{24}x^3 + \frac{3}{2}x\right) dx$

$= 2 \cdot \int_{0}^{6} \left(-\frac{1}{24}x^3 + \frac{3}{2}x\right) dx$ ▶ wegen Symmetrie zum Ursprung

$= 2 \cdot \left[-\frac{1}{96}x^4 + \frac{3}{4}x^2\right]_0^6$

$= 2 \cdot 13{,}5 = 27$

b) $f(x) = g(x) \Leftrightarrow x^3 - 2x^2 - 8x = 0$

$\Leftrightarrow x(x^2 - 2x - 8) = 0$

$\Leftrightarrow x = -2$ oder $x = 0$ oder $x = 4$

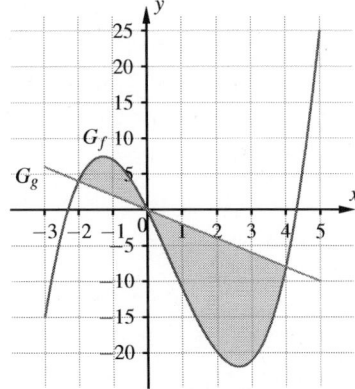

$A = \int_{-2}^{0} (f(x) - g(x))\,dx + \int_{0}^{4} (g(x) - f(x))\,dx$

$= \int_{-2}^{0} (x^3 - 2x^2 - 8x)\,dx + \int_{0}^{4} (-x^3 + 2x^2 + 8x)\,dx$

$= \left[\frac{1}{4}x^4 - \frac{2}{3}x^3 - 4x^2\right]_{-2}^{0} + \left[-\frac{1}{4}x^4 + \frac{2}{3}x^3 + 4x^2\right]_{0}^{4}$

$= \frac{20}{3} + \frac{128}{3} = \frac{148}{3} \approx 49{,}33$

c) $f(x) = g(x) \Leftrightarrow e^{-x} = (1-e)x + 1$

$\Leftrightarrow x = 0$ oder $x = -1$

$e^0 = (1-e) \cdot 0 + 1 \Leftrightarrow 1 = 1$ wahre Aussage

$e^{-(-1)} = (1-e) \cdot (-1) + 1 \Leftrightarrow e = -1 + 1 + e$

$\Leftrightarrow e = e$ wahre Aussage

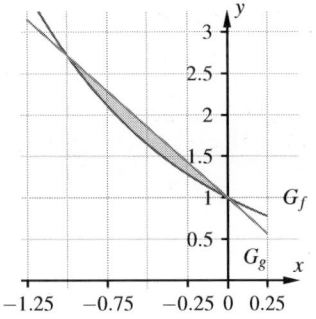

$A = \int_{-1}^{0} (g(x) - f(x))\,dx = \int_{-1}^{0} ((1-e)x + 1 - e^{-x})\,dx$

$= \left[0{,}5(1-e)x^2 + x + e^{-x}\right]_{-1}^{0}$

$= (0{,}5(1-e) \cdot (-1)^2 - 1 + e)$

$= 1 - (0{,}5 - 0{,}5e - 1 + e) = 1 - (-0{,}5 + 0{,}5e)$

$= 1{,}5 - 0{,}5e \approx 0{,}14$

134

d) $f(x) = g(x) \Leftrightarrow \frac{1}{8}x^3 - \frac{3}{4}x^2 + 4 = 0$
$\Leftrightarrow x^3 - 6x^2 + 32 = 0$
$x = -2$ durch Probieren gefunden
Polynomdivision: $(x^3 - 6x^2 + 32) : (x+2)$
$= x^2 - 8x + 16$
Lösungsformel: $x^2 - 8x + 16 = 0$
$\Leftrightarrow x = 4$ (doppelt)
$A = \int_{-2}^{4} (f(x) - g(x))\,dx$
$= \int_{-2}^{4} \left(\frac{1}{8}x^3 - \frac{3}{4}x^2 + 4\right) dx$
$= \left[\frac{1}{32}x^4 - \frac{1}{4}x^3 + 4x\right]_{-2}^{4} = 8 - (-5{,}5) = 13{,}5$

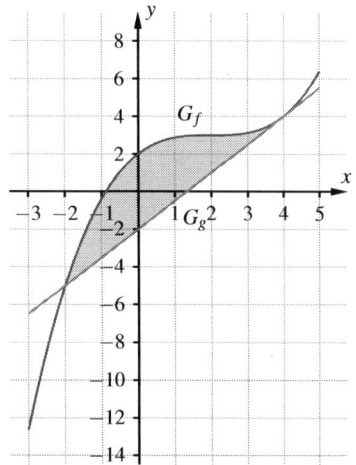

e) $f(x) = g(x) \Leftrightarrow -\frac{1}{32}x^4 + \frac{1}{2}x^2 = 0$
$\Leftrightarrow x^2\left(-\frac{1}{32}x^2 + \frac{1}{2}\right) = 0$
$\Leftrightarrow x = 0$ oder $-\frac{1}{32}x^2 + \frac{1}{2} = 0$
$\Leftrightarrow x = 0$ oder $x = -4$ oder $x = 4 \notin [-5;\, 2]$
$A = \int_{-4}^{0} (g(x) - f(x))\,dx$
$= \int_{-4}^{0} \left(-\frac{1}{32}x^4 + \frac{1}{2}x^2\right) dx$
$= \left[-\frac{1}{160}x^5 + \frac{1}{6}x^3\right]_{-4}^{0} = 0 - \left(-\frac{64}{15}\right) = \frac{64}{15} \approx 4{,}27$

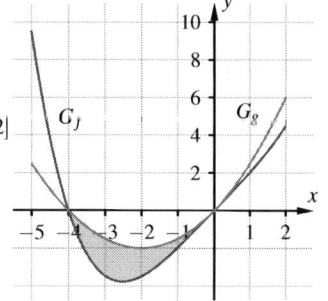

f) $f(x) = g(x) \Leftrightarrow -\frac{1}{3}x^3 + \frac{8}{3}x^2 - \frac{13}{3}x + 2 = 0$
$\Leftrightarrow x^3 - 8x^2 + 13x - 6 = 0$
$x = 1$ durch Probieren gefunden
Polynomdivision: $(x^3 - 8x^2 + 13x - 6) : (x-1)$
$= x^2 - 7x + 6$
Lösungsformel: $x^2 - 7x + 6 = 0$
$\Leftrightarrow x = 1$ (doppelt) oder $x = 6$
$A = \int_{1}^{6} (g(x) - f(x))\,dx$
$= \int_{1}^{6} \left(-\frac{1}{3}x^3 + \frac{8}{3}x^2 - \frac{13}{3}x + 2\right) dx$
$= \left[-\frac{1}{12}x^4 + \frac{8}{9}x^3 - \frac{13}{6}x^2 + 2x\right]_{1}^{6}$
$= 18 - \frac{23}{36} = \frac{625}{36} \approx 17{,}36$

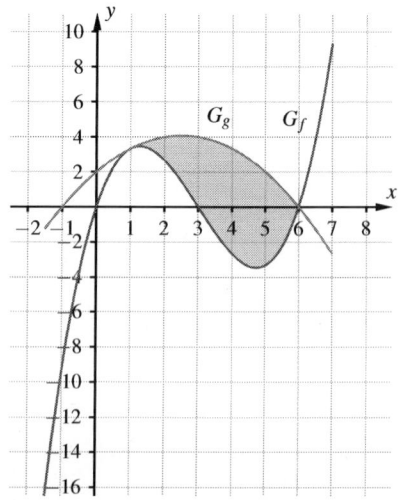

4.2 Flächenbilanz und Flächeninhalte

134

g) $f(x) = g(x) \Leftrightarrow e^x = (e-1)x + 1$
$ \Leftrightarrow x = 0 \text{ oder } x = 1$
$e^0 = (e-1) \cdot 0 + 1 \Leftrightarrow 1 = 1$ wahre Aussage
$e^1 = (e-1) \cdot 1 + 1 \Leftrightarrow e = e$ wahre Aussage

$A = \int_0^1 (g(x) - f(x))\,dx = \int_0^1 ((e-1)x + 1 - e^x)\,dx$
$= [0{,}5(e-1)x^2 + x - e^x]_0^1$
$= 0{,}5(e-1) \cdot 1 + 1 - e - (-1)$
$= 0{,}5e - 0{,}5 - e + 2$
$= 1{,}5 - 0{,}5e \approx 0{,}14$

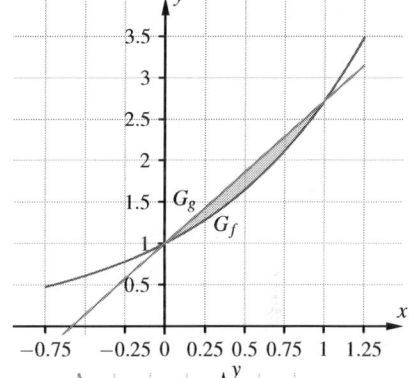

h) $f(x) = g(x) \Leftrightarrow -e^{x + \ln(2)} + 1 = e^{-x} - 2$
$ \Leftrightarrow -2e^x + 1 = e^{-x} - 2$
$ \Leftrightarrow -2e^x - e^{-x} = -3$
$ \Leftrightarrow -2e^x - \frac{1}{e^x} = -3 \quad |\text{Substitution: } e^x = u$
$ \Rightarrow -2u - \frac{1}{u} = -3 \Leftrightarrow -2u^2 + 3u - 1 = 0$
$ \Leftrightarrow u = 0 \text{ oder } u = 0{,}5 \quad |\text{Resubstitution}$
$e^x = 1 \Leftrightarrow x = 0$
$e^x = 0{,}5 \Leftrightarrow x = \ln(0{,}5)$

$A = \int_{\ln(0{,}5)}^0 (f(x) - g(x))\,dx = \int_{\ln(0{,}5)}^0 (-2e^x + 1 - e^{-x} + 2)\,dx$
$= [-2e^x + e^x + 3x]_{\ln(0{,}5)}^0$
$= -2e^0 + e^{-0} + 3 \cdot 0 - (2 \cdot 0{,}5 + 2 + 3\ln(0{,}5))$
$= -1 - 1 - 3\ln(0{,}5) \approx 0{,}08$

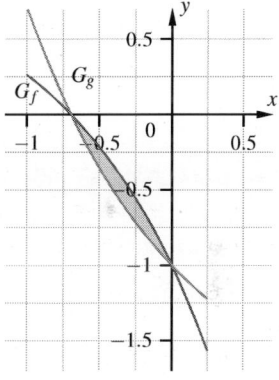

i) $f(x) = g(x) \Leftrightarrow e^x - 1 = -e^{-x} + \frac{1}{e} - 1 + e$
$ \Leftrightarrow e^x + e^{-x} = \frac{1}{e} + e$
$ \Leftrightarrow e^x + \frac{1}{e^x} = \frac{1}{e} + e$
$ \Leftrightarrow x = 1 \text{ oder } x = -1$

$e^1 + \frac{1}{e^1} = \frac{1}{e} + e \Leftrightarrow$ wahre Aussage
$e^{-1} + \frac{1}{e^{-1}} = \frac{1}{e} + e \Leftrightarrow \frac{1}{e^1} + e^1 = \frac{1}{e} + e \Leftrightarrow$ wahre Aussage

$A = \int_{-1}^1 (g(x) - f(x))\,dx = \int_{-1}^1 \left(-e^{-x} + \frac{1}{e} + e - e^x\right)dx$
$= \int_{-1}^1 \left(-e^{-x} - e^x + \frac{1}{e} + e\right)dx$
$= \left[e^{-x} - e^x + \left(\frac{1}{e} + e\right)x\right]_{-1}^1$
$= e^{-1} - e^1 + \left(\frac{1}{e} + e\right) \cdot 1 - \left(e^1 - e^{-1} + \left(\frac{1}{e} + e\right) \cdot (-1)\right)$
$= e^{-1} - e^1 - e^1 + e^{-1} + \left(\frac{1}{e} + e\right) + \left(\frac{1}{e} + e\right)$
$= e^{-1} + e^{-1} + \frac{1}{e} + \frac{1}{e} = \frac{4}{e} \approx 1{,}47$

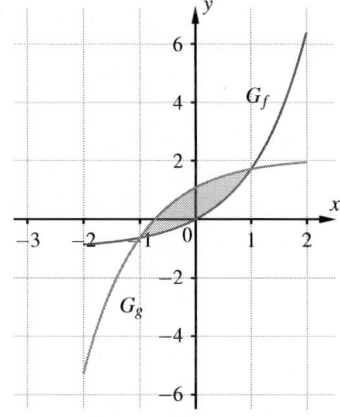

134

j) $f(x) = g(x) \Leftrightarrow x^4 = (x^2-1)^2$
$\Leftrightarrow x^4 = x^4 - 2x^2 + 1$
$\Leftrightarrow 2x^2 = 1$
$\Leftrightarrow x = \sqrt{0{,}5}$ oder $x = -\sqrt{0{,}5}$

$A = \int_{-\sqrt{0{,}5}}^{\sqrt{0{,}5}} (g(x)-f(x))\,dx = \int_{-\sqrt{0{,}5}}^{\sqrt{0{,}5}} (x^4 - 2x^2 + 1 - x^4)\,dx$

$= \int_{-\sqrt{0{,}5}}^{\sqrt{0{,}5}} (-2x^2+1)\,dx$ ▶ Symmetrie zur y-Achse

$= 2\left[-\tfrac{2}{3}x^3 + x\right]_0^{\sqrt{0{,}5}} = \tfrac{4}{3}\sqrt{0{,}5} \approx 0{,}94$

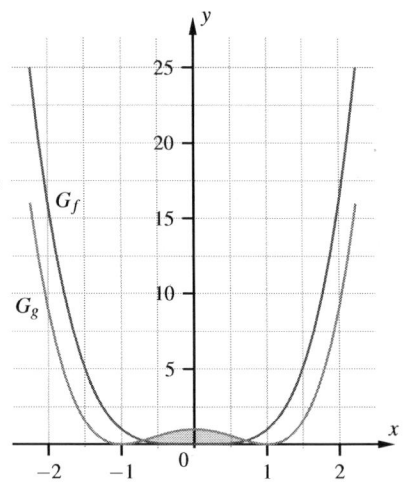

135

2. a) $A = \int_1^5 (f(x)-g(x))\,dx = \int_1^5 (0{,}625x^2 - 3x + 5)\,dx = \left[\tfrac{5}{24}x^3 - \tfrac{3}{2}x^2 + 5x\right]_1^5 = \tfrac{59}{6} \approx 9{,}83$

b) $A = \int_{-6}^{-4} (f(x)-g(x))\,dx + \int_{-2}^{0} (f(x)-g(x))\,dx$

$= \int_{-6}^{-4} \left(\tfrac{1}{24}x^3 - \tfrac{1}{4}x^2 - \tfrac{11}{3}x + 8\right)dx + \int_{-2}^{0} \left(\tfrac{1}{24}x^3 - \tfrac{1}{4}x^2 - \tfrac{11}{3}x + 8\right)dx$

$= \left[\tfrac{1}{96}x^4 - \tfrac{1}{12}x^3 - \tfrac{11}{6}x^2 + 8x\right]_{-6}^{-4} + \left[\tfrac{1}{96}x^4 - \tfrac{1}{12}x^3 - \tfrac{11}{6}x^2 + 8x\right]_{-2}^{0}$

$= \tfrac{175}{6} + 22{,}5 = \tfrac{155}{3} \approx 51{,}67$

c) $A = \int_{-2}^{4} (f(x)-g(x))\,dx = \int_{-2}^{4} (-0{,}15x^3 + 1{,}2x^2)\,dx = \left[-\tfrac{3}{80}x^4 + \tfrac{2}{5}x^3\right]_{-2}^{4} = 19{,}8$

d) $A = \int_{-5}^{-1} (g(x)-f(x))\,dx = \int_{-5}^{-1} \left(-\tfrac{1}{9}x^3 + \tfrac{1}{4}x^2 + 4{,}5x + 8{,}25\right)dx$

$= \left[-\tfrac{1}{36}x^4 + \tfrac{1}{12}x^3 + 2{,}25x^2 + 8{,}25x\right]_{-5}^{-1} = \tfrac{20}{3} \approx 6{,}67$

e) $A = \int_{-3}^{1} (g(x)-f(x))\,dx = \int_{-3}^{1} (-e^{0{,}5x} - e^x + 6)\,dx$

$= [-e^x - 2e^{0{,}5x} + 6x]_{-3}^{1} \approx 18{,}48$

f) $A = \int_{-2}^{0} (g(x)-f(x))\,dx + \int_{0}^{2} (f(x)-g(x))\,dx + \int_{2}^{3} (g(x)-f(x))\,dx$

$= \int_{-2}^{0} (-3x^4 + 9x^3 + 12x^2 - 36x)\,dx + \int_{0}^{2} (+3x^4 - 9x^3 - 12x^2 + 36x)\,dx$

$+ \int_{2}^{3} (-3x^4 + 9x^3 + 12x^2 - 36x)\,dx$

$= \left[-\tfrac{3}{5}x^5 + \tfrac{9}{4}x^4 + 4x^3 - 18x^2\right]_{-2}^{0} + \left[\tfrac{3}{5}x^5 - \tfrac{9}{4}x^4 - 4x^3 + 18x^2\right]_{0}^{2} + \left[-\tfrac{3}{5}x^5 + \tfrac{9}{4}x^4 + 4x^3 - 18x^2\right]_{2}^{3}$

$= 48{,}8 + 23{,}2 + 5{,}65 = 77{,}65$

4.2 Flächenbilanz und Flächeninhalte

3. a) a_1) $\int_2^3 g(x)dx$ ist negativ.

a_2) $\int_2^1 (h(x)-g(x))dx$ ist negativ. ▶ Integrationsrichtung vertauscht

a_3) $\int_0^7 (h(x)-g(x))dx$ ist positiv.

b) b_3) $U = \int_{-1}^0 h(x)dx$ b_2) $V = \int_0^4 (h(x)-g(x))dx$

b_4) $W = \int_7^6 h(x)dx + \int_8^7 g(x)dx$ ▶ Integrationsrichtung vertauscht

Übungen zu 4.2

1. a) $\int_{-2}^2 (\frac{1}{8}x^3 - \frac{1}{6}x^2 - \frac{1}{4}x + 2)dx = \frac{64}{9} \approx 7,11$

Das Integral entspricht der Maßzahl des Inhalts der Fläche zwischen der x-Achse und dem Graphen der Funktion f mit
$f(x) = \frac{1}{8}x^3 - \frac{1}{6}x^2 - \frac{1}{4}x + 2$ im Intervall $[-2; 2]$.

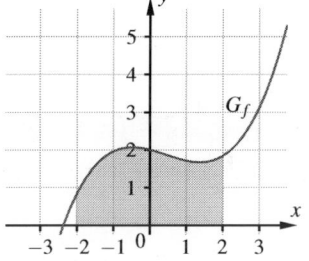

b) $\int_{-1}^2 (3 - 2x + 3x^2)dx = 15$

Das Integral entspricht der Maßzahl des Inhalts der Fläche zwischen der x-Achse und dem Graphen der Funktion f mit
$f(x) = 3 - 2x + 3x^2$ im Intervall $[-1; 2]$.

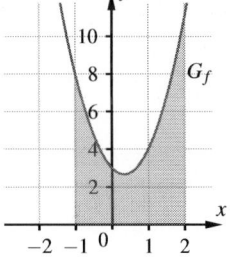

c) $\int_0^{-7,5} (-\frac{1}{10}x^3 - \frac{3}{4}x^2)dx = +\frac{3375}{128} \approx 26,38$

Das Integral entspricht der Maßzahl des Inhalts der Fläche zwischen der x-Achse und dem Graphen der Funktion f mit
$f(x) = -\frac{1}{10}x^3 - \frac{3}{4}x^2$.
Hinweis: 0 und $-7,5$ sind die Nullstellen von f. Da die Integrationsgrenzen vertauscht sind, liefert das Integral einen positiven Wert für die eigentlich negativ orientierte Fläche.

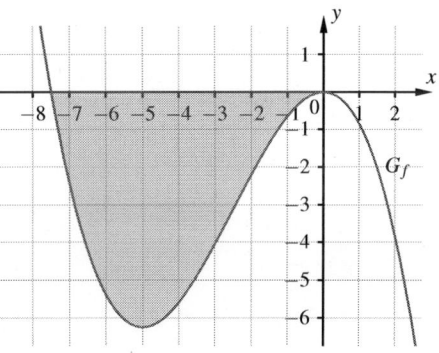

2. a)

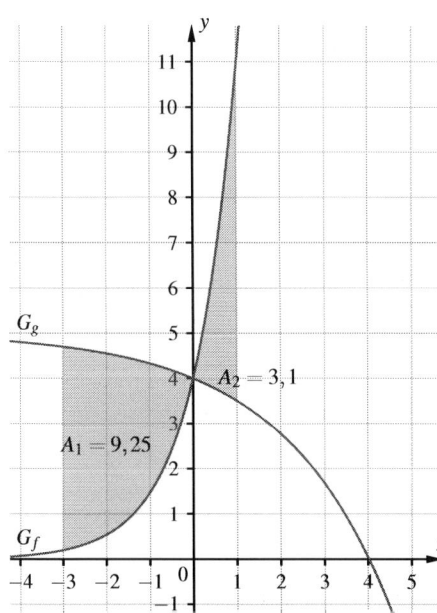

Schnittpunkt im Intervall bei 0.

$A_1 = \int_{-3}^{0} (5 - e^{0,4x} - 4e^x)dx$

$= [5x - 2,5e^{0,4x} - 4e^x]_{-3}^{0}$

$\approx -6,5 - (-15,95) \approx 9,45$

$A_2 = \int_{0}^{1} (4e^x - 5 + e^{0,4x})dx$

$= [4e^x - 5x + 2,5e^{0,4x}]_{0}^{1}$

$\approx 9,60 - 6,5 \approx 3,1$

$A = 9,45 + 3,1 = 12,55$

b)

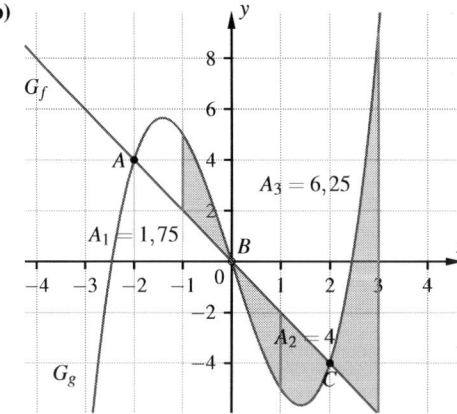

Schnittpunkte im Intervall bei 0 und 2.

$A_1 = \int_{-1}^{0} (x^3 - 4x)dx = [\frac{1}{4}x^4 - 2x^2]_{-1}^{0}$

$= 0 - (0,25 - 2) = 1,75$

$A_2 = \int_{0}^{2} (-x^3 + 4x)dx = [-\frac{1}{4}x^4 + 2x^2]_{0}^{2} = 4$

$A_3 = \int_{2}^{3} (x^3 - 4x)dx = [\frac{1}{4}x^4 - 2x^2]_{2}^{3}$

$= \frac{81}{4} - 18 - (4 - 8) = 6,25$

$A = 12$

3. Gesucht ist die Größe der Fläche, die von den Graphen von f und g umschlossen wird.

$g(x) = f(x) \Leftrightarrow -1,875x^2 + 1,2 = 0 \Leftrightarrow x = -0,8 \text{ oder } x = 0,8$

$A = \int_{-0,8}^{0,8} (-1,875x^2 + 1,2)\, dx$

$= 2 \cdot \int_{0}^{0,8} (-1,875x^2 + 1,2)\, dx$ ▶ wegen Symmetrie zur y-Achse

$= 2 \cdot [-0,625x^3 + 1,2x]_{0}^{0,8} = 2 \cdot 0,64 = 1,28$

Das Gitter muss einen Flächeninhalt von mindestens 1,28 m² haben.

4.2 Flächenbilanz und Flächeninhalte

4. Koordinatensystem: x-Achse ist die Horizontale durch die Parabelenden; y-Achse geht durch den Scheitelpunkt der Parabel

$y = -ax^2 + 10$; z. B. für $P(-10|0) \Rightarrow a = \frac{1}{10} \Rightarrow y = -\frac{1}{10}x^2 + 10$ (Gleichung der Parabel)

$A = 10 \cdot 20 + \int_{-10}^{10} \left(-\frac{1}{10}x^2 + 10\right) dx = 200 + \frac{400}{3} \approx 333{,}33 \, \text{m}^2$; $V = A \cdot l \approx 33\,333 \, \text{m}^3$;

$33\,333 = x \cdot 1000 \Rightarrow x = 33{,}3$

Es werden 34 Ventilatoren benötigt.

5.

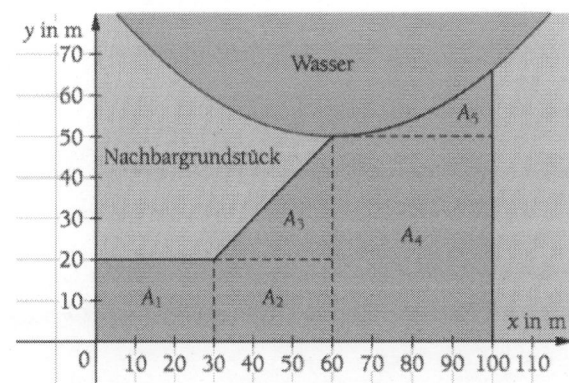

$A_1 = 30\,\text{m} \cdot 20\,\text{m} = 600\,\text{m}^2$ ▶ $A_{\text{Rechteck}} = \text{Breite} \cdot \text{Höhe}$

$A_2 = A_1 = 600\,\text{m}^2$

$A_3 = \frac{1}{2} \cdot 30\,\text{m} \cdot 30\,\text{m} = 450\,\text{m}^2$ ▶ $A_{\text{Dreieck}} = \frac{1}{2} \cdot \text{Grundlinie} \cdot \text{Höhe}$

$A_4 + A_5 = \int_{60}^{100} (0{,}01x^2 - 1{,}2x + 86)dx = \left[\frac{1}{300}x^3 - 0{,}6x^2 + 86x\right]_{60}^{100} \approx 2213{,}33$

$A_{\text{ges}} = 600\,\text{m}^2 + 600\,\text{m}^2 + 450\,\text{m}^2 + 2213{,}33\,\text{m}^2 = 3863{,}33\,\text{m}^2$

Kosten $= 3863{,}33\,\text{m}^2 \cdot 50\,\frac{\text{€}}{\text{m}^2} = 193\,166{,}65\,\text{€} \approx 195\,000\,\text{€}$

Das Kaufangebot ist fair.

6.* $\int_{0}^{6,1} (-0{,}1(x-1)^2 + 2{,}6) dx - \int_{0}^{5} (-0{,}1x^2 + 2{,}5) dx$

$= \left[-\frac{1}{30}x^3 + 0{,}1x^2 + 2{,}5x\right]_{0}^{6,1} - \left[-\frac{1}{30}x^3 + 0{,}1x^2 + 2{,}5x\right]_{0}^{5}$

$= 11{,}405 - 8{,}333 = 3{,}072$

Kosten $= 10\,000 \cdot 3{,}072\,\text{cm}^2 \cdot 0{,}05\,\text{cm} \cdot 0{,}05399\,\frac{\text{€}}{\text{cm}^3} = 82{,}93\,\text{€}$

7.* **a)** $\int_{0}^{a} x^2 dx = 72 \Leftrightarrow \left[\frac{1}{3}x^3\right]_{0}^{a} = 72 \Leftrightarrow \frac{1}{3}a^3 = 72 \Leftrightarrow a^3 = 216 \Leftrightarrow a = 6$

b) $\int_{0}^{a} (x+1) dx = 12 \Leftrightarrow \left[\frac{1}{2}x^2 + x\right]_{0}^{a} = 12 \Leftrightarrow \frac{1}{2}a^2 + a = 12 \Leftrightarrow a^2 + 2a - 24 = 0$

$\Leftrightarrow a = -6$ oder $a = 4$

c) $\int_{a}^{2a} x \, dx = 6 \Leftrightarrow \left[\frac{1}{2}x^2\right]_{a}^{2a} = 6 \Leftrightarrow \frac{1}{2} \cdot (2a)^2 - \frac{1}{2} \cdot a^2 = 6 \Leftrightarrow 2a^2 - \frac{1}{2}a^2 = 6 \Leftrightarrow \frac{3}{2}a^2 = 6 \Leftrightarrow a^2 = 4$

$\Leftrightarrow a = -2$ oder $a = 2$

d) $\int_{0}^{1} a^2 x^2 \, dx = 5 \Leftrightarrow \left[a^2 \cdot \frac{1}{3}x^3\right]_{0}^{1} = 5 \Leftrightarrow \frac{1}{3}a^2 = 5 \Leftrightarrow a^2 = 15$

$\Leftrightarrow a = -\sqrt{15}$ oder $a = \sqrt{15}$

8. a)

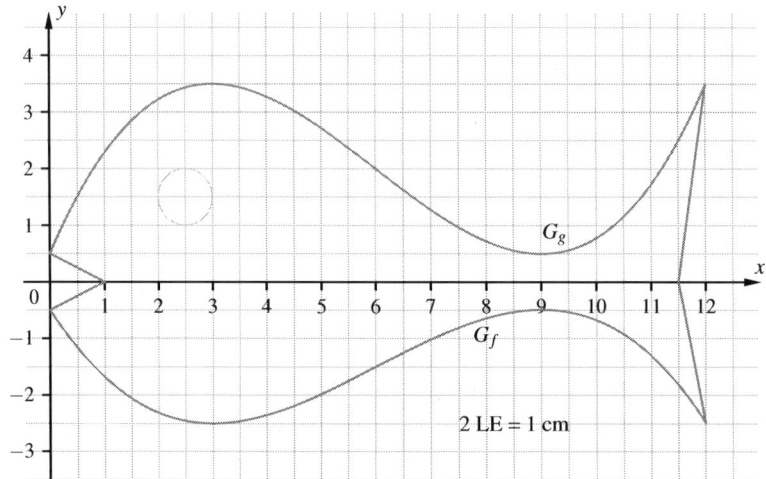

b) Rohlingsfläche zwischen den Graphen von g und f im Intervall [0; 12] (in cm²):

$$\int_0^{12} (g(x)-f(x))\,dx = \int_0^{12} \left(\tfrac{5}{108}x^3 - \tfrac{5}{6}x^2 + \tfrac{15}{4}x + 1\right) dx = \left[\tfrac{5}{432}x^4 - \tfrac{5}{18}x^3 + \tfrac{15}{8}x^2 + x\right]_0^{12} = 42\ [\text{cm}^2]$$

Einschnitt Schwanzflosse: $A_S = \tfrac{1}{2}g \cdot h = \tfrac{1}{2} \cdot 6\ \text{cm} \cdot 0{,}5\ \text{cm} = 1{,}5\ \text{cm}^2$

Einschnitt Maul: $A_M = \tfrac{1}{2}g \cdot h = \tfrac{1}{2} \cdot 1\ \text{cm} \cdot 1\ \text{cm} = 0{,}5\ \text{cm}^2$

Einschnitt Auge: $A_A = \pi r^2 = \pi \cdot (0{,}5\ \text{cm})^2 = 0{,}25\pi\ \text{cm}^2$

Eine Platte von 1 cm² Sperrholz wiegt 2 kg : 10000 = 0,2 g.

Ein Fisch mit aufgemaltem Auge wiegt $(42 - 1{,}5 - 0{,}5) \cdot 0{,}2\ \text{g} = 8\ \text{g}$.

Ein Fisch mit ausgesägtem Auge wiegt $8\ \text{g} - 0{,}25\pi \cdot 0{,}2\ \text{g} \approx 7{,}843\ \text{g}$.

9. Gegebene Punkte: $A(2|4{,}2);\ B(8|1{,}8);\ C(6|1);\ D(4|5)$

Parabel durch die Punkte A, D und B: $f(x) = ax^2 + bx + c$

(I) $f(2) = 4{,}2\ \Leftrightarrow\ 4a + 2b + c = 4{,}2$
(II) $f(6) = 1\ \Leftrightarrow\ 36a + 6b + c = 1$
(III) $f(8) = 1{,}8\ \Leftrightarrow\ 64a + 8b + c = 1{,}8$ $\quad f(x) = 0{,}2x^2 - 2{,}4x + 8{,}2$

Parabel durch die Punkte A, C und B: $g(x) = ax^2 + bx + c$

(I) $g(2) = 4{,}2\ \Leftrightarrow\ 4a + 2b + c = 4{,}2$
(II) $g(4) = 5\ \Leftrightarrow\ 16a + 4b + c = 5$
(III) $g(8) = 1{,}8\ \Leftrightarrow\ 64a + 8b + c = 1{,}8$ $\quad g(x) = -0{,}2x^2 + 1{,}6x + 1{,}8$

$$\int_2^8 (g(x)-f(x))\,dx = \int_2^8 (-0{,}4x^2 + 4x - 6{,}4)\,dx = \left[-\tfrac{2}{15}x^3 + 2x^2 - 6{,}4x\right]_2^8 = 14{,}4$$

$A_S = 14{,}4\ \text{m}^2 \qquad V_S = 14{,}4\ \text{m}^2 \cdot 0{,}6\ \text{m} = 8{,}64\ \text{m}^3$

Wenn die Grube ganz mit Sand gefüllt werden soll, müssen 9 m³ Sand bestellt werden.

10. $A = 2\int_0^5 \left(\tfrac{1}{40}(x^4 - 41x^2 + 400)\right)dx = 2\left[\tfrac{1}{40}\left(\tfrac{1}{5}x^5 - \tfrac{41}{3}x^3 + 400x\right)\right]_0^5$

$= 2\left[\tfrac{1}{600}(3x^5 - 205x^3 + 6000x)\right]_0^5 = \tfrac{275}{6}$

$V = \tfrac{275}{6}\ \text{m}^2 \cdot 100\ \text{m} = \tfrac{13750}{3}\ \text{m}^3 \approx 4583{,}33\ \text{m}^3$

Es müssen ca. 4583 m³ Material zusätzlich angeliefert werden.

4.2 Flächenbilanz und Flächeninhalte

11. Scheitelpunkt $S(0|35)$; $N(39|0) \Rightarrow f(x) = -\frac{35}{1521}x^2 + 35$

$A = 2\int_0^{39}(-\frac{35}{1521}x^2 + 35)dx = 2\left[-\frac{35}{4563}x^3 + 35x\right]_0^{39} = 1820$

Kosten $= 1820\,\text{m}^2 \cdot 2000\,\frac{\text{€}}{\text{m}^2} = 3\,640\,000\,\text{€}$

12. a) Die Aussage „40 % der Bevölkerung halten 11 % des Vermögens" ist falsch. Gemäß der Lorenzkurve besitzen 40 % der Bevölkerung 1 % des Vermögens.

b) 50 % der Bevölkerung besitzen 2 % des Vermögens.

c) Abgelesen: $P_1(0,80|0,22)$; $P_2(0,50|0,02)$

$f(0,8) = 0,0005 e^{7,582 \cdot 0,8} = 0,215$; $\quad f(0,5) = 0,0005 e^{7,582 \cdot 0,5} = 0,02$

Die abgelesenen Werte stimmen gut mit den Werten der e-Funktion aus der Modellbildung überein.

d) $\int_0^1 x\,dx = \left[\frac{1}{2}x^2\right]_0^1 = 0,5 - 0 = 0,5$

e) Gini-Koeffizient $= \dfrac{\int_0^1 (x - 0,0005 \cdot e^{7,582x})dx}{\int_0^1 x\,dx} = \dfrac{\left[\frac{1}{2}x^2 - \frac{0,0005}{7,582} \cdot e^{7,582x}\right]_0^1}{0,5}$

$\dfrac{\frac{1}{2} - \frac{0,0005}{7,582} \cdot e^{7,582} - \left(-\frac{0,0005}{7,582}\right)}{0,5} \approx \dfrac{0,37064}{0,5} \approx 0,74$

Die Vermögenverteilung in Deutschland ist ungleicher als in Japan und Frankreich, aber gleicher als in den USA und in Russland.

13. a) $f(x) = 4xe^{-x+1}$; $f'(x) = -4(x-1)e^{-x+1}$;

$F(x) = -4(x+1)e^{-x+1} + C$

Hochpunkt $H(1|4)$

$g(x) = 2xe^{-2x+3}$; $g'(x) = -2(2x-1)e^{-2x+3}$;

$G(x) = -0,5(2x+1)e^{-2x+3} + C$

Hochpunkt $H(0,5|e^2)$

b) Es gilt: $F'(x) = f(x)$ bzw. $G'(x) = g(x)$

c) Es gilt: $\int_0^8 f(x)dx \approx 10,84$ und $\int_0^8 g(x)dx \approx 10,04$

Zur Kandidatin B gehört der Graph der Funktion f. Sie gewinnt den Poetry-Slam.

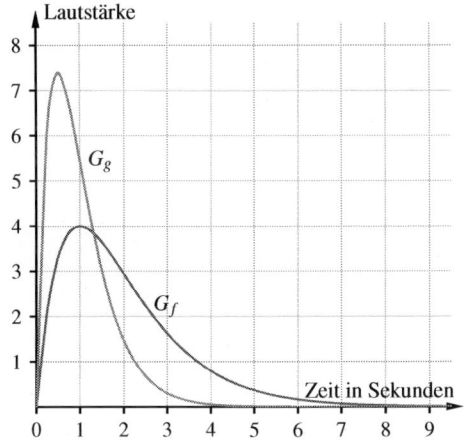

Test A zu 4.2

1. a) $f(x) = \frac{4x}{100}(x+3)(x^2-10x+25) = \frac{4x}{100}(x+3)(x-5)^2$
$x = 5$ ist doppelte Nullstelle.

b) $\int_0^5 f(x)dx = \int_0^5 (\frac{4}{100}(x^4 - 7x^3 - 5x^2 + 75x))dx$

$= \frac{4}{100}\left[\frac{1}{5}x^5 - \frac{7}{4}x^4 - \frac{5}{3}x^3 + \frac{75}{2}x^2\right]_0^5 = \frac{4}{100}(\frac{1}{5}5^5 - \frac{7}{4}\cdot 5^4 - \frac{5}{3}\cdot 5^3 + \frac{75}{2}\cdot 5^2 - 0) = \frac{125}{12} \approx 10{,}42$

$\int_0^{-3} f(x)dx = \int_0^{-3} (\frac{4}{100}(x^4 - 7x^3 - 5x^2 + 75x))dx$

$= \frac{4}{100}\left[\frac{1}{5}x^5 - \frac{7}{4}x^4 - \frac{5}{3}x^3 + \frac{75}{2}x^2\right]_0^{-3} = \frac{4}{100}(\frac{1}{5}(-3)^5 - \frac{7}{4}(-3)^4 - \frac{5}{3}\cdot(-3)^3 + \frac{75}{2}(-3)^2 - 0)$

$= \frac{3843}{500} \approx 7{,}69$

$\int_{-3}^5 f(x)dx = -\frac{3843}{500} + \frac{125}{12} = \frac{1024}{375} \approx 2{,}73$

c) $\int_{-3}^a f(x)dx = 0 \Rightarrow a \approx 3$

d) $A = \frac{1}{2}g\cdot h - \int_0^5 f(x)dx = \frac{1}{2}\cdot 5 \cdot 10 - \frac{125}{12} = \frac{175}{12} \approx 14{,}58$

▶ Zeichnung nicht verlangt

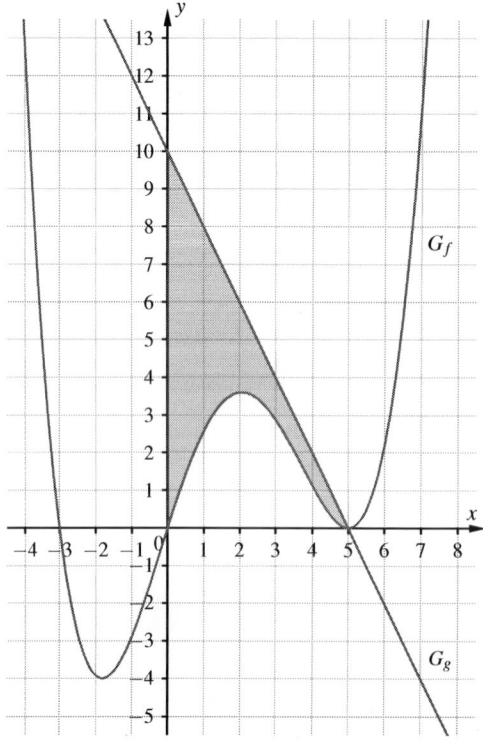

4.2 Flächenbilanz und Flächeninhalte

Test B zu 4.2

1. Schnittstellen liefern Integrationsgrenzen:
$f(x) = g(x) \Leftrightarrow -0{,}125x^4 + 2{,}25x^2 - 7 = 0$ ▶ Substitution
$\Leftrightarrow x = -2$ oder $x = 2$ oder $x = -\sqrt{14}$ oder $x = \sqrt{14}$

$$A = 2 \cdot \left(\int_0^2 (g(x) - f(x))\,dx + \int_2^{\sqrt{14}} (f(x) - g(x))\,dx \right)$$
$$= 2 \cdot \left(\int_0^2 (0{,}125x^4 - 2{,}25x^2 + 7)\,dx + \int_2^{\sqrt{14}} (-0{,}125x^4 + 2{,}25x^2 - 7)\,dx \right)$$
$$= 2 \cdot \left(\left[\tfrac{1}{40}x^5 - \tfrac{3}{4}x^3 + 7x\right]_0^2 + \left[-\tfrac{1}{40}x^5 + \tfrac{3}{4}x^3 - 7x\right]_2^{\sqrt{14}} \right) \approx 2 \cdot \left(\tfrac{44}{5} + 3{,}56\right) = 24{,}72$$

2. a) $A_1 = \int_0^3 (x^3 - 6x^2 + 9x)\,dx = \left[\tfrac{1}{4}x^4 - 2x^3 + 4{,}5x^2\right]_0^3 = \tfrac{1}{4} \cdot 3^4 - 2 \cdot 3^3 + 4{,}5 \cdot 3^2 - 0 = 6{,}75$

b) $p(x) = 0 \Leftrightarrow -2x^2 + 5x = 0 \Leftrightarrow 0 = x(-2x+5) \Leftrightarrow x = 0$ oder $x = 2{,}5$

c) $A_2 = A_1 - \int_0^{2{,}5} (-2x^2 + 5x)\,dx$
$= 6{,}75 - \left[-\tfrac{2}{3}x^3 + \tfrac{5}{2}x^2\right]_0^{2{,}5} \approx 6{,}75 - 5{,}21 = 1{,}54$

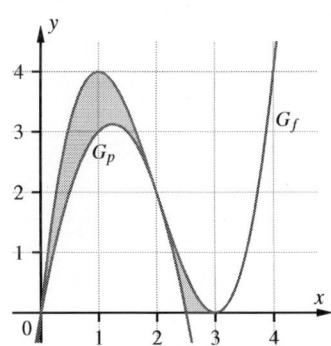

3. Parabel: $f(x) = -\tfrac{1}{4}x^2 + 4$
$A = 2\int_0^4 (-\tfrac{1}{4}x^2 + 4)\,dx = 2 \cdot \left[-\tfrac{1}{12}x^3 + 4x\right]_0^4 = 2 \cdot \tfrac{32}{3} = \tfrac{64}{3} \approx 21{,}3\,[\text{m}^2]$
$V = \tfrac{64}{3} \cdot 40 \approx 853{,}3\,[\text{m}^3]$
Das Volumen des Zeltes beträgt ca. 853,3 m³.

5 Stochastik

Grundlagen

144

1. a) $P(ask) = 0,18$
$P(awk) = 0,06$
$P(ack) = 0,36$
$P(msk) = 0,06$
$P(m s\bar{k}) = 0,14$
$P(mw\bar{k}) = 0,04$
$P(mck) = 0,048$
$P(mc\bar{k}) = 0,112$

ω	$P(\{\omega_i\})$
ask	$0,6 \cdot 0,3 \cdot 1 = 0,18$
awk	$0,6 \cdot 0,1 \cdot 1 = 0,06$
ack	$0,6 \cdot 0,6 \cdot 1 = 0,36$
msk	$0,4 \cdot 0,5 \cdot 0,3 = 0,06$
$ms\bar{k}$	$0,4 \cdot 0,5 \cdot 0,7 = 0,14$
$mw\bar{k}$	$0,4 \cdot 0,1 \cdot 1 = 0,04$
mck	$0,4 \cdot 0,4 \cdot 0,3 = 0,048$
$mc\bar{k}$	$0,4 \cdot 0,4 \cdot 0,7 = 0,112$

b) Vergröberung von Ω: $\Omega' = \{$Max; Automat$\}$ $\Omega'' = \{$Saft; Wasser; Cola$\}$

c) $E_1 = \{ask; msk; ms\bar{k}; mw\bar{k}; mc\bar{k}\}$
$P(E_1) = 0,532$

d) $P(S \cap K) = P(ask) + P(msk) = 0,24$
$P(\bar{A} \cup K) = P(\Omega) = 1$

Grundlagen

2. M: „männlich" S: „in einem Sportverein organisiert"

a)

Ω	M	$\overline{M}$	Σ
S	34 / 0,17	22 / 0,11	56 / 0,28
$\overline{S}$	48 / 0,24	96 / 0,48	144 / 0,72
Σ	82 / 0,41	118 / 0,59	200 / 1

b) $P_M(S) = \frac{P(M \cap S)}{P(M)} = \frac{34}{82} \approx \mathbf{0{,}4146}$

c) $P_S(M) = \frac{P(M \cap S)}{P(S)} = \frac{34}{56} \approx \mathbf{0{,}6071}$

d) $P(S \cap \overline{M}) = \mathbf{0{,}11}$

e) $P(M) \cdot P(S) = 0{,}41 \cdot 0{,}28 = \mathbf{0{,}1148}$
$P(M \cap S) = \mathbf{0{,}17}$

Wegen $P(M \cap S) \neq P(M) \cdot P(S)$ ist die Vereinszugehörigkeit **stochastisch abhängig** vom Geschlecht.

3. W: „Befragte Person ist weiblich (Schülerin).", E: „Person wohnt bei den Eltern."

Absolute Häufigkeiten:

Ω	W	$\overline{W}$	Σ
E	96	120	216
$\overline{E}$	64	80	144
Σ	160	200	360

Relative Häufigkeiten:

Ω	W	$\overline{W}$	Σ
E	$\frac{4}{15}$	$\frac{1}{3}$	$\frac{3}{5}$
$\overline{E}$	$\frac{8}{45}$	$\frac{2}{9}$	$\frac{2}{5}$
Σ	$\frac{4}{9}$	$\frac{5}{9}$	1

a) $P(\text{Person ist männlich.}) = P(\overline{W}) = \frac{5}{9}$

b) $P(\text{Person ist weiblich.}) = P(W) = \frac{4}{9}$

c) $P(\text{wohnt bei Eltern}) = P(E) = \frac{3}{5}$

d) $P(\text{wohnt nicht bei Eltern}) = P(\overline{E}) = \frac{2}{5}$

e) $P_E(\overline{W}) = \frac{P(E \cap \overline{W})}{P(E)} = \frac{\frac{1}{3}}{\frac{3}{5}} = \frac{5}{9}$

f) $P_{\overline{E}}(\overline{W}) = \frac{P(\overline{E} \cap \overline{W})}{P(\overline{E})} = \frac{\frac{2}{9}}{\frac{2}{5}} = \frac{5}{9}$

g) $P_E(W) = \frac{P(E \cap W)}{P(E)} = \frac{\frac{4}{15}}{\frac{3}{5}} = \frac{4}{9}$

h) $P_{\overline{E}}(W) = \frac{P(\overline{E} \cap W)}{P(\overline{E})} = \frac{\frac{8}{45}}{\frac{2}{5}} = \frac{4}{9}$

i) $P_{\overline{W}}(E) = \frac{P(E \cap \overline{W})}{P(\overline{W})} = \frac{\frac{1}{3}}{\frac{5}{9}} = \frac{3}{5}$

j) $P_W(E) = \frac{P(E \cap W)}{P(W)} = \frac{\frac{4}{15}}{\frac{4}{9}} = \frac{3}{5}$

k) $P_{\overline{W}}(\overline{E}) = \frac{P(\overline{E} \cap \overline{W})}{P(\overline{W})} = \frac{\frac{2}{9}}{\frac{5}{9}} = \frac{2}{5}$

5.1 Bernoulli-Ketten

5.1.1 Bernoulli-Experimente und Benoulli-Ketten

147

1. **a)** Bernoulli-Kette: Es sind nur zwei Ergebnisse möglich und die Trefferwahrscheinlichkeit ergibt sich aus Durchschnittswerten.
   b) Bernoulli-Kette: Es sind nur zwei Ergebnisse möglich, die Trefferwahrscheinlichkeit hängt von der Art der Veränderung ab, ändert sich aber nicht mehr.
   c) Keine Bernoulli-Kette, da jeweils mehr als zwei Ergebnisse möglich sind.
   d) Keine Bernoulli-Kette, da sich die Trefferwahrscheinlichkeit ändert.
   e) Wenn als Treffer z.B. das Ziehen einer roten Kugel definiert wird und als Niete das Ziehen von keiner roten Kugel, so handet es sich bei diesem Zufallsexperiment um eine Bernoulli-Kette. Werden alle drei Farben als mögliche Ergebnisse betrachtet, dann liegt keine Bernoulli-Kette vor.
   f) Geht man davon aus, dass sich die Trefferwahrscheinlichkeit nicht verändert, so liegt bei diesem Zufallsexperiment eine Bernoulli-Kette vor.
   g) Eigentlich handelt es sich dabei um keine Bernoulli-Kette, da ohne Zurücklegen gezogen wird. Da sich aber in diesem Fall die Wahrscheinlichkeit auch beim Ziehen ohne Zurücklegen kaum ändert, darf dieses Zufallsexperiment als Bernoulli-Kette betrachtet werden.
   h) Bernoulli-Kette: Es sind nur zwei Ergebnisse möglich und die Trefferwahrscheinlichkeit ergibt sich aus Durchschnittswerten.

2. Individuelle Lösungen, zum Beispiel:
   Ein Prüfling beantwortet einen Test mit zehn Multiple-Choice-Fragen nur durch Raten.
   Bei jeder Frage sind drei Antwortmöglichkeiten gegeben, von denen genau eine richtig ist.
   $n = 10$ und $p = \frac{1}{3}$.

3. **a)** Wahr, da der Ergebnisraum auf nur zwei Ergebnisse vergröbert werden kann. Z.B.: Es wird eine gerade Zahl oder eine ungerade Zahl gewürfelt.
   b) Falsch, da ein Bernoulli-Experiment durch Wiederholung zu einer Bernoulli-Kette werden kann und nicht umgekehrt.
   c) Falsch, die Trefferwahrscheinlichkeit kann sich bei einer Wiederholung ändern, dann liegen die Voraussetzungen einer Bernoulli-Kette nicht vor.
   Z.B.: Beim Ziehen von Kugeln aus einer Urne ohne Zurücklegen.
   d) Wahr, da nur zwei Ergebnisse möglich sind und diese somit den Ergebnisraum bilden.
   Es gilt: $P(\Omega) = 1$.
   e) Falsch, da der Ergebnisraum auf nur zwei Ergebnisse vergröbert werden kann. Z.B.: Ziehen einer weißen Kugel oder keiner weißen Kugel.
   f) Wahr, da sich die Trefferwahrscheinlichkeit nicht verändern darf, muss die ausgewählte Person auch erneut zur Auswahl stehen. So wie beim Ziehen mit Zurücklegen.

5.1 Bernoulli-Ketten

5.1.2 Ermittlung von Wahrscheinlichkeiten bei Bernoulli-Experimenten

1. $P(A) = B(11; 0,43; 2) \approx 0,06459$
   $P(B) = B(11; 0,43; 10) + B(11; 0,43; 11) \approx 0,00145$
   $P(C) = B(11; 0,57; 0) + B(11; 0,57; 1) \approx 0,00145$
   $P(D) = 1 - B(11; 0,43; 0) \approx 0,99794$
   $P(E) = P(C)$
   $P(F) = 0,43^7 \cdot 0,57^4 \cdot 5 \approx 0,00143$

2. $P(A) = B(10; 0,5; 3) \approx 0,11719$
   $P(B) = B(10; 0,9; 6) \approx 0,01116$
   $P(C) = 1 - P(\text{Höchstens 1 rote Kugel wird gezogen.})$
   $ = 1 - (B(10; 0,5; 0) + B(10; 0,5; 1)) \approx 0,98926$
   $P(D) = 0,4^2 \cdot \binom{8}{2} \cdot 0,1^2 \cdot 0,9^6 \approx 0,02381$

3. a) A: „Genau sieben der zufällig ausgewählten Schüler sind Linkshänder."

   b) B: „Genau 14 der zufällig ausgewählten Schüler sind Rechtshänder."

   c) C: „Höchstens zwei Linkshänder werden ausgewählt."

   d) D: „Es werden genau fünf Linkshänder nacheinander befragt, alle anderen Befragten sind Rechtshänder."

   e) E: „Es werden Linkshänder und Rechtshänder im Wechsel befragt – der Beginn ist offen."

   f) F: „Es werden mindestens zwei Linkshänder ausgewählt."

   g) G: „Es werden zunächst zehn Rechtshänder nacheinander und anschließend noch genau 30 Rechtshänder ausgewählt."

   h) H: „Es werden nur Rechtshänder ausgewählt."

   i) I: „Zuerst werden sieben Linkshänder befragt und anschließend nur noch Rechtshänder."

   j) J: „Unter den ersten 25 ausgewählten Schülern sind genau zwei Linkshänder und unter den nächsten 25 ebenfalls."

4. $P(\text{höchstens eine grüne Kugel}) = P(\text{keine grüne Kugel}) + P(\text{genau eine grüne Kugel})$
   $\ 0,99 = q^2 + 2pq$
   $\Leftrightarrow 0,99 = q^2 + 2q(1-q)$
   $\Leftrightarrow 0,99 = q^2 + 2q - 2q^2$
   $\Leftrightarrow 0 = -q^2 + 2q - 0,99$
   $q = 0,9 \quad (q = 1,1 \text{ nicht möglich})$
   $\Rightarrow p = 0,1$
   Die Wahrscheinlichkeit, bei einem Zug eine grüne Kugel zu ziehen, beträgt 10%. Somit sind 10 grüne Kugeln in der Urne.

152

5. P(Mindestens ein Paket der Lieferung ist beschädigt.) $= 0,5$
  $\Leftrightarrow 1 - P$(Kein Paket ist beschädigt.) $= 0,5$
  $\Leftrightarrow P$(Kein Paket ist beschädigt.) $= 0,5$
  $\Leftrightarrow q^{35} = 0,5$
  $\Rightarrow q \approx 0,98$
  $\Rightarrow p = 0,02$

Mit einer Wahrscheinlichkeit von 2 % wird ein Paket der Lieferung beschädigt.

6. a) Richtig ist Gelb.

Tipp: Bei der Formulierung des Gegenereignisses nicht von Treffern zu Nieten wechseln und umgekehrt.

b) Richtig ist Grün.

c) Richtig ist Grün.

Übungen zu 5.1

153

1. a) Das Auftreffen einer Kugel auf ein Hindernis entspricht einem Bernoulli-Experiment, da nur zwei Ergebnisse – nach links fallen (Niete), nach rechts fallen (Treffer) – möglich sind.

Da die Trefferwahrscheinlichkeit bei jedem Hindernis gleich bleibt ($P(T) = 0,5$), wird die Wiederholung der einzelnen Bernoulli-Experimente zu einer Bernoulli-Kette. Die Kettenlänge entspricht der Anzahl der Hindernisse, auf die eine Kugel beim „Durchrollen" trifft.

Somit kann mit dem Galton-Brett angenähert eine Binomialverteilung erzeugt werden.

b)

Trefferanzahl	0	1	2	3	4
$P(T)$	$\frac{1}{16}$	$\frac{1}{4}$	$\frac{6}{16}$	$\frac{1}{4}$	$\frac{1}{16}$

c) $P(A) = B(10; \frac{1}{16}; 2) \approx 0,10489$
$P(B) = B(10; \frac{1}{4}; 0) + B(10; \frac{1}{4}; 1) + B(10; \frac{1}{4}; 2) \approx 0,52559$
$P(C) = 1 - (B(10; \frac{1}{16}; 0) + (B(10; \frac{1}{16}; 1)) \approx 0,12590$
$P(D) = B(10; \frac{5}{16}; 10) \approx 0,00001$
$P(E) = (\frac{10}{16})^9 \cdot \frac{6}{16} \approx 0,00546$
$P(F) = (\frac{1}{4})^5 \cdot (\frac{3}{4})^5 \cdot 6 \approx 0,00139$

d)

Trefferanzahl	0	1	2	3	4
$P(T)$	$\frac{16}{625}$	$\frac{96}{625}$	$\frac{216}{625}$	$\frac{216}{625}$	$\frac{81}{625}$

2. P(10-mal rot hintereinander) $= (\frac{18}{37})^{10} \approx 0,00074$
P(genau 1-mal schwarz bei 11 Versuchen) $= B(11; \frac{18}{37}; 1) \approx 0,00682$
P(10-mal rot und dann schwarz) $= (\frac{18}{37})^{11} \approx 0,00036$

3. a_1) P(Es erscheint genau 5-mal eine rote Zahl.) $= \binom{7}{5} \cdot (\frac{18}{37})^5 \cdot (\frac{19}{37})^2 \approx 0,1509$

a_2) P(Es erscheint höchstens 5-mal eine rote Zahl.) $= 1 - P$(Es erscheint mindestens 6-mal eine rote Zahl.)
$= 1 - \left[\binom{7}{6} \cdot (\frac{18}{37})^6 \cdot (\frac{19}{37}) + (\frac{18}{37})^7\right] \approx 0,9459$

a_3) Trefferplatzierung: 1. Pfadregel anwenden
P(Genau beim ersten, dritten und fünften Wurf erscheint eine rote Zahl.) $= (\frac{18}{37})^3 \cdot (\frac{19}{37})^4 \approx 0,0080$

5.1 Bernoulli-Ketten

b₁) P(Es erscheint mindestens 1-mal eine Zahl aus dem ersten Dutzend.)
$= 1 - P$(Es erscheint keine Zahl aus dem ersten Dutzend.) $= 1 - (\frac{25}{37})^2 \approx 0{,}5435$

b₂) P(Es erscheint keine Zahl aus dem ersten Dutzend 2-mal.)
$= 1 - P$(Es erscheint eine Zahl aus dem ersten Dutzend genau 2-mal.) $= 1 - 12 \cdot (\frac{1}{37})^2 \approx 0{,}9912$
Der Faktor 12 entsteht durch die 12 verschiedenen Zahlen.

4. a) $P(A) = B(14; \frac{2}{3}; 7) \approx 0{,}09185$

b) $P(B) = B(14; \frac{1}{3}; 0) + B(14; \frac{1}{3}; 1) \approx 0{,}02740$

c) $P(C) = (\frac{1}{3})^3 \cdot (\frac{2}{3})^{11} \approx 0{,}00043$

d) $P(D) = (\frac{1}{3})^7 \cdot (\frac{2}{3})^7 \cdot 2 \approx 0{,}00005$

e) $P(E) = (\frac{2}{3})^5 \cdot (\frac{1}{3})^9 \cdot 10 \approx 0{,}00007$

5.* a) P(Bernie gewinnt genau einmal.) $= 2 \cdot P$(Bernie gewinnt nie.)
$B(4; p; 1) = 2 \cdot B(4; p; 0)$
$4 \cdot p \cdot q^3 = 2 \cdot q^4$
$2 \cdot p = 1 - p$
$3 \cdot p = 1$
$p = \frac{1}{3}$

b) $P(E) = B(4; \frac{1}{3}; 2) \approx 0{,}29630$
$P(F) = B(4; \frac{1}{3}; 0) + B(4; \frac{1}{3}; 1) \approx 0{,}59259$

6. a) $P(A) = \binom{5}{1} \cdot 0{,}25 \cdot 0{,}75^4 \approx 0{,}39551$

b) $P(B) = \binom{5}{4} \cdot 0{,}25^4 \cdot 0{,}75 + 0{,}25^5 \approx 0{,}01563$

c) $P(C) = 0{,}75^5 + 5 \cdot 0{,}25 \cdot 0{,}75^4 + \binom{5}{2} \cdot 0{,}25^2 \cdot 0{,}75^3 \approx 0{,}89648$

d) $P(D) = 0{,}25^2 \cdot 0{,}75^3 \cdot 4 \approx 0{,}10547$

e) $P(E) = 0{,}75^5 \approx 0{,}23730$

7. $P(A) = 0{,}8^{30} \approx 0{,}00124$
$P(B) = 0{,}2^5 \cdot 0{,}8^{25} \cdot 26 \approx 0{,}00003$
$P(C) = \binom{30}{9} \cdot 0{,}2^9 \cdot 0{,}8^{21} + \binom{30}{10} \cdot 0{,}2^{10} \cdot 0{,}8^{20} \approx 0{,}10303$

8. a) $P(E) = \binom{2}{1} \cdot \frac{1}{3} \cdot \frac{2}{3} = \frac{4}{9} \approx 0{,}44444$

b) $P(E) = 0{,}5$
$\Leftrightarrow \binom{2}{1} \cdot p \cdot q = 0{,}5$
$\Leftrightarrow 2 \cdot p \cdot q = 0{,}5$
$\Leftrightarrow \frac{1}{4} = p \cdot (1-p) \Leftrightarrow \frac{1}{4} = p - p^2$
$\Rightarrow p = \frac{1}{2}$
Die Hälfte der Glücksradfläche muss grün sein.

9. a) $P(A) = B(15; 0,9; 14) = \binom{15}{14} \cdot 0,9^{14} \cdot 0,1 \approx 0,34315$

b) $P(B) = B(15; 0,9; 14) + B(15; 0,9; 15) = \binom{15}{14} \cdot 0,9^{14} \cdot 0,1 + 0,9^{15} \approx 0,54904$

c) $P(C) = B(15; 0,9; 12) + B(15; 0,9; 13) + B(15; 0,9; 14) \approx 0,73855$

10. $P(E) = B(12; 0,4; 5) = \binom{12}{5} \cdot 0,4^5 \cdot 0,6^7 \approx 0,22703$

$P(F) = 0,6^2 \cdot 0,4^{10} \approx 0,00004$ ▶ 1. Pfadregel verwenden

$P(G) = 1 - P(\text{Höchstens ein Kunde entscheidet sich für einen Kugelgrill.})$
$= 1 - (B(12; 0,4; 0) + B(12; 0,4; 1)) \approx 0,98041$

11. $P(E) = B(5; \frac{1}{8}; 0) \approx 0,51291$

$P(F) = B(5; \frac{1}{4}; 4) + B(5; \frac{1}{4}; 5) \approx 0,01563$

$P(G) = 1 - (\frac{1}{3} + \frac{1}{4} + \frac{1}{8}) = \frac{7}{24}$

Eva kann zwei Kleider der Marke A und der Marke G entweder mit einem Kleid der Marke D oder der Marke V kombinieren. Jeweils ergeben sich sechs (3!) verschiedene Möglichkeiten.

Zum Beispiel: AAGGD, AADGG, DAAGG, GGAAD, GGDAA, DGGAA

$P(H) = 6 \cdot (\frac{1}{3})^2 \cdot (\frac{7}{24})^2 \cdot \frac{1}{4} + 6 \cdot (\frac{1}{3})^2 \cdot (\frac{7}{24})^2 \cdot \frac{1}{8} \approx 0,02127$

Test A zu 5.1

1. a) In einer Urne befinden sich sieben rote und drei blaue Kugeln. Es werden zehn Kugeln mit Zurücklegen gezogen.

E: „Genau zwei rote Kugeln werden gezogen."

(Rot und Blau können natürlich vertauscht werden.)

b) In einer Urne befinden sich sechs rote und vier blaue Kugeln. Es werden sieben Kugeln mit Zurücklegen gezogen.

E: „Es wird keine rote Kugel gezogen."

c) In einer Urne befinden sich zwei rote und acht blaue Kugeln. Es werden 20 Kugeln mit Zurücklegen gezogen.

E: „Es werden mehr als 18 rote Kugeln gezogen."

2. $P(A) = \binom{15}{3} \cdot 0,2^3 \cdot 0,8^{12} \approx 0,25014$

$P(B) = B(15; 0,2; 0) + B(15; 0,2; 1) \approx 0,16713$

$P(C) = B(15; 0,8; 14) + B(15; 0,8; 15) \approx 0,16713$

$P(D) = 0,2^3 \cdot 0,8^{12} \cdot 13 \approx 0,00715$

$P(E) = 1 - (B(15; 0,2; 0) + B(15; 0,2; 1)) \approx 0,83287$

$P(F) = B(15; 0,2; 6) + B(15; 0,2; 7) \approx 0,05681$

Test B zu 5.1

1. a) Bernoulli-Kette: Nur zwei Ergebnisse sind möglich, die Trefferwahrscheinlichkeit bleibt gleich, $n = 100, p = 0,5$.
   b) Keine Bernoulli-Kette: Die Trefferwahrscheinlichkeiten der einzelnen Spieler sind in der Regel nicht gleich.
   c) Eigentlich handelt es sich dabei um keine Bernoulli-Kette, da ohne Zurücklegen gezogen wird. Da sich aber in diesem Fall die Wahrscheinlichkeit auch beim Ziehen ohne Zurücklegen kaum ändert, darf dieses Zufallsexperiment als Bernoulli-Kette behandelt werden. Es sind nur zwei Ergebnisse möglich, die Schraube ist in Ordnung oder nicht, $n = 30, p = 0,01$.
   d) Keine Bernoulli-Kette: Da ohne Zurücklegen gezogen wird, ändert sich die Trefferwahrscheinlichkeit.
   e) Es handelt sich um keine Bernoulli-Kette, wenn man alle möglichen Ergebnisse betrachtet. Wird der Ergebnisraum aber auf „sechs Richtige" oder „keine sechs Richtige" vergröbert, dann handelt es sich um eine Bernoulli-Kette.

2. a) Das Ereignis schreibt die Trefferreihenfolge vor. Somit müssen die Pfadregeln angewendet werden. Dabei ist zu beachten, dass das Ereignis eintritt, wenn genau zwei Fragen hintereinander richtig beantwortet wurden und sonst keine weitere Frage oder sonst eine weitere Frage oder alle Fragen richtig beantwortet wurden.

   Für den Fall, dass genau zwei Fragen hintereinander richtig beantwortet werden, gibt es drei Möglichkeiten: RRFF, FRRF, FFRR.

   Wenn zwei aufeinanderfolgende Fragen und eine weitere richtig beantwortet wurden, gibt es vier Möglichkeiten: RRRF, RRFR, FRRR, RFRR.

   Wenn alle Fragen richtig beantwortet wurden, gibt es nur eine Möglichkeit.
   $P(E) = 3 \cdot (\frac{1}{3})^2 \cdot (\frac{2}{3})^2 + 4 \cdot (\frac{1}{3})^3 \cdot \frac{2}{3} + (\frac{1}{3})^4 \approx 0,25926$

   b) n: = Anzahl der Antworten pro Frage

   Die Trefferwahrscheinlichkeit für eine richtig beantwortete Frage beträgt somit: $p = \frac{1}{n}$.

   Forderung: $B(4; p; 4) \leq 0,01$
   $$(p)^4 \leq 0,01$$
   $$p \leq 0,31623$$
   $$\tfrac{1}{n} \leq 0,31623$$
   $$n \geq 3,1623$$

   Somit müssen mindestens 4 Antworten pro Frage gegeben sein.

5.2 Zufallsgrößen und Wahrscheinlichkeitsverteilungen

5.2.1 Definition von Zufallsgröße und Wahrscheinlichkeitsverteilung

161

1. a)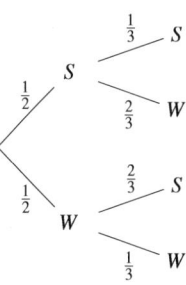

b)
x	-5	$0{,}5$	4
$P(X=x)$	$\frac{1}{6}$	$\frac{2}{3}$	$\frac{1}{6}$

c) $P(\text{Spieler macht Gewinn}) = \frac{2}{3} + \frac{1}{6} = \frac{5}{6}$

2. a)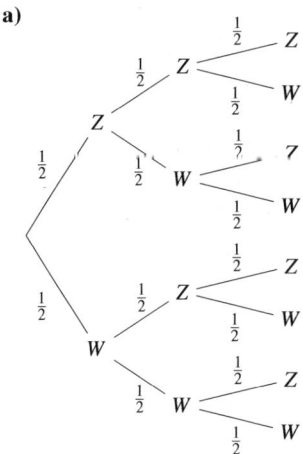

b)
x	-1	$-0{,}5$	2
$P(X=x)$	$\frac{3}{8}$	$\frac{3}{8}$	$\frac{1}{4}$

c) $P(\text{Spieler macht Verlust}) = \frac{3}{8} + \frac{3}{8} = \frac{3}{4}$

3.

x	-1	1	4
$P(X=x)$	$\frac{3}{4}$	$\frac{3}{16}$	$\frac{1}{16}$

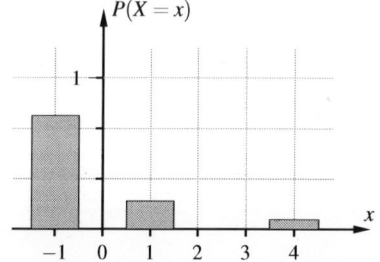
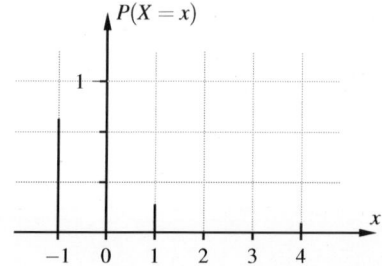

5.2 Zufallsgrößen und Wahrscheinlichkeitsverteilungen

4. a)

x	-4	0	2	7
$P(X=x)$	$\frac{1}{4}$	$\frac{3}{8}$	$\frac{1}{4}$	$\frac{1}{8}$

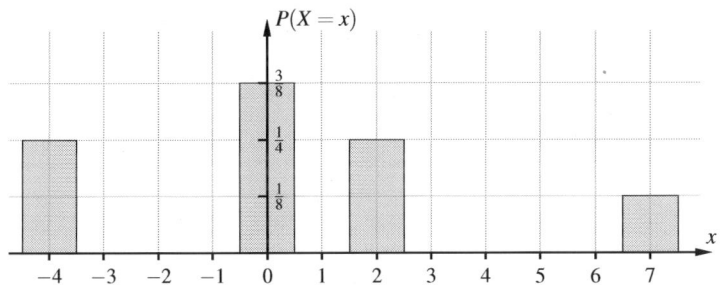

b) $P(\text{Spieler macht Gewinn}) = \frac{1}{4} + \frac{1}{8} = \frac{3}{8}$

c) $P(\text{Spieler gewinnt weniger als } 7\,€) = 1 - \frac{1}{8} = \frac{7}{8}$

5. a)

x	1	2	3	4
$P(X=x)$	$0,5$	$0,3$	$0,1$	$0,1$

b) Eine Urne enthält zehn Kugeln. Fünf Kugeln sind mit der Nummer 1 beschriftet, drei Kugel mit der Nummer 2 und jeweils eine Kugel mit der Nummer 3 und mit der Nummer 4. Das Zufallsexperiment besteht aus dem Ziehen einer Kugel. Die Zufallsgröße X gibt dabei die Nummer der gezogenen Kugel an.

6. Fehler: Die Summe aller Teilwahrscheinlichkeiten ist größer als 1.
Mögliche Korrektur: $P(X=7,7) = 0,1$
$P(X=-2,15) = 0$. Somit handelt es sich bei $X=-2,15$ um ein unmögliches Ereignis und es macht keinen Sinn, dieses unmögliche Ereignis in die Wahrscheinlichkeitsverteilung aufzunehmen.

5.2.2 Erwartungswert, Varianz und Standardabweichung

1. a) $E(X) = 0 \cdot \frac{1}{2} + 1 \cdot \frac{1}{4} + 2 \cdot \frac{1}{4} = \frac{3}{4} = \mathbf{0{,}75}$
$\text{Var}(X) = (0-\frac{3}{4})^2 \cdot \frac{1}{2} + (1-\frac{3}{4})^2 \cdot \frac{1}{4} + (2-\frac{3}{4})^2 \cdot \frac{1}{4} = \frac{11}{16} = \mathbf{0{,}6875}$
$\sigma(X) = \sqrt{\frac{11}{16}} \approx \mathbf{0{,}83}$

b) $E(X) = -5 \cdot 0{,}4 + 0 \cdot 0{,}4 + 10 \cdot 0{,}2 = \mathbf{0}$
$\text{Var}(X) = (-5-0)^2 \cdot 0{,}4 + (0-0)^2 \cdot 0{,}4 + (10-0)^2 \cdot 0{,}2 = \mathbf{30}$
$\sigma(X) = \sqrt{30} \approx \mathbf{5{,}48}$

c) $E(X) = -4 \cdot \frac{1}{2} + 7 \cdot \frac{3}{8} + 18 \cdot \frac{1}{8} = \frac{23}{8} = \mathbf{2{,}875}$
$\text{Var}(X) = (-4-\frac{23}{8})^2 \cdot \frac{1}{2} + (7-\frac{23}{8})^2 \cdot \frac{3}{8} + (18-\frac{23}{8})^2 \cdot \frac{1}{8} = 58\frac{39}{64} \approx \mathbf{58{,}61}$
$\sigma(X) = \sqrt{58\frac{39}{64}} \approx \mathbf{7{,}66}$

d) $E(X) = 2 \cdot \frac{1}{6} - 2 \cdot \frac{1}{6} + 1 \cdot 0 - 1 \cdot \frac{2}{3} = \mathbf{-\frac{2}{3}}$
$\text{Var}(X) = (2+\frac{2}{3})^2 \cdot \frac{1}{6} + (-2+\frac{2}{3})^2 \cdot \frac{1}{6} + (1+\frac{2}{3})^2 \cdot 0 + (-1+\frac{2}{3})^2 \cdot \frac{2}{3} = \frac{14}{9} \approx \mathbf{1{,}56}$
$\sigma(X) = \sqrt{\frac{14}{9}} \approx \mathbf{1{,}25}$

2. *a*: Preis eines Loses
$P(X = 1 - a) = 0{,}2;\ P(X = 5 - a) = 0{,}1;\ P(X = 10 - a) = 0{,}05;\ P(X = 0 - a) = 0{,}65$
$E(X) = 0{,}2 \cdot (1 - a) + 0{,}1 \cdot (5 - a) + 0{,}05 \cdot (10 - a) + 0{,}65 \cdot (0 - a) = 1{,}2 - a$
Weder Gewinn noch Verlust für den Veranstalter bedeutet, dass der Erwartungswert null ist.
$E(X) = 0 \Leftrightarrow 1{,}2 - a = 0 \Leftrightarrow a = 1{,}2$
Die Lose müssten 1,20 € kosten.

3. a)

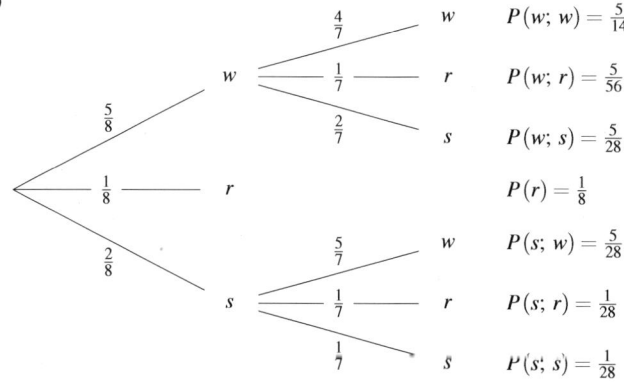

X misst Lucas' Gewinn.
$P(X = 1\ €) = \frac{1}{28}$
$P(X = 0{,}30\ €) = \frac{5}{14}$
$P(X = 0{,}20\ €) = \frac{5}{28} + \frac{5}{28} = \frac{5}{14}$
$P(X = -0{,}80\ €) = \frac{5}{56} + \frac{1}{8} + \frac{1}{28} = \frac{1}{4}$

Wahrscheinlichkeitsverteilung von X:

X	1 €	0,30 €	0,20 €	−0,80 €
$P(X = x)$	$\frac{1}{28}$	$\frac{5}{14}$	$\frac{5}{14}$	$\frac{1}{4}$

b) $E(X) = 1\ € \cdot \frac{1}{28} + 0{,}30\ € \cdot \frac{5}{14} + 0{,}20\ € \cdot \frac{5}{14} - 0{,}80\ € \cdot \frac{1}{4} = \frac{1}{70}\ € \approx \mathbf{0{,}01\ €}$
Lucas müsste ca. einen Cent Einsatz pro Spiel zahlen, damit das Spiel fair wird.

4.

x	1	2	3	4	5	7	8	9	10	11	12
$P(X = x)$	$\frac{1}{6}$	$\frac{1}{6}$	$\frac{1}{6}$	$\frac{1}{6}$	$\frac{1}{6}$	$\frac{1}{36}$	$\frac{1}{36}$	$\frac{1}{36}$	$\frac{1}{36}$	$\frac{1}{36}$	$\frac{1}{36}$

$E(X) = \frac{1}{6} \cdot \sum_{i=1}^{5} x_i + \frac{1}{36} \cdot \sum_{j=7}^{12} x_j = \frac{49}{12}$; $\mathrm{Var}(X) = \frac{1}{6} \cdot \sum_{i=1}^{5} \left(x_i - \frac{49}{12}\right)^2 + \frac{1}{36} \sum_{j=7}^{12} \left(x_j - \frac{49}{12}\right)^2 \approx 8{,}02$;
$\sigma(X) \approx 2{,}83$

5. a) X gibt den Gewinn bzw. Verlust an, wenn auf die Zahlen 1 bis 18 gesetzt wird.
$E(X) = 20 \cdot \frac{18}{37} - 20 \cdot \frac{19}{37} = -\frac{20}{37}$
b) Y gibt den Gewinn bzw. Verlust an, wenn auf die Zahlen 13 bis 24 gesetzt wird.
$E(Y) = 40 \cdot \frac{12}{37} - 20 \cdot \frac{25}{37} = -\frac{20}{37}$
c) Z gibt den Gewinn bzw. Verlust an, wenn auf die Zahlen 1 bis 18 **und** 13 bis 24 gesetzt wird
$(Z = X + Y)$. $E(Z) = -40 \cdot \frac{13}{37} + 0 \cdot \frac{12}{37} + 20 \cdot \frac{6}{37} + 60 \cdot \frac{6}{37} = -\frac{40}{37}$
d) $\mathrm{Var}(X) = \frac{20\,246\,400}{50\,653}$; $\mathrm{Var}(Y) = \frac{39\,960\,000}{50\,653}$; $\mathrm{Var}(Z) = \mathrm{Var}(X + Y) = \frac{61\,272\,000}{50\,653}$

Anmerkung: Mit $Z = X + Y$ gilt $E(X + Y) = E(X) + E(Y)$; aber $\mathrm{Var}(X + Y) \neq \mathrm{Var}(X) + \mathrm{Var}(Y)$.

5.2 Zufallsgrößen und Wahrscheinlichkeitsverteilungen

6. a)

x	-2	1	5
$P(X=x)$	$\frac{15}{36}$	$\frac{15}{36}$	$\frac{6}{36}$

b) $E(X) = \frac{5}{12}$

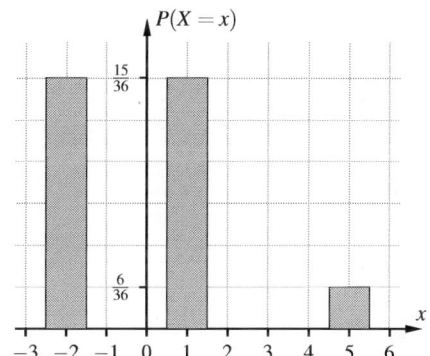

7. Erwartungswert:
$$E(X) = 0{,}75$$
$$0{,}75 = -0{,}2 - 0{,}5a + 0{,}1 + b + 0{,}9$$
$$-0{,}05 = -0{,}5a + b$$

Normierungsbedingung:
$$0{,}1 + a + 0{,}2 + b + 0{,}3 = 1$$
$$a + b = 0{,}4$$

Gleichungssystem lösen: $a = 0{,}3$ und $b = 0{,}1$

8. a) Diese Aussage ist falsch, da nach der Definition der Varianz einer Zufallsgröße die Abstände $(x_i - \mu)$ quadriert und mit der zugehörigen Wahrscheinlichkeit $P(X = x_i)$ multipliziert werden. Dabei entstehen nur positive Zahlen, die dann addiert werden. Somit kann die Varianz nicht negativ werden.

b) Diese Aussage ist richtig, da die Zufallswerte auch negativ sein können.

c) Diese Aussage ist richtig, da bei der Berechnung der Varianz immer vom zugehörigen Erwartungswert ausgegangen wird. Entscheidend für das Streuungsmaß ist, wie weit die Zufallswerte vom Erwartungswert entfernt sind und mit welcher Wahrscheinlichkeit sie eintreten.

d) Diese Aussage gilt nur wenn: $\text{Var}(X) > 1$, da z.B.: $\sqrt{0{,}5} \approx 0{,}71$.

e) Diese Aussage ist falsch, da sich die Zufallswerte – unabhängig von der Größe des Erwartungswertes – stets in der Umgebung des Erwartungswertes befinden können.

5.2.3 Binomialverteilte Zufallsgrößen

1. a) Gesucht ist die Wahrscheinlichkeit, genau 3 von 5 möglichen Treffern zu erzielen, wobei jeder einzelne Treffer die Wahrscheinlichkeit $p = 0,4$ besitzt.
$P(X = 3) = \binom{5}{3} \cdot 0,4^3 \cdot 0,6^2 \approx 0,2304 = \mathbf{23,04\,\%}$

b) Gesucht ist die Wahrscheinlichkeit, höchstens 2 (also 0, 1 oder 2) von 5 möglichen Treffern zu erzielen, wobei jeder einzelne Treffer die Wahrscheinlichkeit $p = 0,7$ besitzt.
$\begin{aligned} P(X \leq 2) &= P(X = 0) + P(X = 1) + P(X = 2) \\ &= \binom{5}{0} \cdot 0,7^0 \cdot 0,3^5 + \binom{5}{1} \cdot 0,7^1 \cdot 0,3^4 + \binom{5}{2} \cdot 0,7^2 \cdot 0,3^3 \\ &\approx 0,1631 = \mathbf{16,31\,\%} \end{aligned}$

c) Gesucht ist die Wahrscheinlichkeit, mindestens 9 (also 9 oder 10) von 10 möglichen Treffern zu erzielen, wobei jeder einzelne Treffer die Wahrscheinlichkeit $p = 0,45$ besitzt.
$\begin{aligned} P(X \geq 9) &= P(X = 9) + P(X = 10) \\ &= \binom{10}{9} \cdot 0,45^9 \cdot 0,55^1 + \binom{10}{10} \cdot 0,45^{10} \cdot 0,55^0 \\ &\approx 0,0045 = \mathbf{0,45\,\%} \end{aligned}$

d) Gesucht ist die Wahrscheinlichkeit, mehr als 2 und höchstens 7 (also 3, 4, 5, 6 oder 7) von 15 möglichen Treffern zu erzielen, wobei jeder einzelne Treffer die Wahrscheinlichkeit $p = 0,3$ besitzt.
$\begin{aligned} P(2 < X \leq 7) &= P(X = 3) + P(X = 4) + P(X = 5) + P(X = 6) + P(X = 7) \\ &= \binom{15}{3} \cdot 0,3^3 \cdot 0,7^{12} + \binom{15}{4} \cdot 0,3^4 \cdot 0,7^{11} + \binom{15}{5} \cdot 0,3^5 \cdot 0,7^{10} \\ &\quad + \binom{15}{6} \cdot 0,3^6 \cdot 0,7^9 + \binom{15}{7} \cdot 0,3^7 \cdot 0,7^8 \\ &\approx 0,8232 = \mathbf{82,32\,\%} \end{aligned}$

e) Gesucht ist die Wahrscheinlichkeit, höchstens 5 (also 0, 1, 2, 3, 4, 5) von 10 möglichen Treffern zu erzielen, wobei jeder einzelne Treffer die Wahrscheinlichkeit $p = 0,2$ besitzt.
$\begin{aligned} P(X \leq 5) &= P(X = 0) + P(X = 1) + P(X = 2) + P(X = 3) + P(X = 4) + P(X = 5) \\ &\approx 0,9936 = \mathbf{99,36\,\%} \end{aligned}$

f) Gegeben ist die Wahrscheinlichkeit, höchstens einen Treffer (also keinen oder einen) von 10 möglichen Treffern zu erzielen, wobei jeder einzelne Treffer die Wahrscheinlichkeit $p = 0,20$ besitzt.

g) Gesucht ist die Wahrscheinlichkeit, höchstens zwei Treffer oder mindestens 5 Treffer (also 0, 1, 2 oder 5, 6, 7, 8, 9, 10) von 10 möglichen Treffern zu erzielen, wobei jeder einzelne Treffer die Wahrscheinlichkeit $p = 0,20$ besitzt.
$P(X \leq 2) + P(X \geq 5) = 1 - (B(10; 0,2; 3) + B(10; 0,2; 4)) \approx 1 - (0,20133 + 0,08808) = 0,71059$
Alternativ: $P(X \leq 2) + P(X \geq 5) = F_{0,2}^{10}(2) + (1 - F_{0,2}^{10}(4)) \approx 0,67780 + 1 - 0,96721 = 0,71059$

2. $\begin{aligned} B(10; \tfrac{1}{6}; 4) &= F_{\frac{1}{6}}^{10}(4) - F_{\frac{1}{6}}^{10}(3) \\ &\approx 0,9845 - 0,9302 = 0,0543 \end{aligned}$

3. a) $P(X \geq 40) = 1 - P(X \leq 39) \approx 1 - 0,01760 = 0,98240$

b) $P(X > 50) = 1 - P(X \leq 50) \approx 1 - 0,53979 = 0,46021$

c) $P(X \leq 40) \approx 0,02844$

d) $P(40 < X < 60) = P(41 \leq X \leq 59) = F_{0,5}^{100}(59) - F_{0,5}^{100}(40) \approx 0,97156 - 0,02844 = 0,94312$

4. a) $F_{0,3}^{100}(40) \approx 0,9875 = 98,75\,\%$

b) $F_{0,3}^{100}(30) \approx 0,5491 = 54,91\,\%$

5.2 Zufallsgrößen und Wahrscheinlichkeitsverteilungen

5. $1 - (P(X = 0) + P(X = 1))$
$= 1 - B(5; \frac{1}{6}; 0) - B(5; \frac{1}{6}; 1)$
$\approx 1 - 0,4019 - 0,4019 = 0,1962$
Dieser Wert gibt die Wahrscheinlichkeit an, in die zweite Runde zu kommen.

6. $n = 50; \quad p = 0,25$
   a) $P(X = 20) = B(50; 0,25; 20)$
$= F_{0,25}^{50}(20) - F_{0,25}^{50}(19)$
$\approx 0,9927 - 0,9861 = 0,0076 = 0,76\,\%$
   b) $\mu = n \cdot p = 50 \cdot 0,25 = 12,5$
$P(X > 13) = 1 - P(X \leq 13)$
$= 1 - F_{0,25}^{50}(13)$
$\approx 1 - 0,6370 = 0,3630 = 36,30\,\%$
   c) $P(15 \leq X \leq 20)$
$= F_{0,25}^{50}(20) - F_{0,25}^{50}(14)$
$\approx 0,9937 - 0,7481 = 0,2456 = 24,56\,\%$

7. a) $P(X \leq 29) = F_{0,8}^{50}(29) \approx \mathbf{0{,}00032}$
   b) $P(X \leq 70) = F_{0,8}^{100}(70) \approx \mathbf{0{,}0112}$
   c) $P(X > 90) = 1 - P(X \leq 90) = 1 - F_{0,8}^{100}(90) \approx 1 - 0,99767 = \mathbf{0{,}00233}$

8. Ampelabfrage:
   a) Richtig ist Gelb.
   b) Richtig ist Gelb: Da es sich um eine Trefferplatzierung handelt, darf die Bernoulli-Formel nicht angewendet werden. Die Wahrscheinlichkeit für einen günstigen Pfad beträgt: $0,7^2 \cdot 0,3^3$. Vier Pfade sind insgesamt günstig: GGRRR, RGGRR, RRGGR, RRRGG.

9. $E(X) = 100 \cdot 0,5 = \mathbf{50}$ und $\sigma(X) = \sqrt{100 \cdot 0,5 \cdot 0,5} = \mathbf{5}$
innerhalb der einfachen Standardabweichung:
$P(45 < X < 55) = P(46 \leq X \leq 54) = F_{0,5}^{100}(54) - F_{0,5}^{100}(45)$
$\approx 0,81590 - 0,18410$
$= 0,63180$
innerhalb der doppelten Standardabweichung:
$2 \cdot \sigma(X) = \mathbf{10}$
$P(40 < X < 60) = P(41 \leq X \leq 59) = F_{0,5}^{100}(59) - F_{0,5}^{100}(40)$
$\approx 0,97156 - 0,02844$
$= 0,94312$
innerhalb der dreifachen Standardabweichung:
$3 \cdot \sigma(X) = \mathbf{15}$
$P(35 < X < 65) = P(36 \leq X \leq 64) = F_{0,5}^{100}(64) - F_{0,5}^{100}(35)$
$\approx 0,99824 - 0,00176$
$= 0,99648$

177

10. $E(X) = 25 \cdot 0,4 = 10 \quad \sigma = \sqrt{25 \cdot 0,4 \cdot 0,6} \approx 2,45$

$\begin{aligned} P(10-2,45 < X < 10+2,45) &= P(7,55 < X < 12,45) = P(8 \leq X \leq 12) \\ &= F_{0,4}^{25}(12) - F_{0,4}^{25}(7) \\ &\approx 0,84623 - 0,15355 \\ &= 0,69268 \end{aligned}$

11. a) Die Trefferanzahl k kann nicht größer sein als der Stichprobenumfang n.

b) Die Trefferanzahl k ist immer eine natürliche Zahl. 4,5 Treffer sind nicht möglich.

c) Kein Fehler.

d) Kein Fehler.

e) $P(X > 7) = 1 - F_{0,2}^{10}(7)$

f) $P(4 < X \leq 17) = F_{0,25}^{50}(17) - F_{0,25}^{50}(4)$

g) Kein Fehler.

h) $P(X \geq 10) = 1 - P(X \leq 9) = 1 - F_{0,65}^{100}(9)$

12. Grundsätzlich ist die Behauptung von Leni nicht schlecht, da $B(n; p; k) = B(n; q; n-k)$. Allerdings hat sie vergessen, dass für $p = 0,5$ und $k = \frac{n}{2}$ die Wahrscheinlichkeiten für p und q sowie die Anzahlen k und $(n-k)$ gleich sind und somit nur einmal im Tafelwerk auftauchen – weitere Zufälligkeiten ausgeschlossen.

13. $P(\text{Alle Insassen sind angeschnallt.}) = 0,8145$

$\Leftrightarrow \binom{4}{4} \cdot p^4 \cdot q^0 = 0,8145$

$\Leftrightarrow p^4 = 0,8145$

$\Rightarrow p \approx 0,95$

$P(E) = 0,95^2 \cdot 0,05^2 \approx 0,0023$

$P(F) = \binom{4}{2} \cdot 0,95^2 \cdot 0,05^2 \approx 0,0135$

Übungen zu 5.2

178

1. a) $P(X = 0) = \frac{6}{8} \cdot \frac{5}{7} \cdot \frac{4}{6} = \frac{10}{28}$

$P(X = 1) = \frac{6}{8} \cdot \frac{5}{7} \cdot \frac{2}{6} + \frac{6}{8} \cdot \frac{2}{7} \cdot \frac{5}{6} + \frac{2}{8} \cdot \frac{6}{7} \cdot \frac{5}{6} = 3 \cdot \frac{60}{336} = \frac{15}{28}$

$P(X = 2) = \frac{6}{8} \cdot \frac{2}{7} \cdot \frac{1}{6} + \frac{2}{8} \cdot \frac{6}{7} \cdot \frac{1}{6} + \frac{2}{8} \cdot \frac{1}{7} \cdot \frac{6}{6} = \frac{3}{28}$

x	0	1	2
$P(X)$	$\frac{10}{28}$	$\frac{15}{28}$	$\frac{3}{28}$

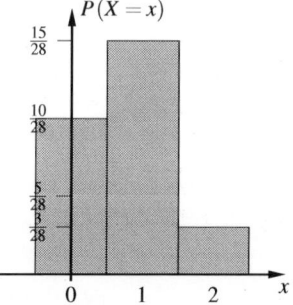

b) $E(X) = 1 \cdot \frac{15}{28} + 2 \cdot \frac{3}{28} = 0,75$

$\text{Var}(X) = \frac{45}{112}$

$\sigma(x) \approx 0,63$

5.2 Zufallsgrößen und Wahrscheinlichkeitsverteilungen

2. X ... Anzahl der gezogenen Gewinne

$P(X=0) = \binom{3}{0} \cdot \frac{5}{10} \cdot \frac{4}{9} \cdot \frac{3}{8} = \frac{1}{12}$

$P(X=1) = \binom{3}{1} \cdot \frac{5}{10} \cdot \frac{5}{9} \cdot \frac{4}{8} = \frac{5}{12}$

$P(X=2) = \binom{3}{2} \cdot \frac{5}{10} \cdot \frac{4}{9} \cdot \frac{5}{8} = \frac{5}{12}$

$P(X=3) = \binom{3}{3} \cdot \frac{5}{10} \cdot \frac{4}{9} \cdot \frac{3}{8} = \frac{1}{12}$

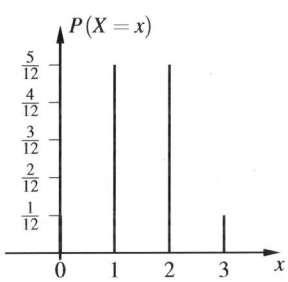

x	0	1	2	3
P(X)	$\frac{1}{12}$	$\frac{5}{12}$	$\frac{5}{12}$	$\frac{1}{12}$

3.

x	0	1	2	3	4	5	6	7	8	9	10	11
P(X=x)	$\frac{12}{32}$	0	$\frac{4}{32}$	$\frac{4}{32}$	$\frac{4}{32}$	0	0	0	0	0	$\frac{4}{32}$	$\frac{4}{32}$

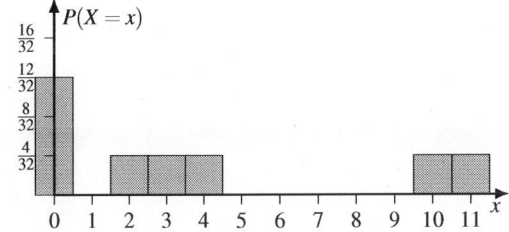

4. a) Erste Variante: $E(X) = 3\,€ \cdot \frac{2}{3} - 3\,€ \cdot \frac{1}{3} = \mathbf{1\,€}$

Zweite Variante: $E(Y) = 6\,€ \cdot \frac{2}{3} - 9\,€ \cdot \frac{1}{3} = \mathbf{1\,€}$

b) Erste Variante: $\text{Var}(X) = (3\,€ - 1\,€)^2 \cdot \frac{2}{3} + (-3\,€ - 1\,€)^2 \cdot \frac{1}{3} = 8\,€^2 \Rightarrow \sigma(X) = \sqrt{8\,€^2} \approx \mathbf{2{,}83\,€}$

Zweite Variante: $\text{Var}(Y) = (6\,€ - 1\,€)^2 \cdot \frac{2}{3} + (-9\,€ - 1\,€)^2 \cdot \frac{1}{3} = 50\,€^2 \Rightarrow \sigma(Y) = \sqrt{50\,€^2} \approx \mathbf{7{,}07\,€}$

Bei beiden Varianten beträgt der erwartete Gewinn 1 €. Beim ersten Spiel ist das Risiko für den Gewinn bzw. den Verlust geringer als beim zweiten Spiel. Marie muss sich also entsprechend ihrer Risikobereitschaft für eines der beiden Spiele entscheiden.

5. Zuweisung der Preise:

Rot → T-Shirt

Grün → Kaffeetasse

Blau → Bleistift

Die Zufallsgröße X gibt die Anschaffungskosten der Preise in € an.

x	0	2	10
P(X=x)	$\frac{1}{2}$	$\frac{3}{8}$	$\frac{1}{8}$

$E(X) = 2$ → Der Einsatz für das einmalige Drehen beträgt 2 €.

6. Ampelaufgabe
 a) Richtig ist Rot.
 b) Richtig ist Grün.
 c) Richtig ist Gelb.

7. $E(X) = \sum_{i=1}^{6} x_i \cdot P(X = x_i) \approx 13{,}64384;$ Preis $= 1{,}2 \cdot E(X) \approx 16{,}37$

8. X gibt die Auszahlung in € an.
$$E(X) = 30 \cdot \tfrac{1}{6} \cdot \tfrac{1}{6} \cdot \tfrac{1}{6} + 9 \cdot \left(\tfrac{1}{6} \cdot \tfrac{1}{6} \cdot \tfrac{5}{6} + \tfrac{1}{6} \cdot \tfrac{5}{6} \cdot \tfrac{1}{6} + \tfrac{5}{6} \cdot \tfrac{1}{6} \cdot \tfrac{1}{6}\right)$$
$$+ 5 \cdot \left(\tfrac{1}{6} \cdot \tfrac{5}{6} \cdot \tfrac{5}{6} + \tfrac{5}{6} \cdot \tfrac{1}{6} \cdot \tfrac{5}{6} + \tfrac{5}{6} \cdot \tfrac{5}{6} \cdot \tfrac{1}{6}\right) = \mathbf{2{,}50}$$
Der Einsatz des Spielers müsste 2,50 € betragen, damit das Spiel fair ist.

9. a) $P(A) = \binom{10}{6} \cdot 0{,}4^6 \cdot 0{,}6^4 \approx 0{,}11148$
 b) $P(B) = 1 - P(\text{Höchstens 8 Kugeln sind nicht rot.}) = 1 - F_{0{,}9}^{10}(8) \approx 1 - 0{,}26390 = 0{,}73610$
 c) $P(C) = 0{,}4^4 \cdot 0{,}6^6 \cdot 7 \approx 0{,}00836$
 d) $P(D) = 0{,}5^2 \cdot B(8; 0{,}4; 5) \approx 0{,}03097$

10. a) $P(A) = \binom{40}{30} \cdot 0{,}85^{30} \cdot 0{,}15^{10} \approx 0{,}0373$
 b) $P(B) = 1 - P(\text{höchstens ein Vegetarier}) = 1 - (B(40; 0{,}15; 0) + B(40; 0{,}15; 1)) \approx 0{,}9879$
 c) $P(C) = 0{,}15^3 \cdot 0{,}85^{37} \cdot 38 \approx 0{,}0003$

11. a)
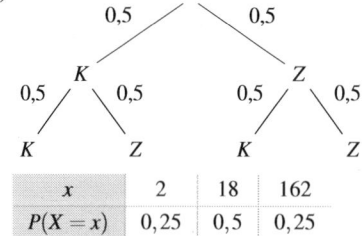

x	2	18	162
$P(X=x)$	0,25	0,5	0,25

b) $E(X) = 18 \cdot 3 \cdot 3 \cdot 0{,}5 \cdot 0{,}5 + 18 \cdot 3 \cdot \tfrac{1}{3} \cdot 0{,}5^2 + 18 \cdot \tfrac{1}{3} \cdot 3 \cdot 0{,}5^2 + 18 \cdot \tfrac{1}{3} \cdot \tfrac{1}{3} \cdot 0{,}5^2 = 50$
$E(X) = 50 \quad \sigma \approx 64{,}99$

5.2 Zufallsgrößen und Wahrscheinlichkeitsverteilungen

12. Die Zufallsgröße X gibt die Fehlerkosten pro Woche in € an.
   a) **Wahrscheinlichkeitsverteilung der Kosten X:**

x	750 €	1500 €	2400 €	4200 €	7500 €
$P(X)$	0,45	0,2	0,15	0,1	0,1

   b) $E(X) = 750\,€ \cdot 0{,}45 + 1500\,€ \cdot 0{,}2 + 2400\,€ \cdot 0{,}15 + 4200\,€ \cdot 0{,}1 + 7500\,€ \cdot 0{,}1 = \mathbf{2167{,}50\,€}$

   c) $P(1000 \leq X \leq 5000) = P(X=1500) + P(X=2400) + P(X=4200) = \mathbf{0{,}45}$

   d) $\text{Var}(X) = (750\,€ - 2167{,}50\,€)^2 \cdot 0{,}45 + (1500\,€ - 2167{,}50\,€)^2 \cdot 0{,}2$
   $\qquad\qquad + (2400\,€ - 2167{,}50\,€)^2 \cdot 0{,}15 + (4200\,€ - 2167{,}50\,€)^2 \cdot 0{,}1$
   $\qquad\qquad + (7500\,€ - 2167{,}50\,€)^2 \cdot 0{,}1 \approx \mathbf{4\,258\,068{,}75\ €^2}$

   $\sigma(X) \approx \sqrt{4\,258\,068{,}75\,€^2} \approx \mathbf{2063{,}51\,€}$

   Der Erwartungswert gibt die durchschnittlichen Fehlerkosten und die Standardabweichung die durchschnittliche Schwankungsbreite der Fehlerkosten wieder.
   Die Fehlerkosten pro Woche können sehr stark schwanken.

13. a) $P(X \geq 15) = 1 - P(X \leq 14) = 1 - F_{0,8}^{20}(14) \approx 1 - 0{,}19579 = 0{,}8042 = \mathbf{80{,}42\,\%}$

   b) $E(X) = 20 \cdot 0{,}8 = \mathbf{16}$
   $\text{Var}(X) = 20 \cdot 0{,}8 \cdot 0{,}2 = \mathbf{3{,}2}$
   $\sigma(X) = \sqrt{20 \cdot 0{,}8 \cdot 0{,}2} = \sqrt{3{,}2} \approx \mathbf{1{,}79}$

   c) $P(14 < X < 18) = P(X \leq 17) - P(X \leq 14) = F_{0,8}^{20}(17) - F_{0,8}^{20}(14)$
   $\qquad\qquad\qquad\qquad\qquad \approx 0{,}79392 - 0{,}19579$
   $\qquad\qquad\qquad\qquad\qquad = 0{,}59813 \approx \mathbf{59{,}81\,\%}$

14. a) $\mu = 0{,}98 \cdot 1000 = 980$
   $\sigma = \sqrt{1000 \cdot 0{,}98 \cdot 0{,}02} \approx 4{,}4$
   $980 - 4{,}4 \leq X \leq 980 + 4{,}4$
   $\mathbf{976 \leq X \leq 984}$
   Zwischen 976 und 984 Chips müssen einwandfrei funktionieren.

   b) Der Produzent weist die Lieferung zurück, da $970 \notin [976;\,984]$.
   Der Produzent akzeptiert die Lieferung, da $978 \in [976;\,984]$.

15. a) A: $\mu = 24\,250 \qquad \sigma = 26{,}97 \qquad 2\sigma$-Umgebung: $[24\,197;\,24\,303]$
   Reparaturkosten bei 697 bis 803 fehlerhaften Produkten: 8364 € bis 9636 €
   Einkaufskosten: $25\,000 \cdot 24{,}90\,€ = 622\,500\,€$
   $\Rightarrow$ Gesamtkosten zwischen 630\,864 € und 632\,136 €.

   B: $\mu = 24\,500 \qquad \sigma = 22{,}14 \qquad 2\sigma$-Umgebung: $[24\,456;\,24\,544]$
   Reparaturkosten bei 456 bis 544 fehlerhaften Produkten: 4788 € bis 5712 €
   Einkaufskosten: $25\,000 \cdot 25{,}10\,€ = 627\,500\,€$
   $\Rightarrow$ Gesamtkosten zwischen 632\,288 € und 633\,212 €.

   Wegen der geringeren Gesamtkosten sollte sich der Discounter für den Anbieter A entscheiden.

   b) Ja, denn $25\,000 - 535 = 24\,465 \in [24\,456;\,24\,544]$.

16. a) $E(X) = 50 \cdot 0{,}04 = \mathbf{2}$

$P(X = 2) = F^{50}_{0,04}(2) - F^{50}_{0,04}(1) \approx 0{,}2762 = \mathbf{27{,}62\,\%}$

oder

$P(X = 2) = \binom{50}{2} \cdot 0{,}04^2 \cdot 0{,}96^{48} \approx 0{,}2762 = \mathbf{27{,}62\,\%}$

b) $\sigma(X) = \sqrt{50 \cdot 0{,}04 \cdot 0{,}96} = \sqrt{1{,}92} \approx \mathbf{1{,}39}$

$P(0 < X < 4) = P(X \leq 3) - P(X \leq 0) = F^{50}_{0,04}(3) - F^{50}_{0,04}(0) \approx 0{,}8609 - 0{,}1299$
$= 0{,}7310 = \mathbf{73{,}1\,\%}$

Die Anzahl der „kaputten" Schaumküsse liegt mit einer Wahrscheinlichkeit von 73,1 % im Bereich der Standardabweichung um den Erwartungswert.

17. $P(\text{Alle Spieler sind voll leistungsfähig.}) > 0{,}9 \Leftrightarrow B(14;\, p;\, 14) > 0{,}9$

$\Leftrightarrow \binom{14}{14} \cdot p^{14} \cdot q^0 > 0{,}9$

$\Leftrightarrow p^{14} > 0{,}9$

$\Rightarrow p > \sqrt[14]{0{,}9}$

$\Rightarrow p > 0{,}9925$

Jeder Spieler muss also mit einer Wahrscheinlichkeit von mehr als 99,25 % fit sein.

18. a) Für $n = 20$; $p = \frac{6}{60} = 0{,}1$ und $k = 2$ bzw. $k = 3$ gilt:

$P(X \leq 2) = F^{20}_{0,1}(2) \approx 0{,}6769 = \mathbf{67{,}69\,\%}$

$P(X \leq 3) = F^{20}_{0,1}(3) \approx 0{,}8670 = \mathbf{86{,}70\,\%}$

b) Für $n = 20$ und $p = 0{,}1$ muss $P(X \leq k) \geq 0{,}95$ gelten.

Laut Tabelle ist $F^{20}_{0,1}(3) \approx 0{,}8670$ und $F^{20}_{0,1}(4) \approx 0{,}9568$.

Mit einer Wahrscheinlichkeit von 95,68 % reichen 4 Drucker aus, ohne dass jemand warten muss.

Test A zu 5.2

1. a) a$_1$) $P(X = 5) = \binom{50}{5} \cdot 0{,}04^5 \cdot 0{,}96^{45} \approx 0{,}0346 = \mathbf{3{,}46\,\%}$

a$_2$) $P(X < 2) = P(X \leq 1) = F^{50}_{0,04}(1) \approx 0{,}4005 = \mathbf{40{,}05\,\%}$

a$_3$) $P(Y \leq 45) = P(X \geq 5) = 1 - F^{50}_{0,04}(4) \approx 1 - 0{,}9510 = 0{,}0490 = \mathbf{4{,}9\,\%}$

a$_4$) $P(3 < X \leq 6) = P(4 \leq X \leq 6) = F^{50}_{0,04}(6) - F^{50}_{0,04}(3) \approx 0{,}9964 - 0{,}8609$
$= 0{,}1355 = \mathbf{13{,}55\,\%}$

a$_5$) $P(X \geq 4) = 1 - P(X \leq 3) = 1 - F^{50}_{0,04}(3) \approx 1 - 0{,}8609 = 0{,}1391 = \mathbf{13{,}91\,\%}$

b) $E(X) = 50 \cdot 0{,}04 = \mathbf{2} \Rightarrow \sigma(X) = \sqrt{50 \cdot 0{,}04 \cdot 0{,}96} \approx \mathbf{1{,}39}$

$P(0 < X < 4) = P(X \leq 3) - P(X = 0) = F^{50}_{0,04}(3) - B(50;\, 0{,}04;\, 0) \approx 0{,}8609 - 0{,}1299$
$= 0{,}731 = \mathbf{73{,}1\,\%}$

c)
$P(X \geq 1) \geq 0{,}95$
$\Leftrightarrow 1 - P(X = 0) \geq 0{,}95$
$\Leftrightarrow P(X = 0) \leq 0{,}05$
$\Leftrightarrow \binom{n}{0} \cdot 0{,}04^0 \cdot 0{,}96^n \leq 0{,}05$
$\Leftrightarrow 0{,}96^n \leq 0{,}05$
$\Leftrightarrow n \geq \frac{\lg 0{,}05}{\lg 0{,}96} \approx \mathbf{73{,}39}$

Es müssen mindestens 74 Smartphones kontrolliert werden.

5.2 Zufallsgrößen und Wahrscheinlichkeitsverteilungen

2. $\sigma(X) = 2$
$\Leftrightarrow 2 = \sqrt{25 \cdot p \cdot (1-p)}$
$\Rightarrow 4 = 25p - 25p^2$
$\Leftrightarrow p^2 - p + \frac{4}{25} = 0$
$p_1 = 0{,}2 \quad (p_2 = 0{,}8)$
Die Wahrscheinlichkeit, dass Marvin einen Elfmeter hält, beträgt 20 %.

Test B zu 5.2

1. a)

x	-1	4	19
$P(X=x)$	$\frac{90}{100}$	$\frac{8}{100}$	$\frac{2}{100}$

b) $E(X) = -1 \cdot \frac{90}{100} + 4 \cdot \frac{8}{100} + 19 \cdot \frac{2}{100} = -0{,}2$
Der Spieler macht im Mittel 20 Cent Verlust.
c) Der Spieleinsatz müsste um 20 Cent auf 80 Cent gesenkt werden.

2. a) 1. Bedingung: $E(X) = 3{,}4$
$\quad -1 \cdot 0{,}1 + 1 \cdot a + 2 \cdot b + 4 \cdot c + 6 \cdot 0{,}3 = 3{,}4$
$\quad \Leftrightarrow a + 2b + 4c = 1{,}7$
2. Bedingung: $P(X \leq 1) = 0{,}2$
$\quad \Leftrightarrow 0{,}1 + a = 0{,}2$
$\quad \Leftrightarrow a = 0{,}1$
3. Bedingung: Die Summe der Wahrscheinlichkeiten beträgt 1.
$\quad 0{,}1 + a + b + c + 0{,}3 = 1$
$\quad \Leftrightarrow a + b + c = 0{,}6$
Lösung des LGS ergibt: $a = 0{,}1;\quad b = 0{,}2;\quad c = 0{,}3$
$\text{Var}(X) = 1 \cdot 0{,}1 + 1 \cdot 0{,}1 + 4 \cdot 0{,}2 + 16 \cdot 0{,}3 + 36 \cdot 0{,}3 - 3{,}4^2 = 5{,}04;\quad \sigma(X) = \sqrt{5{,}04} \approx 2{,}24$
b) $P(X < 3{,}4 - 2{,}24) + P(X > 3{,}4 + 2{,}24)$
$= P(X < 1{,}16) + P(X > 5{,}64)$
$= 0{,}1 + 0{,}1 + 0{,}3 = 0{,}5$

5.3 Testen von Hypothesen

1. **a)** Testgröße X: Anzahl der verdorbenen Apfelsinen bei $n = 20$ Stück
   Nullhypothese   Gegenhypothese
   $H_0: p = 0{,}05$ $H_1: p > 0{,}05$
   b) Annahmebereich von H_0 Ablehnungsbereich von H_0
   $A = \{0; \ldots; 3\}$ $\overline{A} = \{4; \ldots; 20\}$
   α'-Fehler: $P(\overline{A}) = P(X \geq 4) = 1 - P(X \leq 3) = 1 - F^{20}_{0{,}05}(3) \approx 1 - 0{,}98410 = 0{,}0159$
   Irrtumswahrscheinlichkeit **1,59 %**
   c) $A = \{0; 1; \ldots; k\}$ $\overline{A} = \{k+1; \ldots; 20\}$
   $P(X \geq k+1) \leq 0{,}05$
   $P(X \leq k) \geq 0{,}95$
   $k = 3$ $\overline{A} = \{4; \ldots; 20\}$
   d) Fehler 2. Art: Irrtümliche Entscheidung für H_0, d. h., aufgrund des Tests wird angenommen, dass der Südfrüchte-Importeur Recht hat, obwohl dies nicht zutrifft.
   Für die Berechnung des Fehlers 2. Art ist die Wahrscheinlichkeit der Gegenhypothese notwendig. Diese ist aber nicht bekannt. Somit kann die Wahrscheinlichkeit für den Fehler 2. Art nicht berechnet werden.

2. **a)** Testgröße X: Anzahl der erfolgreich behandelten Personen unter $n = 100$
   H_0: „Das neue Mittel wirkt nur in 75 % der Anwendungsfälle."
   H_1: „Das neue Mittel wirkt in mehr als 75 % der Anwendungsfälle."
   b) $A = \{0, \ldots, 79\}$ $\overline{A} = \{80, \ldots, 100\}$
   α'-Fehler: $P(\overline{A}) = P(X \geq 80) = 1 - P(X \leq 79) = 1 - F^{100}_{0{,}75}(79) \approx 1 - 0{,}85117 = 0{,}14883$
   Irrtumswahrscheinlichkeit **14,88 %**
   c) $A = \{0; 1; \ldots; k\}$ $\overline{A} = \{k+1; \ldots; 100\}$
   $P(X \geq k+1) \leq 0{,}05$
   $P(X \leq k) \geq 0{,}95$
   $k = 82$ $\overline{A} = \{83; \ldots; 100\}$
   Falls das neue Schmerzmittel bei 83 Patienten wirkt, würde man davon ausgehen, dass das neue Mittel besser ist als das alte.
   d) $P(X \geq 83) = 1 - P(X \leq 82) \approx 1 - 0{,}96237 = 0{,}03763 < 0{,}05$

3. **a)** Testgröße X: Anzahl der Windenergiebefürworter unter den 100 befragten Personen
   H_0: „Der Anteil der Windenergiebefürworter liegt bei 30 %."
   b) $P(\text{Fehler 1. Art}) = P(\text{irrtümliche Entscheidung für } H_1)$
   $= P(X \geq 36) = 1 - P(X \leq 35) = 1 - F^{100}_{0{,}3}(35) \approx 1 - 0{,}88392 = 0{,}11608$
   c) Der Fehler 2. Art besteht darin, dass aufgrund des Tests keine Zunahme der Windenergiebefürworter angenommen wird, obwohl dies nicht zutrifft.
   Eine Verkleinerung des Fehlers 1. Art führt zu einer Vergrößerung des Fehlers 2. Art.

d) $A = \{0; 1; \ldots; k\}$ $\overline{A} = \{k+1; \ldots; 100\}$
$P(X \geq k+1) \leq 0,04$
$k = 38$ $\overline{A} = \{39; \ldots; 100\}$
Wenn 38 befragte Personen für die Nutzung von Windenergie sind, wird die Nullhypothese angenommen.

4. a) Testgröße X: Anzahl der toten Würmer unter 20
H_0: „Höchstens 10% der gelieferten Würmer sind tot."
b) $A = \{0; \ldots; k\}$ $\overline{A} = \{k+1; \ldots; 20\}$
$\alpha' = 5\,\%$: $P(\overline{A}) \leq 0,05$; $1 - P(A) = 1 - F_{0,10}^{20}(k) \leq 0,05$; $F_{0,10}^{20}(k) \geq 0,95$;
$k \geq 4$; $k_{\min} = 4$ $\overline{A} = \{5; \ldots; 20\}$
c) Testgröße X: Anzahl der toten Würmer unter $n = 50$

Nullhypothese	Gegenhypothese
H_0: $p = 0,10$	H_1: $p > 0,10$

$A = \{0; \ldots; 10\}$ $\overline{A} = \{11; \ldots; 100\}$
α'-Fehler: $P(\overline{A}) = P(X \geq 11) = 1 - P(X \leq 10) = 1 - F_{0,10}^{50}(10) \approx 1 - 0,99065 = 0,00935$
Irrtumswahrscheinlichkeit **1 %**

5. Testgröße X: Anzahl der Nektarinen mit Handelsklasse 2 unter $n = 100$

Nullhypothese	Gegenhypothese
H_0: $p = 0,50$	H_1: $p > 0,50$

$A = \{0; \ldots; k\}$ $\overline{A} = \{k+1; \ldots; 100\}$
$\alpha' = 5\,\%$: $P(\overline{A}) \leq 0,05$; $1 - P(A) = 1 - F_{0,50}^{100}(k) \leq 0,05$; $F_{0,50}^{100}(k) \geq 0,95$
$k \geq 58$; $k_{\min} = 58$ $\overline{A} = \{59; \ldots; 100\}$
$58 \notin \overline{A}$; kein Verstoß gegen unlauteren Wettbewerb

6. a) Testart: linksseitiger Signifikanztest
b) Testgröße T: Anzahl der unverkäuflichen Früchte unter 50
H_0: „Der Anteil der verkäuflichen Früchte beträgt 90%."
H_1: „Der Anteil der verkäuflichen Früchte beträgt weniger als 90%."
c) $P(\text{ungerechtfertigte Preiserhöhung}) = P(T \leq 42) = F_{0,90}^{50}(42) \approx 0,12215 \approx 12,23\,\%$
d) $A = \{a+1; \ldots; 50\}$ $\overline{A} = \{0; \ldots; a\}$
$P(T \leq a) \leq 0,04$; $a = 40$; $A = \{41; \ldots; 50\}$

7. Testgröße X: Anzahl der Kuhn-Wähler unter $n = 100$

Nullhypothese	Gegenhypothese
H_0: $p = 0,60$	H_1: $p < 0,60$

$A = \{k+1; \ldots; 100\}$; $\overline{A} = \{0; \ldots; k\}$
$\alpha' = 10\,\%$: $P(\overline{A}) \leq 0,10$; $F_{0,60}^{100}(k) \leq 0,10$
$k \leq 53$; $k_{\max} = 53$; $A = \{54; \ldots; 100\}$

192

8. Testgröße X: Anzahl der PKWs, die Josef am Motorengeräusch erkennt, unter 200

Nullhypothese   Gegenhypothese
H_0: $p = 0{,}90$ H_1: $p < 0{,}90$
$A = \{170; \ldots; 200\}$ $\overline{A} = \{0; \ldots; 169\}$
$P(X \leq 169) = F_{0,90}^{200}(169) \approx 0{,}00951 \approx 1\,\%$

Der Ratschlag ist vernünftig.

9. a) Testgröße X: Anzahl der fehlerhaften Mikrochips unter 200

Nullhypothese   Gegenhypothese
H_0: $p = 0{,}04$ H_1: $p > 0{,}04$
$A = \{0; \ldots; 10\}$ $\overline{A} = \{11; \ldots; 200\}$

α'-Fehler: $P(\overline{A}) = P(X \geq 11) = 1 - P(X \leq 10) = 1 - F_{0,04}^{200}(10) \approx 1 - 0{,}81998 = 0{,}18002$

b) H_1: $p = 0{,}05$

β-Fehler: $P(A) = P(X \leq 10) = F_{0,05}^{200}(10) \approx 0{,}58307$

10. a) Testgröße X: Anzahl der richtig vorhergesagten Karten unter 100

b) H_0: „Der Mann besitzt keine hellseherischen Fähigkeiten. Die Wahrscheinlichkeit für eine richtige Vorhersage liegt bei 25 %."

H_1: „Der Mann besitzt hellseherische Fähigkeiten. Die Wahrscheinlichkeit für eine richtige Vorhersage beträgt mehr als 25 %."

c) Fehler 1. Art:

Dem Mann werden hellseherische Fähigkeiten zugesprochen, obwohl er diese nicht besitzt.

Fehler 2. Art:

Dem Mann werden hellseherische Fähigkeiten abgesprochen, obwohl er diese besitzt.

d) $A = \{0; \ldots; k\}$ $\overline{A} = \{k+1; \ldots; 100\}$

$P(X \geq k+1) \leq 0{,}01$
$P(X \leq k) \geq 0{,}99$

$\alpha' = 1\,\%$: $P(\overline{A}) < 0{,}01$; $1 - P(A) = 1 - F_{0,25}^{100}(k) < 0{,}01$; $F_{0,25}^{100}(k) > 0{,}99$; $k \geq 35$; $k_{min} = 35$
$k = 35$ $A = \{0; \ldots; 35\}$

Entscheidungsregel: Bei mehr als 35 richtig vorhergesagten Karten werden dem Mann hellseherische Fähigkeiten zugesprochen.

e) H_1: $p = 0{,}5$

β-Fehler: $P(A) = P(X \leq 35) = F_{0,5}^{100}(35) \approx 0{,}00176 \approx 0{,}18\,\%$

11. a) Testgröße X: Anzahl der geheilten Patienten unter 50

H_1: „Das neu entwickelte Verfahren bewirkt in mehr als 80 % der Fälle eine Heilung."

b) $A = \{0; 1; \ldots; k\}$, $\overline{A} = \{k+1; \ldots; 50\}$

$P(X \geq k+1) \leq 0{,}01$
$P(X \leq k) \geq 0{,}99$

$\alpha' = 1\,\%$: $P(\overline{A}) \leq 0{,}01$; $1 - P(A) = 1 - F_{0,8}^{50}(k) \leq 0{,}01$; $F_{0,8}^{50}(k) \geq 0{,}99$
$k = 46$ $A = \{0; \ldots; 46\}$

Entscheidungsregel: Wirkt das neue Verfahren bei mehr als 46 Patienten, dann wird ihm eine größere Wirksamkeit als dem alten Verfahren zugesprochen.

c) Wenn das neue Verfahren bei 45 Patienten wirkt, dann wird diesem Verfahren – auf dem 1 %-Niveau – keine bessere Wirksamkeit als dem alten Verfahren zugesprochen.

5.3 Testen von Hypothesen

12. Testgröße X: Anzahl der Gewinnlose unter 50

Nullhypothese   Gegenhypothese
H_0: $p = 0{,}25$ H_1: $p < 0{,}25$
$A = \{10; \ldots; 50\}$ $\overline{A} = \{0; \ldots; 9\}$

α'-Fehler: $P(\overline{A}) = F_{0,25}^{50}(9) \approx 0{,}16368 \approx 16{,}37\,\%$

Das Risiko, den Verkäufer zu Unrecht des Betruges zu bezichtigen, ist mit 16,37 % noch recht hoch.
Bei weniger als 8 Gewinnlosen liegt es dagegen unter 5 %.

13. Testgröße X: Anzahl der fehlerfreien Sticks unter 30

Nullhypothese   Gegenhypothese
H_0: $p = 0{,}75$ H_1: $p < 0{,}75$
$A = \{k+1; \ldots; 30\}$ $\overline{A} = \{0; \ldots; k\}$
$P(X \leq k) \leq 0{,}05$ $F_{0,75}^{30}(k) \leq 0{,}05$
$k = 17$

Bei mehr als 17 defekten USB-Sticks wird – auf dem 5 %-Niveau – der Behauptung des Anbieters widersprochen.

14. a$_1$) $B(50;\ 0{,}10;\ 9) \approx 3{,}33\,\%$

a$_2$) $F_{0,10}^{50}(3) \approx 25{,}03\,\%$

a$_3$) $1 - F_{0,10}^{50}(4) \approx 1 - 0{,}43120 = 56{,}88\,\%$

b$_1$) Testgröße X: Anzahl der defekten Filter unter $n = 1000$; $\mu = n \cdot p = 100$

b$_2$) Testgröße X: Anzahl der fehlerfreien Filter unter n;

$P(X \geq 12) \geq 0{,}90;\ 1 - P(X \leq 11) \geq 0{,}90;\ P(X \leq 11) \leq 0{,}10;\ F_{0,90}^{n}(11) \leq 0{,}10$

Aus Tabelle: $n = 15$: $F_{0,90}^{15}(11) \approx 0{,}05556 < 0{,}1$

$n = 14$: $F_{0,90}^{14}(11) \approx 0{,}1584 > 0{,}10$; also muss man mindestens 15 Filter entnehmen.

c) Testgröße X: Anzahl der defekten Filter unter 100

Nullhypothese   Gegenhypothese
H_0: $p = 0{,}25$ H_1: $p > 0{,}05$
$A = \{0;\ 1;\ \ldots; k\}$ $\overline{A} = \{k+1;\ \ldots; 100\}$
$P(X \geq k+1) \leq 0{,}05$
$P(X \leq k) \geq 0{,}95$
$F_{0,05}^{100}(k) \geq 0{,}95$
$k = 9$ $A = \{0; \ldots; 9\}$

Entscheidungsregel: Sind höchstens 9 Filter defekt, dann geht man davon aus, dass sich die Ausschussquote auf 5 % gesenkt hat.

α'-Fehler: $P(\overline{A}) = P(X \geq 10) = 1 - P(X \leq 9) = 1 - F_{0,05}^{100}(9) \approx 1 - 0{,}97181 \approx 2{,}8\,\%$

193 15. a) In der Fußgängerzone einer Stadt werden Smartphone-User befragt, ob sie die Standortübermittlung dauerhaft verwenden oder nicht.

b) Testgröße X: Anzahl der befragten Smartphone-User, die die Standortübermittlung dauerhaft nutzen, unter den Befragten

c) Für $p = 0,3$ können maximal 200 Personen befragt werden, damit das Tafelwerk verwendet werden kann. Damit die Durchführung des Tests nicht zu lange dauert bzw. zu aufwändig wird, soll $n = 100$ betragen. $F_{0,3}^{100}(k)$ ist im Tafelwerk tabellarisiert.

d) Entscheidungsregel: Falls mehr als 35 Smartphone-User die Standortübermittlung dauerhaft verwenden, soll davon ausgegangen werden, dass die Schüler Recht haben.

    Nullhypothese   Gegenhypothese

    H_0: $p = 0,3$ H_1: $p > 0,3$

    $A = \{0; \ldots; 35\}$ $\overline{A} = \{36; \ldots; 100\}$

    α'-Fehler: $P(\overline{A}) = P(X \geq 36) = 1 - P(X \leq 35) \approx 1 - 0,88293 \approx 12\,\%$

16. a) Diese Aussage ist wahr. Die Wahrscheinlichkeit von H_1 ist größer als die Wahrscheinlichkeit von H_0, somit wird H_0 angenommen, wenn $X = 0$ ist.

b) Diese Aussage ist falsch. Das Signifikanzniveau α gibt an, wie groß die Wahrscheinlichkeit für den Fehler 1. Art maximal sein darf. Es gilt immer: $\alpha' \leq \alpha$.

c) Diese Aussage ist wahr. Da der Stichprobenumfang im Vergleich zur statistischen Gesamtheit klein ist, darf die Testgröße angenähert als binomialverteilte Zufallsgröße betrachtet werden.

d) Diese Aussage ist falsch. Eine Erhöhung des Stichprobenumfangs bewirkt in der Regel eine Reduzierung der Fehlerwahrscheinlichkeiten.

e) Diese Aussage ist wahr. Personen, die den Hypothesentest durchführen, müssen sich überlegen, ab welcher Anzahl sie der Gegenhypothese zustimmen.

f) Diese Aussage ist falsch. Beim rechtsseitigen Hypothesentest muss immer das Gegenereignis formuliert werden, dies führt zu einem höheren Arbeitsaufwand. Die Angabe des Ablehnungsbereichs unterscheidet sich nicht vom Aufwand für die Angabe des Annahmebereichs.

g) Diese Aussage ist wahr, da sich die beiden Hypothesen widersprechen.

194 17. a) Testgröße X: **Anzahl der** defekten Nägel unter den 200 geprüften Nägel

b) H_1: $p > 0,02$

    $\overline{A} = \{\boldsymbol{k+1}; \ldots; \boldsymbol{200}\}$

    $P(X \geq k+1) \leq 0,01$

    $1 - P(X \leq k) \leq 0,01$

    Mithilfe des Tafelwerks ergibt sich $k = \boldsymbol{9}$.

    Ablehnungsbereich von H_0: $\overline{\mathbf{A}} = \{\boldsymbol{10}; \ldots; \boldsymbol{200}\}$

c) Fehlerhaft ist: „… obwohl das Testergebnis für die Gegenhypothese spricht".

Ersatz: D. h., aufgrund des Testergebnisses entscheidet man sich dafür, dass die Ausschussquote nicht höher als 2 % ist, obwohl dies nicht zutrifft.

d) Eine Verkleinerung des Fehlers 1. Art **führt zu einer Vergrößerung** des Fehlers 2. Art.

18. a) Richtig sind Rot und Gelb.

b) Richtig ist Gelb.

c) Richtig sind Rot, Gelb und Grün.

d) Richtig ist Grün.

5.3 Testen von Hypothesen

19. a₁) $P(\text{Alle äußern sich positiv.}) = 0,85^{10} \approx 0,19687 \approx 20\%$

a₂) $P(\text{Höchstens ein Schüler äußert sich negativ.}) = B(10; 0,11; 0) + B(10; 0,11; 1)$
$= 0,89^{10} + 10 \cdot 0,11 \cdot 0,89^9 \approx 0,69721 \approx 70\%$

b) Testgröße X: Anzahl der Schüler, die das Gemälde nicht positiv beurteilen, unter 100

$H_0: p = 0,15 \qquad H_1: p > 0,15$
$A = \{0; 1; \ldots; k\} \quad \overline{A} = \{k+1; \ldots; 100\}$
$P(X \geq k+1) \leq 0,02$
$P(X \leq k) \geq 0,98$
$F_{0,15}^{100}(k) \geq 0,98$
$k = 23 \qquad \overline{A} = \{24; \ldots; 100\}$

Test A zu 5.3

1. a) Testart: linksseitiger Signifikanztest

H_0: „Die Maschine produziert mit einer Wahrscheinlichkeit von 3% Ausschussteile."
H_1: „Die Ausschussquote der Maschine ist geringer als 3%."

b) $H_0: p = 0,03 \qquad H_1: p < 0,03$
$A = \{k+1; \ldots; 200\} \quad \overline{A} = \{0; \ldots; k\}$
$P(X \leq k) \leq 0,02$
$F_{0,03}^{200}(k) \leq 0,02$
$k = 1 \qquad A = \{2; \ldots; 200\}$

c) $\overline{A} = \{0; \ldots; 5\}$
α'-Fehler: $P(\overline{A}) = P(X \leq 5) = F_{0,03}^{200}(5) \approx 0,44323 \approx 44\%$

2. a) $H_0: p = 0,10 \qquad H_1: p > 0,10$
$A = \{0; 1; \ldots; k\} \quad \overline{A} = \{k+1; \ldots; 100\}$
$P(X \geq k+1) \leq 0,05$
$P(X \leq k) \geq 0,95$
$F_{0,10}^{100}(k) \geq 0,95$
$k = 15 \qquad \overline{A} = \{16; \ldots; 100\}$

Der Händler kann – auf dem 5%-Niveau – davon ausgehen, dass mehr als 10% der Glühlampen defekt sind.

b) D. h., beginnt der Ablehnungsbereich der Nullhypothese bei 18 defekten Glühlampen, dann beträgt die Wahrscheinlichkeit für den tatsächlichen Fehler 1. Art nur 1%. Daraus folgt, dass das 5%-Niveau eingehalten wird, somit ist die Nullhypothese nicht richtig und der Händler kann davon ausgehen, dass mehr als 10% der Glühlampen defekt sind. Somit ist dieser Ansatz auch nützlich zur Beantwortung der gestellten Frage.

Test B zu 5.3

1. a) Testgröße X: Anzahl der befragten Wahlberechtigten, die für die Partei A stimmen, unter 200

b) $H_0: p = 0,25 \qquad H_1: p > 0,25$
$A = \{0; 1; \ldots; k\} \qquad \overline{A} = \{k+1; \ldots; 200\}$
$P(X \geq k+1) \leq 0,05$
$P(X \leq k) \geq 0,95$
$F_{0,25}^{200}(k) \geq 0,95$
$k = 60 \qquad \overline{A} = \{61; \ldots; 200\}$

c) Daraus lässt sich – auf dem 5 %-Niveau – schlussfolgern, dass die Partei A bei der nächsten Wahl einen höheren Stimmenanteil als 25 % erhält.

2. a) $P(X \geq 78) = 1 - P(X \leq 77) = 1 - F_{0,70}^{100}(77) \approx 1 - 0,952130 \approx 4,8\% < 5\%$
Das neue Medikament soll das alte ersetzen.
Alternativ:
$P(X \geq k+1) \leq 0,05$
$P(X \leq k) \geq 0,95$
$F_{0,70}^{100}(k) \geq 0,95$
$k = 77 \qquad A = \{0; \ldots; 77\} \qquad \overline{A} = \{78; \ldots; 100\}$

b) $P(X \geq k+1) \leq 0,025$
$P(X \leq k) \geq 0,975$
$F_{0,70}^{100}(k) \geq 0,975$
$k = 79 \qquad A = \{0; \ldots; 79\}$
Die Entscheidung ändert sich. Durch die „strengere" Vorgabe entscheidet man sich noch nicht für das neue Medikament.

c) Dabei macht man den Fehler 2. Art, d. h., man entscheidet sich aufgrund des Tests für das alte Medikament, obwohl das neue besser ist.